国家出版基金项目
NATIONAL PUBLICATION FOUNDATION

"十四五"国家重点出版物出版规划项目
长江上游珍稀特有鱼类研究保护系列丛书

金沙江下游鱼类生物学研究

朱　滨　李伟涛　王殿常 等 著

中国三峡出版传媒
中国三峡出版社

图书在版编目（CIP）数据

金沙江下游鱼类生物学研究 / 朱滨等著. —北京：中国三峡出版社，2023.7

ISBN 978-7-5206-0186-3

Ⅰ. ①金… Ⅱ. ①朱… Ⅲ. ①金沙江–下游–鱼类学–研究 ②金沙江–下游–鱼类资源–资源保护–研究 Ⅳ. ①Q959.4 ②S922

中国版本图书馆 CIP 数据核字（2021）第 014194 号

策划编辑：王德鸿　赵磊磊
责任编辑：于军琴

中国三峡出版社出版发行
（北京市通州区新华北街156号　101100）
电话：（010）57082645 57082577
http://media.ctg.com.cn

北京华联印刷有限公司印刷　新华书店经销
2023 年 7 月第 1 版　2023 年 7 月第 1 次印刷
开本：787 毫米 ×1092 毫米　1/16　印张：14
字数：326千字
ISBN 978-7-5206-0186-3　定价：112.00元

序

　　长江上游珍稀特有鱼类多数仅分布于长江上游干支流，甚至有些种类仅在部分支流中局限分布，生境需求异于长江其他常见鱼类，对于长江上游独特的河道地形、水文情势和气候等在进化过程中已产生适应性特化，部分种类具有洄游特征，是长江水生生物多样性的重要组成部分。

　　为了保护长江上游珍稀特有鱼类，国家规划建立了长江上游珍稀特有鱼类自然保护区，自 1996 年起，经 6 次规划调整，"长江上游珍稀特有鱼类国家级自然保护区"功能区划得以划定（环函〔2013〕161 号）。该保护区是国内最大的河流型自然保护区，几经调整的保护区保护了白鲟、长江鲟（达氏鲟）、胭脂鱼等 70 种长江上游珍稀特有鱼类及其赖以生存的栖息地，保护对象包括国家一级重点保护野生动物 2 种，国家二级重点保护野生动物 11 种，列入《世界自然保护联盟濒危物种红色名录》（IUCN 红色名录）（1996 年版）鱼类 3 种，列入《濒危野生动植物种国际贸易公约》（CITES）附录 Ⅱ 鱼类 2 种，列入《中国濒危动物红皮书》（1998 年版）鱼类 9 种，列入保护区相关省市保护名录鱼类 15 种。

　　2006 年以来，在农业部（现农业农村部）《长江上游珍稀特有鱼类国家级自然保护区总体规划》指导下，中国长江三峡集团有限公司资助组建了长江上游珍稀特有鱼类国家级自然保护区水生生态环境监测网络，中国水产科学研究院长江水产研究所总负责，中国科学院水生生物研究所、水利部中国科学院水工程生态研究所和沿江基层渔政站共同参与，开展了持续十余年的保护区水生生态环境监测与主要保护鱼类种群动态研究工作，获取了大量第一手基础资料，这些资料涵盖了金沙江一期工程建设前后的生态环境动态变化和二十余种长江上游特有鱼类基础生物学数据，具有重要的科学指导意义。

　　"长江上游珍稀特有鱼类研究保护系列丛书"围绕长江上游珍稀特有鱼类国家级自然保护区水生生态环境长期监测成果，主要介绍了二十余种长江上游特有鱼类生物学、种群动态及遗传结构的相关基础研究成果，同时也对金沙江、长江上游干流和赤水河流域的概况与进一步保护工作进行了简要总结。本套丛书共四本，分别是《长江上游珍稀特有鱼类国家级自然保护区水生生物资源与保护》《长江上游干流鱼类生物学研究》《赤水河鱼类生物学研究》《金沙江下游鱼类生物学研究》。

　　丛书反映了长江上游主要特有鱼类和其他优势鱼类的研究现状，丰富了科学知识，促进了知识文化的传播，为科研工作者提供了大量参考资料，为广大读者提供了关于保护区水域的科普知识，同时也为管理部门提供了决策依据。相信这套丛书的出版，将有助于长江上游水域珍稀特有鱼类资源的保护和保护区的科学管理。

丛书成果丰富，但也需要注意到，由于研究力量有限，仍未能完全涵盖长江上游全部保护对象，同时长江上游生态环境仍处于持续演变中，"长江十年禁渔"对物种资源的恢复作用仍需持续监测评估。因此，有必要针对研究资料仍较薄弱的种类开展抢救性补充研究，同时，持续开展水生生态环境监测，科学评估长江上游鱼类资源现状与动态变化，为物种保护和栖息地修复提供更为详尽的科学资料。

中国科学院院士

前　言

　　金沙江是长江的上游江段，位于东经90°～105°，北纬24°～36°，流经青海省、西藏自治区、四川省、云南省四省（自治区），至四川宜宾与岷江汇合。金沙江干流全长约2300km，其中玉树至石鼓为上游段，石鼓至攀枝花（雅砻江口）为中游段，攀枝花以下至宜宾为下游段。金沙江下游地处四川盆地南缘和云贵高原向四川盆地的过渡区，复杂多样的水域和沿岸生境层次孕育了水生生物的多样性，是江河平原鱼类与青藏高原鱼类的过渡性分布水域，根据近年的调查，结合文献资料调研，金沙江下游干支流分布鱼类164种，包括长江上游特有鱼类56种。

　　金沙江流域是我国已规划的最大水电基地和"西电东送"的重要电源基地，担负着"西电东送"、实现全国能源平衡、促进西部经济建设等重大战略任务。金沙江下游攀枝花至宜宾干流江段约782km，建设乌东德、白鹤滩、溪洛渡和向家坝4个大型梯级电站，目前都已完成蓄水发电。水利水电工程的建设运行一定程度上改变了原有的生境特征，减少了流水江段长度，对长江上游特有鱼类产生一定影响。因此，需要加快长江上游特有鱼类资源保护工作进程，以此减小水利工程的影响，保护长江上游珍稀特有物种资源。

　　近年来，水利部中国科学院水工程生态研究所致力于长江上游特有鱼类的保护和资源恢复，承担了来自水利部、农业农村部、科技部及三峡集团的多个科研项目，在金沙江下游流域进行了多年鱼类资源监测，开展了长江上游特有鱼类生物学、种群生态学、遗传学等多方面的研究，为本书的出版积累了大量素材。

　　本书共5章，第1章从水文情势、河流水质和重要栖息生境三个方面介绍了金沙江下游河流的生境；第2章介绍了金沙江下游鱼类研究简史；第3章基于近年来鱼类资源调查，介绍了金沙江下游鱼类资源现状；第4章从概况、生物学研究、渔业资源、遗传多样性研究等方面分别阐述了短体荷马条鳅、前鳍高原鳅、圆口铜鱼等22种长江上游特有鱼类的研究成果；第5章介绍了金沙江下游特有鱼类的保护与管理。

　　有关长江上游特有鱼类生物学方面的研究颇多，国内许多前辈、同行开展了大量工作。本书对金沙江下游流域多年的工作积累和相关研究资料进行了收集和整理，难免有不足和疏漏之处，希望得到广大读者的建议和指正，并在此对引用资料的作者、提供参考资料的科研人员表示感谢。

作　者

2022 年 12 月

目　录

第1章
金沙江下游河流生境

1.1 水文情势

金沙江流域是我国现已规划的最大水电基地和"西电东送"的重要电源基地,担负着"西电东送"、实现全国能源平衡、促进西部经济建设等重大战略任务。金沙江下游攀枝花至宜宾干流江段约 782km,落差 738m,河床平均比降为 0.0961%,规划有乌东德、白鹤滩、溪洛渡和向家坝 4 个梯级水电站,目前都已建成蓄水。

程尊兰等(1997)根据四川省与云南省水文手册、水文年鉴和相关水文站的数据对金沙江下游流域降雨、径流和洪水等水文环境特征进行了分析:该区处于青藏高原东南缘,地形起伏大,高低悬殊,从西到东相对高差达 3947m;本区地处中亚热带,上、中段属于西南季风气候区,干湿季节分明,5—10 月为雨季,11 月至次年 4 月为干季,气候垂直分异明显;下段属于东南季风气候区,四季分明,气候较湿润;本区年平均气温为 12.0 ~ 20.3℃,金沙江河谷地带可达 22.0℃,一般为西高(20.3℃)东低(17.8℃)。年平均蒸发量沿河谷由上向下逐渐降低,上游的东川与元谋等地区的年平均蒸发量达 3661 ~ 3864mm,而下游地区的年平均蒸发量为 900 ~ 1500mm;在垂直方向上,从东川(海拔 1254m)的年平均蒸发量约 3500mm 到汤丹(海拔 2252m)的年平均蒸发量 1707mm 呈随海拔增高而减小的特征。

姚治君等(2014)基于金沙江下游梯级水电开发区 10 个气象站 1956—2011 年的逐月降水资料,对多年降水和季节降水变化及趋势、周期和持续性特征进行了分析。结果表明:研究区 1956—2011 年降水量呈波动式下降趋势,且空间差异明显;夏秋季的降水量占全年的81.1%,尤以夏季居多,占全年的57.4%。年降水量存在 1 ~ 2 年、4 年、8 年、14 年和 31 年的周期变化规律,降水序列总体上存在赫斯特(Hurst)现象,具有持续性特征,未来降水仍会呈减少趋势。

李杰等(2014)以屏山水文站 1951—2011 年的实测逐日流量序列为基础,分析了金沙江梯级水库联合调度在长系列、丰平枯典型年以及自然四季中对生态水文过程的影响。结果表明:金沙江梯级水库运行会对水库下游水文情势产生影响,主要体现在低流量以及枯水期的变化上。

1.2 河流水质

金沙江下游攀枝花至宜宾河段，干流水质总体较好，符合地表水水质标准Ⅰ~Ⅲ类，支流水质出现超Ⅳ类水现象，主要超标因子为总磷。近年来，随着污染防治攻坚战的实施，区域水质得到稳定的改善，干流水质主要为Ⅱ类水。攀枝花江段干流监测断面水质评价情况见图1-1。

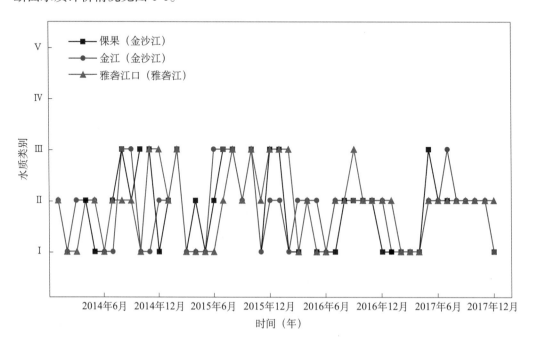

图 1-1 攀枝花江段干流监测断面水质评价情况

1.3 重要栖息生境

金沙江下游处于青藏高原向四川盆地过渡地带，为高山峡谷地貌。向家坝库区的新市镇以上河段均为山地激流段，河床深切，落差大，水流湍急，滩潭交替，滩上水浅流急，底质由巨砾和卵石组成；潭内水深，水流稍缓，底质多变、复杂，主要为卵石和砾石。新市镇以下河段处于四川盆地南缘，属丘陵地带，江道曲折，水面宽阔，滩沱相间，水流缓急交替，流态复杂，底质以沙砾石和沙泥质为主。河中心多沙洲，两岸多沙滩和碛坝。

金沙江下游按特征可分为以下4段。

雅砻江江口至乌东德段长约206km，整段河道呈反S形大弯，局部如乌东德附近河段有连续反S形小弯。河道山高谷深，河谷呈V形。河面宽60~100m。两岸山体基本对称，岸坡约70°，坡面无冲沟切割。两岸分水岭深厚，尤其是皎平渡以下峡谷河段岸坡陡峻。干热河谷气候特征明显，两岸植被稀疏。主要支流有龙川江、勐果河、尘河、鲹鱼河等。

　　乌东德至白鹤滩段长约 182km，河道山高谷深，两岸陡崖连绵，高程 3000～
4000m，右岸地形较陡峻，自然坡平均 60°～70°。河谷狭窄，江面宽 60～100m，
河谷略呈 V 形，水流湍急。部分岸坡受构造影响，岩石破碎，稳定性差，崩塌、滑坡
等均较发育，较严重的地段有野牛坪、茶棚子、高粱地、水碾沟、老君滩和棉纱湾等
处。区内冲沟多呈东西向发育，其中较大者有大寨沟和白鹤滩沟，切割深达数百米，
常年有水。白鹤滩沟口发育有冲积扇，造成该处干流断面缩小，从而形成急滩。主要
支流有普渡河、大桥河、小江、黑水河等。

　　白鹤滩至溪洛渡段位于青藏高原和云贵高原向四川盆地过渡的斜坡地带，河段
长约 198km。干流为天然河道，山高谷深，两岸山体雄厚，山势险峻，高程多在
2000～3000m 以上，河谷呈 U 形，属高、中山峡谷地貌。冲沟发育，泥石流、岸坡
崩塌，多形成急流险滩。沿河仅见零星不连续的小块 I～Ⅳ级阶地。以干热河谷稀树
草丛、山地灌丛和栽培植被为主，人工开发栽培类型植被占全区总面积的 30% 以上，
开发强度大。主要支流有西溪河、牛栏江、美姑河等。

　　溪洛渡至宜宾段具有由山区向丘陵地带过渡的特征，河段长约 184km。新市镇以
上河谷两岸以地形陡峻、切割强烈、沟谷狭窄、悬崖峭壁多为特征，河谷呈 V 形峡
谷。新市镇以下河谷宽窄相间，成串珠状，河面宽 80～300m，岸坡 30°～60°，最
大坡高达 2573m，特别是绥江、屏山等地局部河段，河谷很宽，绥江附近河宽可达
2500m。沿河的河谷阶地零星分布，新市镇以上的峡谷河段阶地残缺不全，级序混
乱，断续可见 I～Ⅱ级阶地。新市镇以下河段阶地发育较全，级序清楚，可见 I～Ⅴ
级阶地。主要支流有西宁河、横江等。

　　金沙江下游主要为干热河谷区，是环境恶劣、生态脆弱的地区。随着国家西部大
开发战略的实施，金沙江下游规划了乌东德、白鹤滩、溪洛渡、向家坝 4 个梯级水电
站，随着向家坝和溪洛渡水电站完成蓄水，金沙江下游生态环境发生改变。与 20 世
纪 80 年代调查的结果相比，金沙江的珍稀特有鱼类数量减少。

　　金沙江下游的鱼类物种丰富，其干支流的流水生境为许多鱼类提供了重要的栖息
地。2008 年通过对金沙江下游鱼类早期资源监测推测，鱼类产卵场为向家坝、屏山、
新市镇、溪洛渡、巧家、会泽、会东、皎平渡 8 处。2010—2012 年通过对金沙江下游
宜宾段鱼类早期资源监测推测，鱼类产卵场为柏溪、屏山、新市镇、佛滩、皎平渡、
观音岩 6 处。

第2章
金沙江下游鱼类研究简史

金沙江下游复杂多样的水域和沿岸生境层次孕育了水生生物的多样性，是江河平原鱼类与青藏高原鱼类的过渡分布水域，以江河平原鱼类为主，也有高原鱼类区系的一些种类。根据文献资料，金沙江下游干支流分布鱼类160余种，特有鱼类56种。金沙江下游不仅曾是白鲟、达氏鲟、中华鲟（1981年以前）等珍稀鱼类重要的产卵场，也是四川裂腹鱼、细鳞裂腹鱼、长薄鳅、长鳍吻鮈、鲈鲤等特有鱼类的重要栖息地，这些宝贵的特有鱼类资源在我国乃至全球的生物多样性中占有重要地位。有关金沙江流域鱼类研究的历史，在《四川鱼类志》《云南鱼类志》及《横断山鱼类志》中均有叙述，但是由于金沙江水系地貌相似，鱼类种类趋同性较高，无法辨别学者们鉴定的种类是否来自金沙江下游，因此统一按照来自金沙江来判断。一百多年来，关于鱼类的研究报告、论文和专著发表了多篇（部），可以分为两个阶段，一个阶段是新中国成立之前的研究，另一个阶段是新中国成立之后的研究。

新中国成立之前的研究主要由国外学者和我国早期学者开展。索瓦吉（Sauvage）和达布里（Dabry）整理了法国戴维德（David）于1868—1870年在四川收集的鱼类标本，分别于1874年、1878年和1880年发表了13种新种。沃帕乔夫斯基（Warpachowsky）于1887年发表了1种新种。加曼（Garman）于1912年记载了我国的27种鱼类，有6种分布于四川金沙江。尼古拉斯（Nichols）于1925—1928年和1941年对中国的鱼类进行了归纳，发表了4种新种，于1943年出版的《中国淡水鱼类》一书，共列出644种和亚种，涉及金沙江的鱼类有65种和亚种。赫拉（Hora）于1932年记载了平鳍鳅科鱼类10种，伦德尔（Rendahl）于1932年将过去有关四川鱼类的报道整理后发表了题为《四川省的鱼类区系》的文章，其中列述鱼类114种。木村（Kimura）和岸上镰吉（Kishinouye）在1927—1929年沿长江而上，沿途在四川的合川、遂宁、泸州、宜宾等地采集大量的标本并进行整理，于1934年出版《扬子江的鱼类》一书，共记述了89种，隶属28科63属，其中分布于四川的58种为新种。

我国早期学者的研究相对晚一些。伍献文、张春霖、施白南、方炳文、刘建康等老一辈鱼类学家对四川鱼类做了大量的研究工作。伍献文是早期研究我国鱼类的学者，对长江上游的鱼类颇有研究，自1930年以来，他发表了许多关于四川鱼类的研究报告。张春霖曾在1929—1932年发表了许多论文，其中记述了产于金沙江的鱼类新种和新亚种。1933年，张春霖《中国鲤类志》专著出版，记述鱼类117种，涉及四川的有13种。1935年，施白南发表《四川鱼类名录》，共列出167种；1937年发表题为《四川鳜鱼记略及其两新种》的文章，共记述四川的 6 种和亚种鳜鱼。方炳文在 1930—1942 年发表了有关四川鱼类研究论文约 20 篇，对四川鱼类做了大量的研究工作。刘建康于 1940 年发表题为《虾虎鱼类 2 新种》的文章，其中 1 种产于金沙江，新种名为四川栉虾虎鱼。

之后，我国鱼类研究取得了巨大的进步，学者们出版了大量专著，形成了较完整的鱼类分类体系。陈兼善和梁润生于 1949 年记述了中国的平鳍鳅科鱼类 36 种，其中 8 种分布于四川。刘成汉于 1961 年发表题为《四川鱼类区系的研究》的文章，共记载 166 种和亚种，隶属于 20 科 85 属。其中长江干流 105 种，属于金沙江流域的 72 种。1959 年，张春霖《中国系统鲤类志》出版，共记述 151 种，其中产于四川的有 63 种。1960 年，张春霖《中国鲇类志》出版，共记载 4 群 7 科 18 属 70 种，其中 19 种产于四川金沙江。

伍献文教授及其同事对我国的鲤科鱼类做了很好的研究和整理，分别于 1961 年和 1977 年出版了《中国鲤科鱼类志》上、下卷，共记载 411 种，分布在四川的共 49 属 86 种和亚种，内有 2 新属 7 新种。这是一部研究我国鲤科鱼类的专著，为后来的深入研究工作奠定了良好基础。伍献文于 1981 年与陈宜瑜、陈湘舜、陈景星等合作，用分支系统学原理对鲤亚目鱼类的分类系统进行了研究，发表了题为《鲤亚目鱼类分科的系统和科间系统发育的相互关系》的文章，对鲤亚目鱼类提出了一套新的分类系统。

曹文宣和邓中麟于 1962 年在《水生生物学集刊》上发表题为《四川西部及其邻近地区的裂腹鱼类》的文章，共记述了裂腹鱼类 16 种和亚种 1 种，文中对分布于四川西部的裂腹鱼类进行了订正和详细描述，澄清了许多混乱不清的问题，为后来我国研究裂腹鱼类奠定了很好的基础。曹文宣与其同事于 1981 年发表《裂腹鱼类的起源和演化及其与青藏高原隆起的关系》的文章，论述了我国裂腹鱼类的起源、形成和演化，对研究裂腹鱼类的系统发育和青藏高原隆起有重要的价值。

朱松泉于 1972 年对四川江河鱼类资源进行调查，组成了四川省长江水产资源调查组，于 1972—1974 年对长江干流、沱江下游等水域进行了调查。经整理，1975 年四川省长江水产资源调查组编写《四川省长江水产资源调查资料汇编》，记载了长江干流鱼类 127 种，隶属 18 科 79 属，文中总结了主要经济鱼类、渔业、鱼类资源状况等。1988 年，四川省长江水产资源调查组编写《长江鲟鱼类生物学及人工繁殖研究》一书。1989 年，朱松泉《中国条鳅志》出版，书中记载了中国的条鳅亚科鱼类 11 属 91 种，其中 14 种分布于四川省内，西昌高原鳅和前鳍高原鳅为新种。

中国科学院水生生物研究所长期以来对长江流域的鱼类进行了深入的调查研究，经整理，《长江鱼类》于 1976 年出版。该书共记述了 206 种鱼的形态和生态，其中有 115 种分布于四川省内，用于观察的标本中，采自四川省的有 43 种。陈宜瑜经过整理我国的平鳍鳅科鱼类，于 1978—1980 年发表《中国平鳍鳅科鱼类系统分类的研究》等 3 篇论文，记述了 15 属 49 种和亚种，其中涉及四川省的有 10 种和亚种，并论述了平鳍鳅科鱼类的系统演化及地理分布，为今后研究我国的平鳍鳅科鱼类奠定了基础。

王幼槐等于 1979 年发表《中国鲤亚科鱼类的分类、分布、起源及演化》的文章。文中记述了 5 属 23 种，其中分布于四川省的有 3 种。陈景星于 1980—1981 年发表有关我国沙鳅亚科和花鳅亚科鱼类系统分类的论文，记述了沙鳅亚科鱼类 23 种和亚种，其中有 8 种分布于四川省。1984 年，王幼槐与朱松泉联合在《动物分类学报》发表题为《鳅科鱼类亚科的划分及其宗系发生的相互关系》的文章，论述了条鳅、沙鳅和花鳅亚科鱼类的系统发育关系。

施白南于 1982 年在《四川资源动物志》第 1 卷中发表四川各江河的鱼类名录，共 219 种和亚种，此外，施白南与其同事一起对四川鱼类中一些重要经济鱼类的生态做了许多研究工作。四川省农科院水产研究所对金沙江水系渔业自然资源进行了调查，后经吴江等整理，于 1985 年和 1986 年发表《关于金沙江石鼓到宜宾段鱼类资源的概况及其利用问题》和《雅砻江的渔业自然资源》两文，分别记述了 115 种（包括云南段）和 92 种。褚新洛于 1986 年发表《横断山地区的鮡类》一文，记述了分布于金沙江的鱼类 4 种。此后，褚新洛于 1988 年与科特拉特（Kottelat）联合发表了关于平鳍鳅鱼类的研究报告，文中共记述了 6 属 26 种，涉及四川省的有 5 属 7 种，其中金沙鳅属为新属。黄宏金和张卫于 1986 年发表《长江鱼类 3 新种》，其中 2 新种分布于四川省。

自 20 世纪 90 年代以来，我国关于鱼类研究方面的工作日益增多。1990 年，吴江和吴明森的《金沙江的鱼类区系》专著出版，第一次把金沙江流域作为独立研究区域进行研究，记述了金沙江流域鱼类 7 目 19 科 89 属，共 161 种（包括亚种），其中 74 种是新记录种。1994 年，丁瑞华的《四川鱼类志》专著出版，其中涉及金沙江流域的鱼类共计 158 种（包括亚种），隶属于 7 目 17 科 88 属。1998 年，陈宜瑜的《横断山区鱼类》专著出版，将金沙江与雅砻江视为两个研究区域，其中金沙江鱼类共计 96 种，雅砻江鱼类共计 30 种。除鱼类区系组成外，该书还从动物地理学的角度给出了青藏高原界线划分的建议，提出青藏高原区是与古北区及东洋区有同等地位的一个 I 级区（界）的观点。《中国动物志》（陈宜瑜等，1998；乐佩琦，2000）是反映我国动物分类学研究工作成果的系列专著，也是目前内陆鱼类分类学的重要参考书，记载了金沙江流域鱼类共计 172 种，隶属于 23 科 87 属。《金沙江流域鱼类》（张春光等，2019）主要论述了金沙江流域的概况，包括自然地理概况、鱼类物种多样性及其研究历史、鱼类多样性与区系分析、鱼类分布格局和资源现状及评价，以及鱼类物种多样性保护和恢复建议。其中还记述了金沙江流域所产鱼类 200 种（包括 3 新种）或亚种，其中土著种 178 种，包括 7 目 17 科 79 属，外来种 22 种。郭延蜀（2021）在《四川鱼类原色图志》中共记载四川鱼类 246 种和亚种（其中包括 7 个新种，17 个新记录种），分属 9 目 23 科 103 属，该书首次用彩色照片和彩绘图描述了四川鱼类的各个物种，具有观赏和收藏价值。

第3章
金沙江下游鱼类资源现状

2011—2016 年，金沙江下游干流及临近支流河口河段共采集鱼类 103 种，隶属 6 目 15 科 65 属。其中，鲤形目鱼类最多，共 76 种，占总数的 73.79%；其次为鲇形目鱼类，共 18 种，占总数的 17.48%；鲈形目鱼类 6 种，占总数的 5.83%；合鳃鱼目、鲑形目和颌针鱼目鱼类各 1 种。鲤形目鱼类中，鲤科鱼类最多，共 55 种，占总数的 53.40%；鳅科鱼类次之，共 16 种，占总数的 15.53%；再次为鲇形目鮡科鱼类，共 10 种，占总数的 9.71%（见表 3-1）。

表 3-1 2011—2016 年金沙江下游鱼类名录

序号	目	科	中文种名	拉丁学名	是否特有
1	鲑形目	银鱼科	太湖新银鱼	*Neosalanx taihuensis* (Chen)	
2	鲤形目	胭脂鱼科	胭脂鱼	*Myxocyprinus asiaticus* (Bleeker)	
3	鲤形目	鳅科	红尾荷马条鳅	*Homatula variegatus* (Sauvage *et* Dabry)	
4	鲤形目	鳅科	短体荷马条鳅	*Homatula potanini* (Günther)	是
5	鲤形目	鳅科	乌江荷马条鳅	*Homatula wujiangensis* (Ding *et* Deng)	是
6	鲤形目	鳅科	横纹南鳅	*Schistura fasciolata* (Nichols *et* Pope)	
7	鲤形目	鳅科	戴氏山鳅	*Claea dabryi* (Sauvage)	是
8	鲤形目	鳅科	前鳍高原鳅	*Triplophysa anterodorsalis* (Zhu *et* Cao)	是
9	鲤形目	鳅科	贝氏高原鳅	*Triplophysa bleekeri* (Sauvage *et* Dabry)	
10	鲤形目	鳅科	细尾高原鳅	*Triplophysa stenura* (Herzenstein)	
11	鲤形目	鳅科	中华沙鳅	*Botia superciliaris* Günther	
12	鲤形目	鳅科	宽体沙鳅	*Botia reevesae* Chang	是
13	鲤形目	鳅科	花斑副沙鳅	*Parabotia fasciata* (Dabry *de* Thiersant)	
14	鲤形目	鳅科	长薄鳅	*Leptobotia elongata* (Bleeker)	是
15	鲤形目	鳅科	紫薄鳅	*Leptobotia taeniops* (Sauvage)	
16	鲤形目	鳅科	红唇薄鳅	*Leptobotia rubrilabris* (Dabry *de* Thiersant)	是
17	鲤形目	鲤科	宽鳍鱲	*Zacco platypus* (Temminck *et* Schlegel)	
18	鲤形目	鲤科	马口鱼	*Opsariichthys bidens* Günther	
19	鲤形目	鲤科	银鲴	*Xenocypris argentea* Günther	
20	鲤形目	鲤科	方氏鲴	*Xenocypris fangi* Tchang	
21	鲤形目	鲤科	鳙	*Aristichthys nobilis* (Richardson)	
22	鲤形目	鲤科	鲢	*Hypophthalmichthys molitrix* (Cuvier *et* Valenciennes)	

序号	目	科	中文种名	拉丁学名	是否特有
23	鲤形目	鲤科	中华鳑鲏	*Rhodeus sinensis* Günther	
24	鲤形目	鲤科	高体鳑鲏	*Rhodeus ocellatus* (Kner)	
25	鲤形目	鲤科	彩石鳑鲏	*Rhodeus lighti* (Wu)	
26	鲤形目	鲤科	兴凯鱊	*Acheilognathus chankaensis* (Dybowski)	
27	鲤形目	鲤科	飘鱼	*Pseudolaubuca sinensis* Bleeker	
28	鲤形目	鲤科	寡鳞飘鱼	*Pseudolaubuca engraulis* (Nichols)	
29	鲤形目	鲤科	四川华鳊	*Sinibrama taeniatus* (Nichols)	
30	鲇形目	鮡科	黑尾近红鲌	*Ancherythroculter nigrocauda* Yih *et* Woo	是
31	鲤形目	鲤科	半䱗	*Hemiculterella sauvagei* Warpachowsky	是
32	鲤形目	鲤科	䱗	*Hemiculter leucisculus* (Basilewsky)	
33	鲤形目	鲤科	贝氏䱗	*Hemiculter bleekeri* Warpachowsky	
34	鲤形目	鲤科	鳊	*Parabramis pekinensis* (Basilewsky)	
35	鲤形目	鲤科	翘嘴鲌	*Culter alburnus* Basilewsky	
36	鲤形目	鲤科	红鳍原鲌	*Cultrichthys erythropterus* (Basilewsky)	
37	鲤形目	鲤科	拟尖头鲌	*Culter oxycephaloides* Kreuenberg *et* Pappenhein	
38	鲤形目	鲤科	唇䱻	*Hemibarbus labeo* (Pallas)	
39	鲤形目	鲤科	花䱻	*Hemibarbus maculatus* Bleeker	
40	鲤形目	鲤科	麦穗鱼	*Pseudorasbora parva* (Temminck *et* Schlegel)	
41	鲤形目	鲤科	短须颌须鮈	*Gnathopogon imberbis* (Sauvage *et* Dabry)	
42	鲤形目	鲤科	银鮈	*Squalidus argentatus* (Sauvage *et* Dabry)	
43	鲤形目	鲤科	铜鱼	*Coreius heterodon* (Bleeker)	
44	鲤形目	鲤科	圆口铜鱼	*Coreius guichenoti* (Sauvage *et* Dabry)	是
45	鲤形目	鲤科	吻鮈	*Rhinogobio typus* Bleeker	
46	鲤形目	鲤科	圆筒吻鮈	*Rhinogobio cylindricus* Günther	是
47	鲤形目	鲤科	长鳍吻鮈	*Rhinogobio ventralis* Sauvage *et* Dabry	是
48	鲤形目	鲤科	金沙鲈鲤	*Percocypris pingi* (Tchang)	
49	鲤形目	鲤科	棒花鱼	*Abbottina rivularis* (Basilewsky)	
50	鲤形目	鲤科	钝吻棒花鱼	*Abbottina obtusirostris* Wu *et* Wang	是
51	鲤形目	鲤科	蛇鮈	*Saurogobio dabryi* Bleeker	
52	鲤形目	鲤科	宜昌鳅鮀	*Gobiobotia filifer* (Garman)	
53	鲤形目	鲤科	异鳔鳅鮀	*Xenophysogobio boulengeri* (Tchang)	是
54	鲤形目	鲤科	裸体异鳔鳅鮀	*Xenophysogobio nudicorpa* (Huang *et* Zhang)	是
55	鲤形目	鲤科	中华倒刺鲃	*Spinibarbus sinensis* (Bleeker)	
56	鲤形目	鲤科	云南光唇鱼	*Acrossocheilus yunnanensis* (Regan)	
57	鲤形目	鲤科	白甲鱼	*Onychostoma sima* (Sauvage *et* Dabry)	
58	鲤形目	鲤科	华鲮	*Sinilabeo rendahli* (Kimura)	是
59	鲤形目	鲤科	泉水鱼	*Pseudogyrincheilus procheilus* (Sauvage *et* Dabry)	
60	鲤形目	鲤科	无须墨头鱼	*Garra imberba* Garman	

序号	目	科	中文种名	拉丁学名	是否特有
61	鲤形目	鲤科	云南盘鮈	*Discogobio yunnanensis* (Regan)	
62	鲤形目	鲤科	短须裂腹鱼	*Schizothorax (Schizothorax) wangchiachii* (Fang)	是
63	鲤形目	鲤科	长丝裂腹鱼	*Schizothorax (Schizothorax) dolichonema* Herzenstein	是
64	鲤形目	鲤科	齐口裂腹鱼	*Schizothorax (Schizothorax) prenanti* (Tchang)	是
65	鲤形目	鲤科	细鳞裂腹鱼	*Schizothorax (Schizothorax) chongi* (Fang)	是
66	鲤形目	鲤科	昆明裂腹鱼	*Schizothorax (Schizothorax) grahami* (Regan)	是
67	鲤形目	鲤科	重口裂腹鱼	*Schizothorax (Racoma) davidi* Sauvage	
68	鲤形目	鲤科	岩原鲤	*Procypris rabaudi* (Tchang)	是
69	鲤形目	鲤科	鲤	*Cyprinus carpio* Linnaeus	
70	鲤形目	鲤科	鲫	*Carassius auratus* (Linnaeus)	
71	鲤形目	鲤科	丁鱼岁	*Tinca tinca* (Linnaeus)	
72	鲤形目	平鳍鳅科	犁头鳅	*Lepturichthys fimbriata* (Günther)	
73	鲤形目	平鳍鳅科	短身金沙鳅	*Jinshaia abbreviata* (Günther)	是
74	鲤形目	平鳍鳅科	中华金沙鳅	*Jinshaia sinensis* (Sauvage *et* Dabry)	是
75	鲤形目	平鳍鳅科	西昌华吸鳅	*Sinogastromyzon sichangensis* Chang	是
76	鲤形目	平鳍鳅科	四川华吸鳅	*Sinogastromyzon szechuanensis* Fang	是
77	鲤形目	平鳍鳅科	峨眉后平鳅	*Metahomaloptera omeiensis* Chang	
78	鲇形目	鲇科	鲇	*Silurus asotus* Linnaeus	
79	鲇形目	鲇科	南方鲇	*Silurus meridionalis* Chen	
80	鲇形目	鲿科	黄颡鱼	*Pelteobagrus fulvidraco* (Richardson)	
81	鲇形目	鲿科	瓦氏黄颡鱼	*Pelteobagrus vachelli* (Richardson)	
82	鲇形目	鲿科	光泽黄颡鱼	*Pelteobagrus nitidus* Sauvage *et* Dabry	
83	鲇形目	鲿科	长吻鮠	*Leiocassis longirostris* Günther	
84	鲇形目	鲿科	粗唇鮠	*Leiocassis crassilabris* (Günther)	
85	鲇形目	鲿科	切尾拟鲿	*Pseudobagrus truncatus* (Regan)	
86	鲇形目	鲿科	乌苏拟鲿	*Pseudobagrus ussuriensis* (Dybowski)	
87	鲇形目	鲿科	凹尾拟鲿	*Pseudobagrus emarginatus* (Regan)	
88	鲇形目	鲿科	细体拟鲿	*Pseudobagrus pratti* (Günther)	
89	鲇形目	鲿科	大鳍鳠	*Mystus macropterus* (Bleeker）	
90	鲇形目	鮰科	斑点叉尾鮰	*Ictalurus Punctaus* (Rafinesque）	
91	鲇形目	钝头鮠科	白缘𫚖	*Liobagrus marginatus* (Günther)	
92	鲇形目	钝头鮠科	黑尾𫚖	*Liobagrus nigricauda* Regan	
93	鲇形目	钝头鮠科	拟缘𫚖	*Liobagrus marginatoides* (Wu)	是
94	鲇形目	鮡科	中华纹胸鮡	*Glyptothorax sinense* (Regan)	
95	鲇形目	鮡科	中华鮡	*Pareuchiloglanis sinensis* (Hora *et* Silas)	是
96	颌针鱼目	鱵科	间下鱵	*Hyporhamphus intermedius* (Cantor)	
97	合鳃目	合鳃科	黄鳝	*Monopterus albus* (Zuiew)	

序号	目	科	中文种名	拉丁学名	是否特有
98	鲈形目	鮨科	鳜	*Siniperca chuatsi* (Basilewsky)	
99	鲈形目	鮨科	大眼鳜	*Siniperca kneri* Garman	
100	鲈形目	鮨科	斑鳜	*Siniperca scherzeri* Steindachner	
101	鲈形目	沙塘鳢科	沙塘鳢	*Odontobutis obscurus* (Temminck *et* Schlegel)	
102	鲈形目	虾虎鱼科	子陵吻虾虎鱼	*Rhinogobius giurinus* (Rutter)	
103	鲈形目	虾虎鱼科	波氏吻虾虎鱼	*Rhinogobius cliffordpopei* (Nichols)	

　　调查的 103 种鱼类中，外来入侵鱼类有 2 种，分别是丁鱥和斑点叉尾鮰。在 101 种本土鱼类中，胭脂鱼、岩原鲤、长薄鳅、金沙鲈鲤、圆口铜鱼、长鳍吻鮈、细鳞裂腹鱼等为国家二级重点保护野生动物；属于长江上游特有鱼类的有钝吻棒花鱼、黑尾近红鲌、宽体沙鳅、圆口铜鱼、半𩾃、短身金沙鳅、中华金沙鳅、拟缘䱀、长薄鳅、红唇薄鳅、戴氏山鳅、短体荷马条鳅、乌江荷马条鳅、中华鳅、岩原鲤、圆筒吻鮈、长鳍吻鮈、齐口裂腹鱼、短须裂腹鱼、细鳞裂腹鱼、长丝裂腹鱼、昆明裂腹鱼、华鲮、西昌华吸鳅、四川华吸鳅、前鳍高原鳅、异鳔鳅鮀和裸体异鳔鳅鮀等 29 种。

　　根据文献资料，金沙江下游干支流曾分布鱼类 160 余种。受水利工程的建设和过度捕捞等人类活动的影响，金沙江下游干支流鱼类种数下降，渔获物小型化、低龄化现象明显，鱼类资源逐渐呈衰退趋势。以圆口铜鱼为例，在 2011 年的调查中，在金沙江下游永善至水富段共采集到圆口铜鱼 457 尾，在渔获物中所占百分比为 21.40%；而在 2016 年的调查中，同一河段采集到圆口铜鱼 194 尾，在渔获物中所占百分比为 14.71%，且多数个体来源于溪洛渡库区库尾的桧溪段。其他一些特有鱼类如长鳍吻鮈等资源量也呈明显下降趋势，在 2011 年的调查中，长鳍吻鮈是金沙江下游攀枝花至巧家段最主要的渔获物，在渔获物中所占百分比高达 27.52%；而在 2016 年的调查中，该段长鳍吻鮈濒临绝迹，全年仅采集到长鳍吻鮈 4 尾，在渔获物中所占百分比仅为 0.72%。总而言之，虽然近年来在金沙江下游还能采集到较多的鱼类种类，但鱼类资源呈急剧下降的趋势。

第4章
金沙江下游主要特有鱼类分类描述及其资源

4.1 短体荷马条鳅

4.1.1 概况

1. 分类地位

短体荷马条鳅［*Homatula potanini*（Günther），1896］隶属鲤形目（Cypriniformes）鳅科（Cobitidae）条鳅亚科（Nemacheilidae）副鳅属（*Homatula*），别名包氏条鳅、短体条鳅（温龙岚等，2007），又名钢鳅（陈玉龙等，2009），个体小，常见个体体长45～96mm，体色鲜艳，全身布满漂亮的花纹，具有极高的观赏价值（见图4-1）。

图 4-1 短体荷马条鳅（邵科摄，黑水河，2018）

2. 种群分布

短体荷马条鳅主要分布在长江上游干流以及三峡库区的一些支流，如香溪、龙船河、大宁河、乌江等天然水域，秦岭南部的水域也有分布，据《四川鱼类志》记载，四川盆地内及盆周山区各干流、支流中均产此鱼，是长江上游特有鱼类。根据2010—2018年金沙江下游干支流调查结果，短体荷马条鳅主要分布在金沙江下游的各个支流中，特别是二级或更小的支流中。

4.1.2 生物学研究

1. 渔获物结构

2014—2017年夏、秋两季在金沙江下游支流黑水河下游共采集到短体荷马条鳅样本5046尾（包括2014年1—12月在黑水河下游逐月采集的标本），对其中4473尾短体荷马条鳅样本进行了常规生物学参数测量，其体长范围为30～100mm，以

41 ～ 80mm 为主（占总采集尾数的 98.05%）（见图 4-2）；体重范围为 0.5 ～ 14.8g，以 1.1 ～ 7.0g 为主（占总采集尾数的 92.53%）（见图 4-3）。

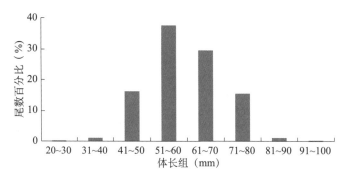

图 4-2　2014—2017 年黑水河下游短体荷马条鳅的体长组成（*n*=4473 尾）

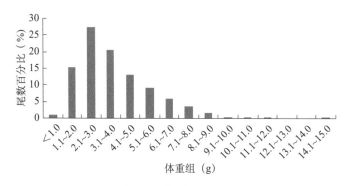

图 4-3　2014—2017 年黑水河下游短体荷马条鳅的体重组成（*n*=4473 尾）

2. 年龄与生长

（1）年龄结构。一般可采用耳石和脊椎骨对短体荷马条鳅的年龄进行鉴定。以图 4-4 为例，耳石呈不规则梨形，经打磨后，在显微镜下透光观察制片，耳石中心是一个核，核的中心是耳石原基，核外为按同心圆形式排列的年轮；脊椎骨轮纹虽然有些模糊，但仍然可以用其判断短体荷马条鳅的年龄。

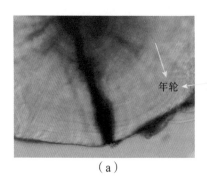
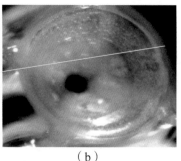

（a）　　　　　　　　　　　　　　　　　（b）

图 4-4　短体荷马条鳅的年轮特征

（a）耳石，1 龄，刚形成；（b）脊椎骨，1+ 龄

2014—2017 年采集于巧家附近黑水河下游的 992 尾短体荷马条鳅的年龄都是用脊椎骨和耳石判断的。短体荷马条鳅样本的年龄结构由 1～3 龄个体组成，其中以 1～2 龄个体数量居多，占总个体数的 98.76%，3 龄个体数量最少，仅占总个体数的 1.24%（见图 4-5）。

（2）体长与体重的关系。将采集到的短体荷马条鳅样本的实测体长与体重做散点图，可以看出其体长（L）和体重（W）呈幂函数相关关系，其关系式

$W=2.0 \times 10^{-5} L^{2.990\,8}$，（$R^2$=0.903 7, n=807 尾）（见图 4-6）。

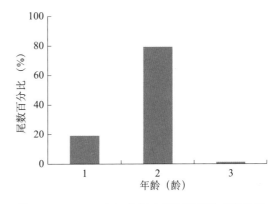

图 4-5　2014—2017 年黑水河下游短体荷马条鳅的年龄分布

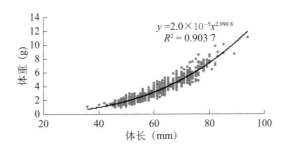

$$y = 2.0 \times 10^{-5} x^{2.990\,8}$$
$$R^2 = 0.903\,7$$

图 4-6　2014—2017 年黑水河下游短体荷马条鳅的体长与体重关系

（3）生长特征。基于 2014 年 1—12 月在黑水河逐月采样结果，采用 Shepherd 法对体长分组数据进行曲线拟合（见图 4-7），获得的生长参数为：L_∞=133.40mm，k=0.45，t_0=-0.72 龄，W_∞=45.37g。将各参数代入 Von Bertalanfy 方程得到短体荷马条鳅的体长和体重生长方程（见图 4-8）：

$L_t=133.40[1-e^{-0.45(t+0.72)}]$，$W_t=45.37[1-e^{-0.45(t+0.72)}]^{2.990\,8}$。

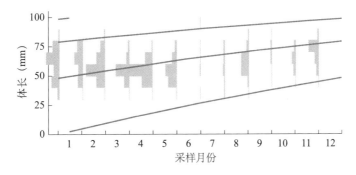

图 4-7　2014 年 1—12 月黑水河下游短体荷马条鳅体长频率

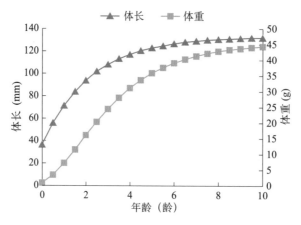

图 4-8　2014—2017 年黑水河下游短体荷马条鳅体长和体重生长曲线

对体长生长方程求一阶导数和二阶导数，得到短体荷马条鳅体长生长速度和体长生长加速度方程（见图 4-9）：

$$dL/dt = 60.03e^{-0.45(t-0.32)};$$
$$d^2L/dt^2 = -27.01e^{-0.45(t-0.32)}。$$

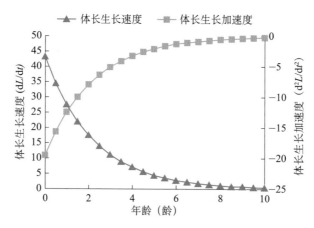

图 4-9　2014—2017 年黑水河下游短体荷马条鳅体长生长速度曲线和体长生长加速度曲线

对体重生长方程求一阶导数和二阶导数，得到短体荷马条鳅体重生长速度和体重生长加速度方程（见图 4-10）：

$$dW/dt = 61.06[1-e^{-0.45(t-0.32)}]^{1.9908}e^{-0.45(t-0.32)};$$
$$d^2W/dt^2 = 27.48[1-e^{-0.45(t-0.32)}]^{0.9908}e^{-0.45(t-0.32)}[2.9908e^{-0.45(t-0.32)}-1]。$$

从体重生长速度曲线和体重生长加速度曲线可知，2014—2017 年黑水河下游短体荷马条鳅的拐点年龄 t_i=1.71 龄，该拐点年龄对应的体长和体重分别为 L_i=89mm 和 W_i=13.4g。

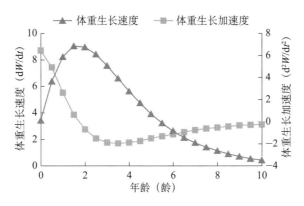

图 4-10　2014—2017 年黑水河下游短体荷马条鳅体重生长速度曲线和体重生长加速度曲线

3. 繁殖特征

根据 2014—2017 年黑水河下游野外采样数据，可知每年 11—12 月以及 1—2 月采集到的Ⅲ期及以上发育期个体数占当月总抽样解剖个体数的比例明显高于其他月份（0%），其值分别为 79.55%、90.51%、96.49% 和 100.00%，表明每年 11—12 月以及 1—2 月为黑水河下游短体荷马条鳅的繁殖季节（见图 4-11）。

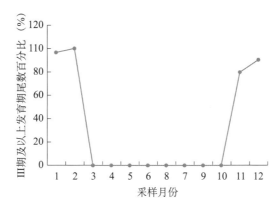

图 4-11　2014 年黑水河下游短体荷马条鳅各月Ⅲ期及以上发育期个体数
占当月总抽样解剖个体数的比例

在繁殖季节，随机选取 728 尾短体荷马条鳅样本进行繁殖群体分析，其中，不辨雌雄 4 尾；雌性 335 尾，由 1 ~ 3 龄组成，体长 56 ~ 85mm，平均体长 70mm，体重 1.9 ~ 14.8g，平均体重 5.8g；雄性 389 尾，由 1 ~ 3 龄组成，体长 54 ~ 89mm，平均体长 71mm，体重 2.2 ~ 11.1g，平均体重 5.9g。性比为♀ : ♂ =0.86 : 1。采集期间，黑水河下游短体荷马条鳅雌性最小性成熟个体全长 70mm，体长 59mm，体重 3.3g，年龄 1 龄，卵巢Ⅳ期；雄性最小性成熟个体全长 66mm，体长 55mm，体重 2.3g，年龄 1 龄，精巢Ⅳ期。

按 10mm 组距划分体长组，统计各体长组性成熟个体百分比，繁殖期间首次 50% 个体进入Ⅳ期性腺阶段的体长组为雌性 50 ~ 60mm，平均体长 59mm，平均年龄 1.4 龄；雄性 51 ~ 60mm，平均体长 58mm，平均年龄 1.4 龄。因此可认为 1.4 龄及以上个体是短体荷马条鳅繁殖群体的主要组成部分，1.4龄以下个体为繁殖群体的补充部分（见图4-12）。

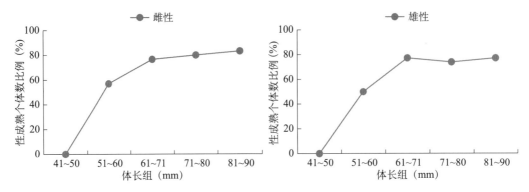

图4-12　2014年黑水河下游短体荷马条鳅性成熟个体比例与体长区间的关系

对采集到的3个短体荷马条鳅V期卵巢内的受精卵进行显微测量，其成熟卵的平均卵径1.86mm，波动范围1.22～2.38mm。从同一卵巢（V期）卵径的变化趋势看，卵巢中卵粒的发育存在不同步现象（主要为3、4时相卵母细胞），但卵径分布呈单峰和（见图4-13），由此可以判断短体荷马条鳅为分批产卵型鱼类。

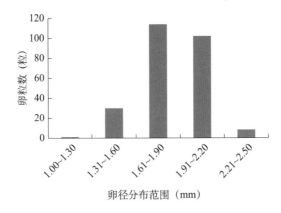

图4-13　2014—2017年黑水河下游3个短体荷马条鳅V期卵巢内卵粒的卵径分布（n=255粒）

对179个Ⅳ期和V期卵巢内的卵粒数进行统计，结果显示2014—2017年繁殖期间黑水河下游短体荷马条鳅的平均绝对怀卵量323（121～574）粒/尾，平均相对怀卵量51（19～108）粒/g。各个卵巢中，多数个体的绝对繁殖力201～450粒/尾，共162尾，占总抽样样本数的90.50%；相对繁殖力31.1～70粒/g，共152尾，占总抽样样本数的84.92%（见图4-14）。陈玉龙等（2009）对2006年和2008年采集自嘉陵江合川段的189尾雌性短体荷马条鳅进行了绝对繁殖力及其与体长、体重和年龄关系的研究，发现短体荷马条鳅绝对繁殖力102～574粒/尾，平均283.74±70.36粒/尾，绝对繁殖力与体长、体重呈直线相关关系；鱼体的平均绝对繁殖力随年龄的增长无明显变化。

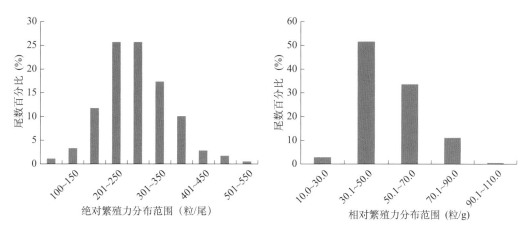

图 4-14　2014—2017 年黑水河下游短体荷马条鳅的绝对繁殖力和相对繁殖力的分布情况（n=179 尾）

4. 繁殖生物学

王宝森（2008）在 2005 年 3—4 月和 2006 年 3—4 月于嘉陵江合川段收集了健壮无伤病且性成熟的短体荷马条鳅 300 余尾，它们体长 63 ～ 78mm，体重 3.4 ～ 5.4g，对其进行人工繁殖试验。雌性个体每尾注射 LRH-A 0.5μg 和绒毛膜促性腺激素释放激素 50IU，而雄性个体的注射剂量减半，用胸鳍基部一次注射法进行人工催产。在水温 18 ～ 20℃的条件下，38h 后用人工干法受精，受精卵置于水族箱内孵化。短体荷马条鳅在水温 17 ～ 19℃时胚胎发育，历时 58h 20min，分为 26 时期。未受精卵只能发育到原肠中期，后全部死亡。初孵仔鱼全长 3.5mm 左右，卵黄囊呈长勺形，通体透明无色素。

5. 胚胎发育生物学

（1）卵的特征。成熟卵呈圆形，黄色，含丰富的卵黄，无油球；卵径 1.86 ～ 2.03mm，平均 1.98mm。受精后 10 ～ 15min 卵粒开始吸水膨胀。吸水后卵膜与质膜之间出现卵周隙，受精 16min 后卵周隙达到最大，平均 1.7mm^3。在卵周隙扩大的同时，原生质隆起形成胚盘。卵具有强黏性。未受精的成熟卵仍然可以进行卵裂，但到原肠中期全部停止发育。

（2）卵裂期。在水温 17 ～ 19.5℃时，受精后 105min 胚盘从中间凹陷，进入 2 细胞期；30min 后进入 4 细胞期；30min 后进入 8 细胞期；40min 后进入 16 细胞期；26min 后进入 32 细胞期；40min 后进入 64 细胞期；100min 后进入 128 细胞期，此时细胞排列不规则，大小有差异；受精后 7h 50min 形成多层排列隆起的细胞团，该时期即为多细胞期。

（3）囊胚期。受精后 8h 20min 细胞进一步分裂，单个细胞体积越来越小，囊胚最大高度平均为 0.82mm，此后胚层不断降低，紧贴卵黄囊开始下包。

（4）原肠胚期。同其他硬骨鱼类胚胎发育一样，原肠化运动以下包、内卷的方式进行，受精后 12h 30min，胚层细胞下包卵黄囊的 1/3，胚体高度迅速下降，下包的边缘增厚。胚层与卵黄囊界线不明显。受精后 20h 50min，胚层细胞下包卵黄囊的 1/2，胚盾出现，进入原肠中期。受精后 23h，继续下包达 3/5，胚盾明显，进入原肠晚期。整个原肠胚期胚环不明显。

（5）神经胚期。受精后 27h 进入神经胚期，下包卵黄囊的 9/10，卵黄栓外露，胚体继续增长，占整个卵周长的 2/5。受精后 30h 50min，下包结束，胚孔完全封闭，胚体头部开始隆起，胚体长度超过卵周长的一半，无肌节出现。

（6）器官分化期。受精后 32h 30min，视泡出现，呈椭圆形。头部继续隆起、膨大。视泡出现 2h 后，胚体中部出现 4～6 对肌节，两部脑出现。视泡出现 3h 后，晶体出现，眼囊逐渐变圆，头部明显分为三个隆起，三部脑出现，胚体头尾环绕卵黄囊的 3/5，肌节 8～9 对。受精后 39h 50min，在眼的后方和脊索前端上方出现耳囊，肌节 11～13 对。受精后 43h 50min，尾芽开始形成，进入尾芽期，尾泡形成，尾泡在 2h 后消失，肌节 17～20 对。稍后，尾芽离开卵黄，并且尾部卵黄囊被拉长。受精后 45h 20min，出现一对耳石，尾芽继续游离伸长，同时尾部卵黄囊内缩凹陷，此时，肌节 24～25 对。受精后 51h 10min，心脏原基出现，肌节 27 对，胚体尾部不断左右摆动，频率 10～12 次／min。受精后 55h 为出膜前期，胚体未完全伸直，胚体可以在卵膜内不断扭动，翻转，尾部摆动剧烈，频率 20 次/min，在尾部作用下卵膜开始逐渐瘪塌。

（7）出膜。受精后 58h，胚体尾部摆动剧烈，随着尾部的摆动，整个胚体破膜而出，刚出膜的仔鱼通体透明，全长 3.5mm，体节 27 对以上，卵黄囊为黄色，呈长柄勺形，眼球无色素，口凹和肛门未形成（王宝森等，2008）。

4.1.3　渔业资源

1. 死亡系数

（1）总死亡系数。总死亡系数（Z）根据体长变换渔获曲线法通过 FiSAT Ⅱ 软件包中的 length-converted catch curve 子程序估算，估算数据来自体长频数分析资料。选取其中 4 个点（黑点）做线性回归，回归数据点的选择以未达完全补充年龄段和体长接近 L_∞ 的年龄段不能用作回归为原则，拟合的直线方程为：$\ln(N/\Delta t) = -4.85t + 15.296$（$R^2 = 0.9372$）（见图 4-15）。方程的斜率为 -4.85，故估算金沙江下游短体荷马条鳅的总死亡系数 $Z = 4.85/a$，其 95% 的置信区间为 2.54/a～7.16/a。

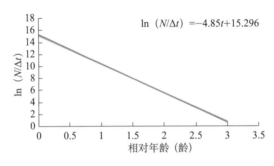

图 4-15　根据体长变换渔获曲线法估算短体荷马条鳅的总死亡系数

（2）自然死亡系数。按公式 $\lg M=-0.006\,6-0.279\lg L_\infty+0.654\,3\lg k+0.463\,4\lg T$ 计算，根据调查，2014—2017 年金沙江攀枝花以下平均水温 $T\approx16.2$℃，生长参数：$k=0.45$，$L_\infty=15.95\ \mathrm{cm}$，代入公式计算得到 $M=0.979\,3/\mathrm{a}\approx0.98/\mathrm{a}$。

（3）捕捞死亡系数。总死亡系数（Z）为自然死亡系数（M）和捕捞死亡系数（F）之和，则短体荷马条鳅的捕捞死亡系数 $F=Z-M=4.85-0.98=3.87/\mathrm{a}$。

（4）开发率估算。通过体长变换渔获曲线法估算出的总死亡系数（Z）及捕捞死亡系数（F）得到调查区域的开发率 $E_{cur}=F/Z\approx0.80$。

2. 捕捞群体量

（1）资源量。通过 FiSAT Ⅱ 软件包中的 length-structured VPA 子程序将样本数据按比例变换为渔获量数据，另输入相关参数：$k=0.45/\mathrm{a}$，$L_\infty=133.4\mathrm{mm}$，$M=0.98/\mathrm{a}$，$F=3.87/\mathrm{a}$，进行实际种群分析。经计算，2014—2017 年金沙江下游支流黑水河下游调查区域短体荷马条鳅的平衡资源生物量为 4.79t，对应平衡资源尾数为 1 661 219 尾。

实际种群分析结果显示，在当前渔业形势下，短体荷马条鳅体长超过 65mm 时，捕捞死亡系数明显增加，群体被捕捞的概率明显增大。短体荷马条鳅的渔业资源群体主要分布在 40～80mm 之间。平衡资源生物量随体长的增加呈先升后降趋势，最低为 0.25t（体长组 20～30mm），最高为 1.22t（体长组 50～60mm）。最大捕捞死亡系数出现在体长组 70～80mm，为 6.12/a，此时平衡资源生物量为 0.30t（见图 4-16）。

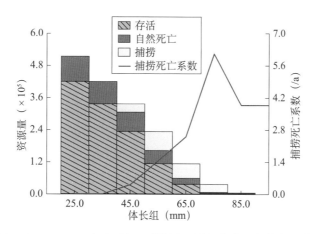

图 4-16　2014—2017 年金沙江下游调查区域短体荷马条鳅实际种群分析

（2）资源动态。针对短体荷马条鳅的当前开发程度（开捕体长 $L_c=30\mathrm{mm}$），根据相对单位补充渔获量（Y'/R）与开发率（E）关系曲线估算得到 $E_{max}=0.365$，$E_{0.1}=0.253$，$E_{0.5}=0.236$。相对单位补充渔获量等值曲线常被用作预测相对单位补充渔获量随开捕体长（L_c）和开发率（E）而变化的趋势［见图 4-17（a）］。渔获量等值曲线通常以等值线平面圆点分为 A（左上区域）、B（左下区域）、C（右上区域）、D（右下区域）四象限，当前开发率（E）0.80 和 $L_c/L_\infty=0.056$ 位于等值曲线的 D 象限，意味着调查区域的短体荷马条鳅已处于过度捕捞状况［见图 4-17（b）］。

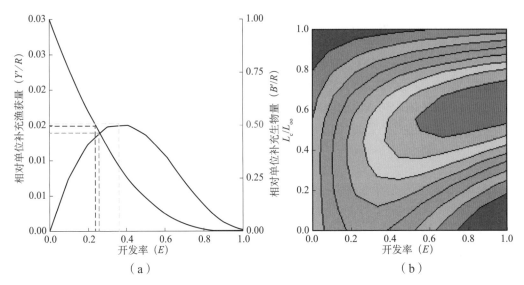

图 4-17　短体荷马条鳅相对单位补充渔获量、相对单位补充生物量与开发率的关系以及相对单位补
充渔获量与开发率和开捕体长的关系

根据 Froese 和 Binohlan 的经验公式 $\lg L_{opt}=1.053 \times \lg L_m-0.056\ 5$ 计算得到短体荷马条鳅能获得最大相对单位渔获量的最适体长（L_{opt}）为 75mm。

采用 Alverson 和 Carney 模型 $T_{maxb}=\dfrac{1}{k}\ln\left(\dfrac{M+3k}{M}\right)$ 得到短体荷马条鳅的最大生物量年龄为 3.65 龄。

4.1.4　遗传多样性研究

1. 线粒体 DNA

2013—2017 年在金沙江下游支流黑水河、西溪河、牛栏江等采集到短体荷马条鳅 8 个群体 212 个样本，分别为巧家黑水河 2013 年群体（QJHS2013）、巧家黑水河 2014 年 6 月群体（QJHS201406）、巧家黑水河 2014 年 12 月群体（QJHS201412）、巧家西溪河 2015 年群体（QJXX2015）、巧家黑水河 2015 年群体（QJHS2015）、牛栏江 2016 年群体（NLJ2016）、巧家黑水河 2016 年群体（QJHS2016）和巧家黑水河 2017 年群体（QJHS2017）。通过对线粒体 Cyt b 基因测序、比对校正后，序列长度为 1057bp，A、T、C、G 的平均含量分别为 $A = 28.51\%$、$T = 28.65\%$、$C = 27.73\%$、$G = 15.11\%$，表现出明显的反 G 偏倚。$A+T$ 含量（57.16%）大于 $G+C$ 含量（42.84%）。序列中无碱基的短缺或插入。在 212 条序列中共检测到 56 个变异位点，其中简约信息位点 44 个，单一突变位点 12 个（见表 4-1）。

表 4-1　基于线粒体 Cyt b 基因的短体荷马条鳅遗传多样性

采样点	样本量	变异位点数	单倍型数	单倍型多样性（H_d）	核苷酸多样性（P_i）
QJHS2013	21	12	7	0.714	0.002 22
QJHS201406	29	13	8	0.746	0.003 17
QJHS201412	29	11	6	0.633	0.001 56
QJXX2015	14	37	5	0.670	0.012 36

采样点	样本量	变异位点数	单倍型数	单倍型多样性（H_d）	核苷酸多样性（P_i）
QJHS2015	30	12	8	0.823	0.003 14
NLJ2016	32	5	6	0.292	0.000 30
QJHS2016	28	13	8	0.796	0.003 16
QJHS2017	29	11	6	0.781	0.003 64
总体	212	56	24	0.805	0.003 77

212 尾短体荷马条鳅 Cyt b 基因序列中共检测到 24 个单倍型（见表 4-2），编号 Hap_1 ～ Hap_24，其中单倍型 Hap_5 出现频率最高，分布最广，没有发现共有单倍型。平均单倍型多样性指数为 0.805，核苷酸多样性指数为 0.003 77，表明短体荷马条鳅群体具有较高的单倍型多样性和较低的核苷酸多样性，遗传多样性不高。通过比较不同地理位置的群体，短体荷马条鳅牛栏江 2016 年群体表现出较低的单倍型多样性和核苷酸多样性。

分子方差（AMOVA）（见表 4-3）分析结果表明，短体荷马条鳅 Cyt b 基因序列 F_{st} 为 0.211 02，群体间发生较明显的遗传分化。研究结果显示，不同群体间的变异占 21.10%，各群体内的变异占 78.90%。群体内的变异大于群体间的变异，变异主要来自群体内。群体间的基因交流（N_m）为 1.214 6，表明群体间存在一定的基因交流。

表 4-2　基于线粒体 Cyt b 基因的短体荷马条鳅单倍型在群体中分布情况

编号	QJHS 201406 （29）	QJHS 201412 （29）	QJHS 2013 （21）	QJXX 2015 （14）	QJHS 2015 （30）	NLJ 2016 （32）	QJHS 2016 （28）	QJHS 2017 （29）
Hap_1	13	8	6		10		7	7
Hap_2	1				4	27		
Hap_3	3	1	1		2		2	4
Hap_4	1		1	1	1			
Hap_5	7	16	10	8	7		10	11
Hap_6	2	2		2	3		5	4
Hap_7	1							
Hap_8	1		1					
Hap_9		1						
Hap_10		1						
Hap_11			1					
Hap_12			1		2			1
Hap_13				1				
Hap_14				2				

编号	QJHS 201406（29）	QJHS 201412（29）	QJHS 2013（21）	QJXX 2015（14）	QJHS 2015（30）	NLJ 2016（32）	QJHS 2016（28）	QJHS 2017（29）
Hap_15					1	0		
Hap_16						1		
Hap_17						1		
Hap_18						1		
Hap_19						1		
Hap_20						1		
Hap_21							1	2
Hap_22							1	
Hap_23							1	
Hap_24							1	

表 4-3　基于线粒体 Cyt b 基因的短体荷马条鳅分子方差分析

变异来源	自由度	方差	变异组成	变异百分比（%）	固定指数
群体间	7	90.917	0.431 92 Va	21.10	
群体内	204	329.446	1.614 93 Vb	78.90	F_{st}：0.211 02
总计	211	420.363	2.046 86		

分化系数（F_{st}）是一个反应种群进化历史的理想参数，能够揭示群体间基因流和遗传漂变的程度。本研究结果显示：牛栏江 2016 年群体与巧家黑水河 2014 年 12 月群体之间的分化系数最高，为 0.742 3；巧家西溪河 2015 年群体与巧家黑水河 2014 年 12 月群体之间的分化系数也很高，为 0.204 9；巧家黑水河 2013 年群体与巧家黑水河 2014 年 12 月群体之间的分化系数最低，为 -0.028 8（见表 4-4）。

表 4-4　基于线粒体 Cyt b 基因的短体荷马条鳅群体间的分化系数

群体	QJHS 201406	QIHS 201412	QJHS 2013	QJXX 2015	QJHS 2015	NLJ 2016	QJHS 2016
QJHS201412	0.0307						
QJHS2013	-0.005 9	-0.028 8					
QJXX2015	0.166 4	0.204 9[*]	0.155 2[*]				
QJHS2015	-0.025 9	0.049 5	0.012 8	0.165 3			
NLJ2016	0.547 6[*]	0.742 3[*]	0.701 7[*]	0.452 5[*]	0.506 2[*]		
QJHS2016	-0.010 4	0.054 7	0.017 0	0.147 7	-0.012 8	0.563 9[*]	
QJHS2017	-0.004 1	0.089 5	0.038 2	0.151 9[*]	-0.000 4	0.534 9[*]	-0.021 9

注：经过 Bonferroni 校正后，* 表示 $P<0.000 1$。

采用 Network 5.0 软件，利用 Median Joining 方法构建短体荷马条鳅 Cyt *b* 的单倍型网络结构图，发现缺失单倍型数为 2（见图 4-18 中 MV1-2），其中 Hap_1、Hap_2、Hap_5、Hap_6 位于图中最基础位置，推测其可能是原始单倍型，其他单倍型由上述单倍型经过一步或多步突变形成。

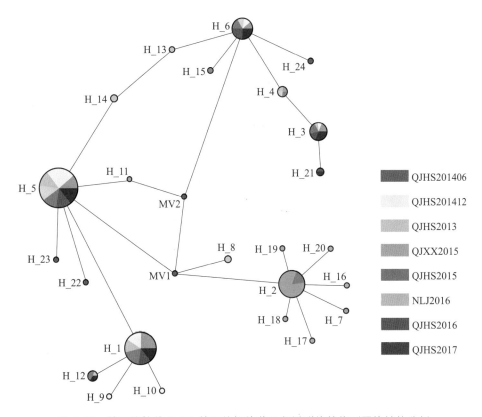

QJHS201406
QJHS201412
QJHS2013
QJXX2015
QJHS2015
NLJ2016
QJHS2016
QJHS2017

图 4-18　基于线粒体 Cyt *b* 基因的短体荷马条鳅群体单倍型网络结构分析

短体荷马条鳅主要分布在金沙江下游的各个支流中，特别是二级或更小的支流中，通过多年的遗传多样性连续监测：根据线粒体 Cyt *b* 基因序列数据，短体荷马条鳅表现出较高的单倍型多样性和较低的核苷酸多样性，遗传多样性水平不高。由于其主要分布在支流中，体型小，繁殖快，连续监测发现其遗传多样性水平保持稳定，且有上升的趋势。物种的扩散能力越强，其在不同区域间的遗传分化现象越弱。通过监测发现，不同地理群体的短体荷马条鳅之间存在明显的遗传分化。

2. 微卫星多样性

选用 10 个多态性微卫星位点对 2013—2017 年采样于金沙江下游支流巧家黑水河、西溪河及牛栏江的短体荷马条鳅 8 个群体进行遗传多样性分析。结果显示，短体荷马条鳅群体在 Ppo-34 位点出现的等位基因数最高（16 个），而在 Ppo-52 和 Ppo-59 位点出现的等位基因数最低（2 个）。在 8 个短体荷马条鳅群体中，巧家黑水河 2014 年 6 月群体的等位基因平均数最高（8.0 个），牛栏江 2016 年群体的等位基因平均数最低（5.7 个）。经检测，平均期望杂合度为 0.506 0 ～ 0.722 1，平均观测杂合度为

0.440 6～0.760 0（见表 4-5）。就位点而言，各位点在各群体的观测杂合度较高，表明这 8 个群体近亲交配水平较低，遗传多样性水平较高。

表 4-5　短体荷马条鳅各群体遗传多样性信息

群体	位点	A	H_o	H_e	I	P 值
QJHS2013	Ppo-3	7	0.733 3	0.645 2	1.302 5	0.519 3
	Ppo-5	8	1.000 0	0.770 6	1.614 1	0.007 0
	Ppo-24	7	0.566 7	0.615 8	1.302 5	0.380 4
	Ppo-34	12	0.833 3	0.868 4	2.156 2	0.032 2
	Ppo-35	6	0.733 3	0.741 2	1.452 3	0.540 9
	Ppo-52	6	0.866 7	0.715 3	1.419 8	0.004 5
	Ppo-56	5	0.466 7	0.439 0	0.809 4	0.639 2
	Ppo-59	5	0.733 3	0.662 2	1.167 4	0.643 8
	Ppo-85	10	0.666 7	0.831 1	1.869 1	0.085 9
	Ppo-101	9	0.633 3	0.583 1	1.337 0	0.561 1
平均值		7.5	0.723 3	0.687 2	1.444 9	
QJHS201406	Ppo-3	8	0.689 7	0.741 7	1.287 6	0.167 8
	Ppo-5	8	1.000 0	0.780 4	1.705 8	0.033 9
	Ppo-24	6	0.586 2	0.650 3	1.596 7	0.035 5
	Ppo-34	13	0.965 5	0.874 8	2.222 4	0.608 2
	Ppo-35	8	0.965 5	0.768 3	1.614 1	0.277 1
	Ppo-52	6	1.000 0	0.692 1	1.332 3	0.000 0
	Ppo-56	6	0.413 8	0.501 5	1.086 2	0.261 0
	Ppo-59	6	0.689 7	0.681 8	1.264 7	0.171 5
	Ppo-85	8	0.758 6	0.801 0	1.767 2	0.855 6
	Ppo-101	11	0.517 2	0.661 2	1.512 5	0.027 5
平均值		8.0	0.758 6	0.715 3	1.539 0	
QJHS201412	Ppo-3	9	0.733 3	0.722 6	1.205 6	0.514 7
	Ppo-5	8	1.000 0	0.788 7	1.714 7	0.010 9
	Ppo-24	6	0.500 0	0.597 7	1.588 4	0.033 4
	Ppo-34	13	0.966 7	0.895 5	2.319 8	0.611 8
	Ppo-35	7	0.833 3	0.705 1	1.441 2	0.838 0
	Ppo-52	7	1.000 0	0.719 2	1.441 7	0.000 0
	Ppo-56	5	0.533 3	0.588 1	1.120 5	0.154 2
	Ppo-59	5	0.633 3	0.705 7	1.234 5	0.131 4
	Ppo-85	10	0.666 7	0.861 0	1.963 9	0.012 0
	Ppo-101	8	0.733 3	0.637 9	1.351 4	0.196 1
平均值		7.8	0.760 0	0.722 1	1.538 2	

群体	位点	A	H_o	H_e	I	P 值
QJXX2015	Ppo-3	6	0.656 3	0.761 9	1.081 1	0.143 8
	Ppo-5	10	0.937 5	0.725 7	1.610 6	0.001 9
	Ppo-24	5	0.437 5	0.561 5	1.508 6	0.062 9
	Ppo-34	14	0.906 3	0.881 9	2.292 4	0.851 9
	Ppo-35	7	0.781 3	0.699 9	1.421 5	0.555 3
	Ppo-52	5	0.375 0	0.402 8	0.781 5	0.372 7
	Ppo-56	6	0.625 0	0.549 6	1.099 1	0.983 7
	Ppo-59	6	0.531 3	0.686 0	1.240 0	0.066 5
	Ppo-85	11	0.718 8	0.785 7	1.827 2	0.262 7
	Ppo-101	7	0.468 8	0.537 7	1.156 3	0.302 9
平均值		7.7	0.643 8	0.659 3	1.401 8	
QJHS2015	Ppo-3	7	0.700 0	0.700 0	1.170 8	0.552 0
	Ppo-5	9	0.666 7	0.628 8	1.275 3	0.320 9
	Ppo-24	6	0.466 7	0.607 9	1.434 4	0.113 9
	Ppo-34	13	0.933 3	0.879 7	2.303 6	0.745 5
	Ppo-35	7	0.466 7	0.615 3	1.189 0	0.344 5
	Ppo-52	2	0.366 7	0.450 3	0.624 3	0.414 5
	Ppo-56	5	0.379 3	0.557 2	0.915 3	0.257 5
	Ppo-59	4	0.633 3	0.680 2	1.157 0	0.293 6
	Ppo-85	11	0.800 0	0.871 8	2.131 1	0.147 1
	Ppo-101	7	0.466 7	0.624 3	1.314 5	0.041 1
平均值		7.1	0.587 9	0.661 5	1.351 6	
NLJ2016	Ppo-3	6	0.531 3	0.591 8	0.636 7	0.000 7
	Ppo-5	3	0.437 5	0.408 2	0.717 6	0.832 9
	Ppo-24	4	0.375 0	0.389 4	1.077 8	1.000 0
	Ppo-34	16	0.937 5	0.917 7	2.520 7	0.771 7
	Ppo-35	6	0.437 5	0.504 0	0.949 6	0.581 1
	Ppo-52	2	0.125 0	0.148 3	0.233 8	1.000 0
	Ppo-56	3	0.312 5	0.328 9	0.571 5	0.634 1
	Ppo-59	2	0.156 3	0.445 9	0.608 2	0.000 7
	Ppo-85	11	0.875 0	0.809 0	1.912 3	0.720 9
	Ppo-101	4	0.218 8	0.516 9	0.810 2	0.000 4
平均值		5.7	0.440 6	0.506 0	1.003 8	

群体	位点	A	H_o	H_e	I	P 值
QJHS2016	Ppo-3	6	0.733 3	0.723 7	0.774 5	0.764 7
	Ppo-5	7	0.766 7	0.709 0	1.448 5	0.120 2
	Ppo-24	5	0.333 3	0.393 2	1.374 5	0.265 4
	Ppo-34	13	0.900 0	0.892 1	2.292 5	0.279 3
	Ppo-35	7	0.833 3	0.670 6	1.356 8	0.300 0
	Ppo-52	3	0.500 0	0.502 3	0.806 8	0.588 1
	Ppo-56	5	0.666 7	0.592 1	1.099 7	0.937 0
	Ppo-59	3	0.633 3	0.580 8	0.951 7	0.513 3
	Ppo-85	10	0.766 7	0.874 6	2.078 5	0.156 7
	Ppo-101	8	0.566 7	0.563 8	1.242 5	0.836 8
平均值		6.7	0.670 0	0.650 2	1.342 6	
QJHS2017	Ppo-3	7	0.633 3	0.739 0	1.127 3	0.116 1
	Ppo-5	6	0.466 7	0.527 7	1.015 7	0.032 2
	Ppo-24	7	0.500 0	0.605 1	1.564 2	0.004 0
	Ppo-34	13	0.866 7	0.857 1	2.136 9	0.334 0
	Ppo-35	7	0.700 0	0.672 9	1.267 4	0.190 7
	Ppo-52	4	0.700 0	0.585 9	0.935 7	0.211 5
	Ppo-56	5	0.633 3	0.570 6	1.016 3	0.608 3
	Ppo-59	4	0.793 1	0.627 3	1.076 3	0.482 8
	Ppo-85	9	0.827 6	0.851 2	1.934 5	0.006 7
	Ppo-101	4	0.482 8	0.531 8	0.953 8	0.088 4
平均值		6.6	0.660 3	0.656 8	1.317 4	

注：A 为等位基因数；H_0 为观测杂合度；H_e 为期望杂合度；I 为 shannon 信息指数。

经过 Bonferroni 校正后，对短体荷马条鳅 8 个群体在各微卫星位点的哈迪 - 温伯格平衡检测，发现除 Ppo-34 和 Ppo-35 这 2 个位点外，其他 5 个位点在 8 个群体中表现出偏离 HWE，特别是 Ppo-52 这个位点，在 8 个群体中的 2 个群体偏离 HWE 且极其显著。所有位点在巧家黑水河 2016 年群体和巧家黑水河 2015 年群体的 2 个群体中全部不偏离，其他 6 个群体各有 1 ~ 2 个偏离 HWE 的位点。

分子方差（AMOVA）分析结果表明，遗传变异大多来自群体内部个体之间，为 91.65%，而 8.35% 的遗传变异来自群体间（见表 4-6）。基因流计算结果为 1.670 1，说明短体荷马条鳅群体间尚有一定的基因交流（见表 4-7）。8 个短体荷马条鳅群体各个位点的 F 统计量（F-statistics）分析结果及总的分化指数（F_{st}）为 0.083 52，表明短体荷马条鳅群体存在微弱遗传分化（当 $F_{st} > 0.05$ 时表示存在群体分化，当 $F_{st}=0.10$ 时表示存在中等程度分化）。

表 4-6　短体荷马条鳅分子方差分析

变异来源	自由度	方差	变异组成	变异百分比（%）	固定指数
群体间	7	147.515	0.293 86 Va	8.35	
群体内	478	1 541.324	3.224 53 Vb	91.65	F_{st}：0.083 52
总计	485	1 688.839	3.518 39		

PIC 最初用于连锁分析时对标记基因多态性的估计，现在常用来表示微卫星多态性高低的程度。就位点而言，10 个微卫星位点在 8 个群体中的平均多态信息含量为 0.519 5 ~ 0.881 8，平均 0.706 5，表明短体荷马条鳅群体有丰富的遗传多样性（见表 4-7）。就群体而言，所有群体在多数位点上的 PIC 大于 0.5，说明本研究选用的 8 个位点具有较高的多态信息含量，适合进行短体荷马条鳅群体的遗传多样性分析。

表 4-7　短体荷马条鳅群体遗传多样性信息

位点	A	F_{is}	F_{it}	F_{st}	N_m	PIC	I
Ppo-3	14	0.013 8	0.128 3	0.116 1	1.903 5	0.758 3	1.942 0
Ppo-5	17	−0.199 3	0.001 6	0.167 5	1.242 4	0.757 1	1.904 4
Ppo-24	8	0.110 3	0.137 7	0.030 8	7.877 1	0.519 5	1.190 4
Ppo-34	21	−0.051 7	−0.026	0.024 4	9.979 5	0.881 8	2.489 4
Ppo-35	16	−0.099 2	0.083 0	0.165 7	1.258 4	0.756 4	1.857 9
Ppo-52	9	−0.218 0	0.044 4	0.215 5	0.910 3	0.609 4	1.395 6
Ppo-56	8	−0.026 2	0.252 7	0.271 9	0.669 6	0.637 4	1.415 8
Ppo-59	9	0.024 1	0.156 6	0.135 8	1.591 0	0.655 8	1.415 6
Ppo-85	16	0.066 7	0.113 9	0.050 6	4.688 0	0.846 0	2.236 8
Ppo-101	12	0.087 3	0.228 2	0.154 3	1.369 7	0.643 5	1.561 2
平均值	13	−0.027 6	0.106 2	0.130 2	1.670 1	0.706 5	1.740 9

注：由 F_{st} 估算的基因流（N_m）= 0.25(1−F_{st})/ F_{st}。

表 4-8　基于微卫星 STR 数据短体荷马条鳅群体间的分化系数

群体	QJHS201406	QIHS201412	QJHS2013	QJXX2015	QJHS2015	QJHS2016	NLJ2016
QJHS201412	0.002 9						
QJHS2013	0.003 9	0.001 3					
QJXX2015	0.026 3[*]	0.021 6[*]	0.015 8[*]				
QJHS2015	0.037 2[*]	0.042 8[*]	0.027 7[*]	0.039 0[*]			
QJHS2016	0.036 1[*]	0.024 1[*]	0.028 0[*]	0.014 9[*]	0.035 1[*]		
NLJ2016	0.209 7[*]	0.197 1[*]	0.218 6[*]	0.207 8[*]	0.205 7[*]	0.186 0[*]	
QJHS2017	0.068 1[*]	0.072 3[*]	0.064 0[*]	0.069 7[*]	0.043 1[*]	0.059 1[*]	0.270 2[*]

注：经过 Bonferroni 校正后，* 表示 $P<0.000\ 1$。

8 个短体荷马条鳅群体两两间的遗传分化指数（F_{st}）为 0.002 9 ~ 0.218 6（见表

4-8），其总分化指数（F_{st}）为 0.083 52。其中，巧家黑水河 2014 年 12 月群体和巧家黑水河 2014 年 6 月群体的遗传分化水平最低（0.002 9），而牛栏江 2016 年群体和巧家黑水河 2013 年群体的遗传分化水平最高（0.218 6）。短体荷马条鳅群体间 Nei 氏遗传距离和遗传一致性分别为 0.035 3 ～ 1.719 7 和 0.179 1 ～ 0.965 3（见表 4-9）。其中，遗传距离以巧家黑水河 2014 年 12 月群体和巧家黑水河 2014 年 6 月群体最低（0.035 3），而以巧家黑水河 2017 年群体和牛栏江 2016 年群体最高（1.719 7）；遗传相似度与遗传距离呈负相关关系，表现出的遗传一致性以巧家黑水河 2014 年 6 月群体和巧家黑水河 2014 年 12 月群体（0.965 3）最高，而以牛栏江 2016 年群体和巧家黑水河 2017 年群体最低（0.179 1）。

表 4-9　基于微卫星（STR）数据短体荷马条鳅遗传一致性和遗传距离

群体	QJHS 201406	QIHS 201412	QJHS 2013	QJXX 2015	QJHS 2015	QJHS 2016	NLJ 2016	QJHS 2017
QJHS201406		0.965 3	0.953 2	0.914 6	0.888 2	0.893 7	0.616 9	0.389 4
QJHS201412	0.035 3		0.960 9	0.924 7	0.877 9	0.920 5	0.641 1	0.383 0
QJHS2013	0.047 9	0.039 9		0.938 3	0.915 0	0.914 6	0.608 2	0.377 2
QJXX2015	0.089 3	0.078 3	0.063 7		0.898 1	0.944 3	0.649 4	0.359 6
QJHS2015	0.118 6	0.130 3	0.088 8	0.107 5		0.906 3	0.657 3	0.336 8
QJHS2016	0.112 4	0.082 9	0.089 2	0.057 3	0.098 4		0.699 1	0.346 0
NLJ2016	0.48 3	0.444 6	0.497 3	0.431 7	0.419 6	0.357 9		0.179 1
QJHS2017	0.943 2	0.959 8	0.975 0	1.022 8	1.088 3	1.061 3	1.719 7	

根据遗传距离对短体荷马条鳅 8 个群体进行聚类分析，结果显示（见图 4-19），在 8 个短体荷马条鳅群体中，巧家黑水河 2016 年群体、巧家黑水河 2015 年群体、巧家黑水河 2014 年 6 月群体、巧家黑水河 2014 年 12 月群体、巧家西溪河 2015 年群体、巧家黑水河 2013 年群体和牛栏江 2016 年群体这 7 个群体聚为一支，而巧家黑水河 2017 年群体独自形成一个分支。

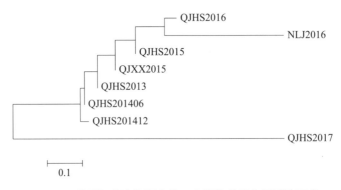

图 4-19　基于标准遗传距离的 8 个短体荷马条鳅群体聚类

4.1.5　其他研究

温龙岚等（2007）采用常规组织学方法对短体荷马条鳅的泌尿系统进行了研究。

结果表明，短体荷马条鳅泌尿系统由中肾、输尿管和膀胱构成。未观察到头肾。中肾包括肾小体、肾小管和填充于其间的拟淋巴组织，无皮质和髓质之分。肾小管由第一近端小管、第二近端小管和远端小管组成，无颈段。输尿管前后段组织结构有明显差异。膀胱为不发达的输尿管膀胱，并发现斯坦尼斯小体多枚。

4.1.6　资源保护

资源丰度的年际变化：短体荷马条鳅在 2012—2017 年渔获物中的尾数百分比的变动趋势（巧家段）见图 4-20。2012—2017 年，短体荷马条鳅在巧家段渔获物中的尾数百分比从 2012 年的12.96% 上升到 2015 年的 42.20%，然后又逐渐下降到 2017 年的 6.03%。

短体荷马条鳅在 2012—2017 年渔获物中的重量百分比的变动趋势（巧家段）见图 4-21。2012—2017 年，短体荷马条鳅在巧家段渔获物中的重量百分比从 2012 年的 2.37% 上升到 2014年的 11.44%，然后又下降到 2017 年的1.52%。

短体荷马条鳅在 2012—2017 年巧家段的 CPUE 的变动趋势见图 4-22。2012—2017 年，短体荷马条鳅在巧家段的 CPUE 从 2012 年的 0.94kg/（船·d）上升到 2013 年的 1.65kg/（船·d），然后又逐渐下降到 2017 年的0.25kg/（船·d）。

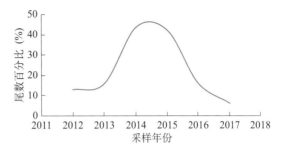

图 4-20　短体荷马条鳅在 2012—2017 年渔获物中的尾数百分比的变动趋势（巧家段）

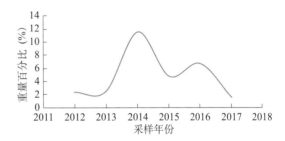

图 4-21　短体荷马条鳅在 2012—2017 年渔获物中的重量百分比的变动趋势（巧家段）

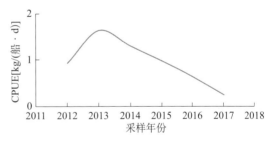

图 4-22　短体荷马条鳅在 2012—2017 年巧家段的 CPUE 的变动趋势

4.2　前鳍高原鳅

4.2.1　概况

1.分类地位

前鳍高原鳅［*Triplophysa anterodorsalis*（Zhu *et* Cao），1989］隶属鲤形目（Cypriniformes）鳅科（Cobitidae）条鳅亚科（Nemacheilidae）高原鳅属（*Triplophysa*），俗称鳅鳅等（见图 4-23）。

图 4-23 前鳍高原鳅（邵科摄，黑水河，2018）

2. 种群分布

据《四川鱼类志》记载，前鳍高原鳅分布于金沙江水系。根据 2012—2017 年渔获物调查结果，金沙江干流攀枝花、巧家段及其支流黑水河、西溪河等下游段分布此鱼。

4.2.2 生物学研究

1. 渔获物结构

2014—2017 年夏季及秋冬季在黑水河下游（包括 2014 年 1—12 月在黑水河下游逐月采集的样本）共采集到前鳍高原鳅样本 3061 尾。对 3061 尾样本均进行了常规生物学参数测量，其体长范围为 31 ～ 95mm，平均体长 61mm，以 41 ～ 80mm 为主（占总采集尾数的 96.11%）（见图 4-24）；体重范围为 0.5 ～ 14.8g，平均体重 3.9g，以 1.1 ～ 6.0g 为主（占总采集尾数的 88.01%）（见图 4-25）。

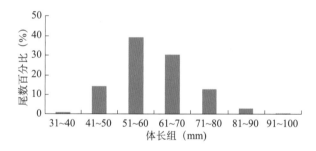

图 4-24 2014—2017 年金沙江下游前鳍高原鳅的体长组成（n=3061 尾）

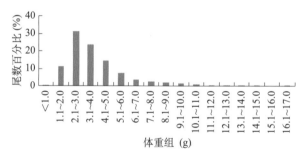

图 4-25 2014—2017 年金沙江下游前鳍高原鳅的体重组成（n=3061 尾）

2. 年龄与生长

（1）年龄结构。可采用脊椎骨和耳石对前鳍高原鳅的年龄进行鉴定。脊椎骨椎体为双凹形，在入射光下，凹面上显示出宽窄交替的同心环纹，环带与椎体边缘平行，内侧处暗色的狭带与外侧处浊白色宽纹的交界处即定为年轮。耳石经打磨后，在显微镜下透光观察制片，耳石中心是一个核，核的中心是耳石原基，核外为同心圆排列的日轮，根据日轮的疏密排布情况，可以确定年轮（见图 4-26）。经比较，采用脊椎骨鉴定前鳍高原鳅的年龄更容易一些，且耗时相对较少。

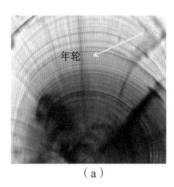 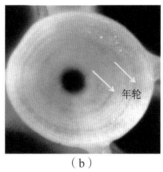

（a）　　　　　　　　　　　　（b）

图 4-26　前鳍高原鳅年轮特征
（a）脊椎骨，2+ 龄；（b）耳石，1+ 龄

采用脊椎骨和耳石共鉴定了 536 尾前鳍高原鳅的年龄。年龄样本来自金沙江下游攀枝花和支流黑水河下游。所有鉴定样本中，以 2 龄个体数最多，占鉴定样本总个体数的 63.6%。在所有鉴定样本中，3 龄为前鳍高原鳅的最大年龄（见图 4-27）。

（2）体长与体重的关系。将采集到的前鳍高原鳅样本的实测体长与体重做散点图，可以看出其体长（L）和体重（W）呈幂函数相关关系，其关系式 $W=1.0 \times 10^{-5} L^{3.0227}$，（$R^2=0.9045$，$n=474$ 尾）（见图 4-28）。

（3）生长特征。基于 2014 年 1—12 月在黑水河的逐月采样结果，采用 Shepherd 法对体长分组数据进行曲线拟合（见图 4-29），得到生长参数：$L_\infty=141.05$mm，$k=0.67$，$t_0=-0.48$ 龄，$W_\infty=32.94$g。将各参数代入 Von Bertalanfy 方程得到前鳍高原鳅的体长和体重生长方程（见图 4-30）：

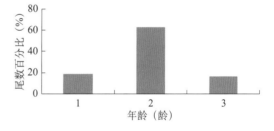

图 4-27　2014—2017 年金沙江下游前鳍高原鳅的年龄分布（$n=536$ 尾）

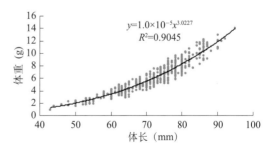

$$y=1.0 \times 10^{-5} x^{3.0227}$$
$$R^2=0.9045$$

图 4-28　2014—2017 年金沙江下游前鳍高原鳅的体长与体重关系（$n=474$ 尾）

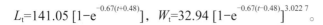

$L_t = 141.05\,[1-e^{-0.67(t+0.48)}]$，$W_t = 32.94\,[1-e^{-0.67(t-0.48)}]^{3.022\,7}$。

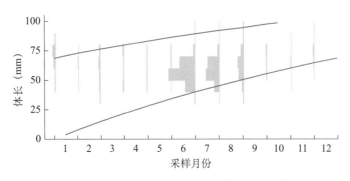

图 4-29　2014 年 1—12 月金沙江下游前鳍高原鳅体长频率

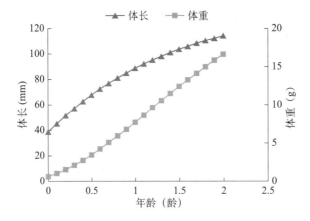

图 4-30　2014 年 1—12 月金沙江下游前鳍高原鳅体长和体重生长曲线

对体长生长方程求一阶导数和二阶导数，得到前鳍高原鳅的体长生长速度和体长生长加速度方程（见图 4-31）：

$dL/dt = 94.50e^{-0.67(t-0.32)}$；

$d^2L/dt^2 = -63.32e^{-0.67(t-0.32)}$。

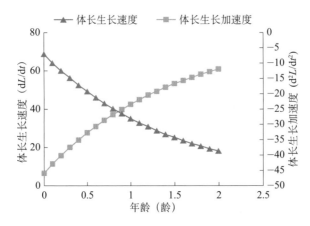

图 4-31　2014 年 1—12 月金沙江下游前鳍高原鳅体长生长速度和体长生长加速度曲线

对体重生长方程求一阶导数和二阶导数，得到前鳍高原鳅的体重生长速度和体重生长加速度方程（见图 4-32）：

$$dW/dt = 63.59[1-e^{-0.67(t-0.32)}]^{2.022\ 7}e^{-0.67(t-0.32)};$$
$$d^2W/dt^2 = 42.61[1-e^{-0.67(t-0.32)}]^{1.022\ 7}e^{-0.67(t-0.32)}[3.022\ 7e^{-0.67(t-0.32)}-1]。$$

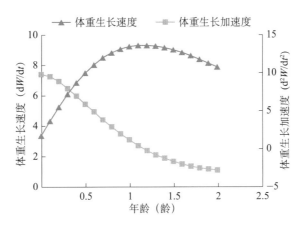

图 4-32　2014—2017 年金沙江下游前鳍高原鳅体重生长速度和体重生长加速度曲线

从体重生长速度曲线和体重生长加速度曲线可知，2014—2017 年金沙江下游前鳍高原鳅的拐点年龄 t_i=1.17 龄，该拐点年龄对应的体长和体重分别为 L_t=94mm 和 W_t=9.3g，其后加速度小于 0，进入种群体重增长递减阶段。

3. 繁殖特征

根据 2014—2017 年黑水河下游野外采样数据，可知每年 9—12 月以及 1—5 月采集到的Ⅲ期及以上发育期个体数占当月总抽样解剖个体数的比例明显高于其他月份（0%），推测每年的 1—5 月以及 9—12 月为黑水河下游前鳍高原鳅的繁殖季节（见图 4-33）。

在繁殖季节，随机选取 266 尾前鳍高原鳅样本进行繁殖群

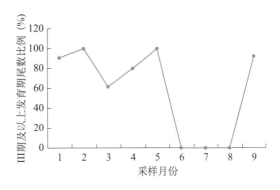

图 4-33　2014 年 1—9 月黑水河下游前鳍高原鳅各月Ⅲ期及以上发育期个体数占当月总抽样解剖个体数的比例

体分析。其中，不辨雌雄 4 尾；雌性 141 尾，由 1～3 龄组成，体长 50～95mm，平均体长 74mm，体重 1.6～14.3g，平均体重 7.0g；雄性 121 尾，由 1～3 龄组成，体长 43～94mm，平均体长 73mm，体重 1.0～12.3g，平均体重 6.4 g。性比为♀∶♂=1.17∶1。采集期间，黑水河下游前鳍高原鳅雌性最小性成熟个体全长 74mm，体长 60 mm，体重 3.1g，年龄 1 龄，卵巢Ⅳ期；雄性最小性成熟个体全长 58mm，体长 50mm，体重 2.6g，年龄 1 龄，精巢Ⅳ期。

按 10mm 组距划分体长组，统计各体长组性成熟个体百分比，繁殖期间首次 50%

个体均进入Ⅳ期性腺阶段的体长组为雌性 61～70mm，平均体长 65mm，平均年龄 1.7 龄；雄性 61～70mm，平均体长 67mm，平均年龄 1.7 龄。因此可认为 1.7 龄及以上个体是前鳍高原鳅繁殖群体的主要组成部分，1.7 龄以下个体为繁殖群体的补充部分（见图 4-34）。

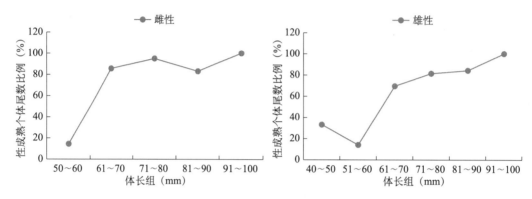

图 4-34 2014 年黑水河下游前鳍高原鳅性成熟个体比例与体长区间的关系

对采集到的 1 尾前鳍高原鳅Ⅴ期卵巢内的受精卵进行显微测量，其成熟卵的平均卵径 0.628 9mm，波动范围 0.471 4～0.836 9mm。从同一卵巢（Ⅴ期）卵径的变化趋势看，卵巢中卵粒的发育存在不同步现象（主要为 3、4 时相卵母细胞），但卵径分布呈双峰形（见图 4-35），由此可以判断前鳍高原鳅为分批产卵型鱼类。

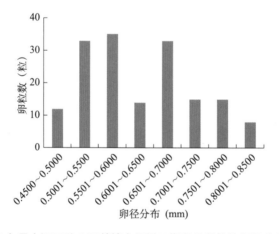

图 4-35 2014 年黑水河下游 1 尾前鳍高原鳅Ⅴ期卵巢卵粒的卵径分布（n=165 粒）

对 109 尾前鳍高原鳅的Ⅳ期和Ⅴ期卵巢内的卵粒数进行统计，结果显示 2014 年繁殖期间黑水河下游前鳍高原鳅的平均绝对怀卵量 3834（1428～6356）粒/尾，平均相对怀卵量 535（250～938）粒/g。各个卵巢中，多数个体的绝对繁殖力 2001～6000 粒/尾，共 101 尾，占总抽样样本数的 92.66%；相对繁殖力 451～700 粒/g，共 77 尾，占总抽样样本数的 70.64%（见图 4-36）。

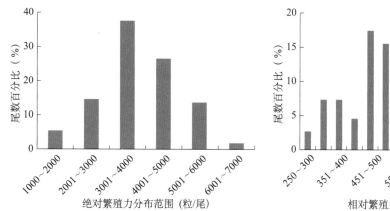

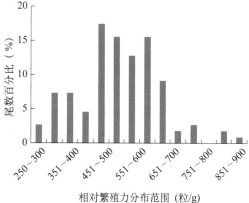

图 4-36　2014 年黑水河下游前鳍高原鳅的绝对繁殖力和相对繁殖力的分布情况（n=109 尾）

4.2.3　渔业资源

1. 死亡系数

（1）总死亡系数。将采集到的 3061 尾前鳍高原鳅作为估算资料，按体长 10mm 分组，根据体长变换渔获曲线法估算前鳍高原鳅的总死亡系数（Z）。选取其中部分数据点做线性回归，回归数据点的选择以未达完全补充年龄段（最高点左侧）和体长接近 L_∞ 的年龄段不能用作回归为原则，拟合的直线方程：$\ln(N/\Delta t)=-6.24t+14.004$（$R^2$=0.953 9）（见图 4-37）。方程的斜率为 -6.24，故估算前鳍高原鳅的总死亡系数 Z=6.24/a，其 95% 的置信区间为 3.72/a ～ 8.75/a。

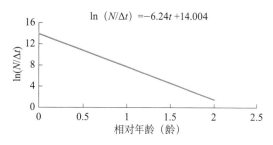

图 4-37　根据体长变换渔获曲线法估算前鳍高原鳅的总死亡系数

（2）自然死亡系数。按公式 $\lg M=-0.006\,6-0.279\lg L_\infty+0.654\,3\lg k+0.463\,4\lg T$ 计算，根据调查，2014—2017 年金沙江攀枝花以下平均水温 $T\approx16.2\,℃$，生长参数：k=0.67，L_∞=16.87cm，代入公式计算得到 M=1.251 0/a。

（3）捕捞死亡系数。总死亡系数（Z）为自然死亡系数（M）和捕捞死亡系数（F）之和，则前鳍高原鳅的捕捞死亡系数 $F=Z-M$=6.24-1.251 0≈4.99/a。

（4）开发率估算。通过体长变换渔获曲线法估算出的总死亡系数（Z）及捕捞死亡系数（F）得到调查区域的开发率 $E_{cur}=F/Z\approx0.80$。

2. 捕捞群体量

（1）资源量。通过 FiSAT Ⅱ 软件包中的 length-structured VPA 子程序将样本数据按比例变换为渔获量数据，另输入相关参数：k=0.67/a，L_∞=141.05mm，M=1.25/a，F=4.99/a，进行实际种群分析。

实际种群分析结果显示，在当前渔业形势下，前鳍高原鳅体长超过 40mm 时，捕捞死亡系数明显增加，群体被捕捞的概率明显增大；当体长达到 80mm 时，群体达到最大捕捞死亡系数。前鳍高原鳅的渔业资源群体主要分布在 40～70mm 之间。平衡资源生物量随体长的增加呈先升后降趋势，最低为 0.01t（体长组 80～90mm 和 90～100mm），最高为 0.05t（体长组 50～60mm）。最大捕捞死亡系数出现在体长组 80～90mm，此时平衡资源生物量为 0.01t（见图 4-38）。

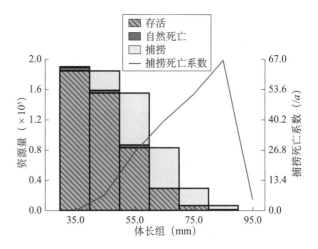

图 4-38 2014—2017 年金沙江下游调查区域前鳍高原鳅的实际种群分析

经实际种群分析，估算得到 2014—2017 年金沙江下游调查区域前鳍高原鳅平衡资源生物量为 0.19t，对应平衡资源尾数为 647 076 尾。同时采用 Gulland 经验公式估算得到 2014—2017 年金沙江下游调查区域前鳍高原鳅的最大可持续产量（MSY）为 0.09t。

（2）资源动态。针对前鳍高原鳅的当前开发程度，根据相对单位补充渔获量（Y'/R）与开发率（E）关系曲线估算得到 $E_{max}=0.462$，$E_{0.1}=0.361$，$E_{0.5}=0.280$。相对单位补充渔获量等值曲线常被用作预测相对单位补充渔获量随开捕体长（L_c）和开发率（E）而变化的趋势［见图 4-39（a）］。渔获量等值曲线通常以等值线平面圆点分为 A（左上区域）、B（左下区域）、C（右上区域）、D（右下区域）四象限，当前开发率（E）0.8 和 $L_c/L_∞=0.22$ 位于等值曲线的 D 象限，意味着调查区域的前鳍高原鳅幼龄个体（补充群体）面临的捕捞压力很大［见图 4-39（b）］。

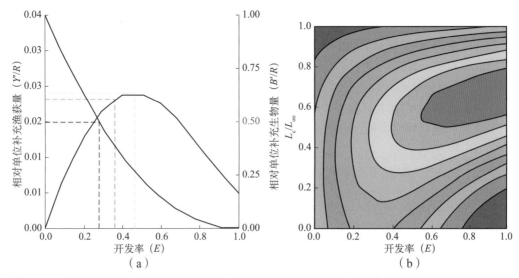

图 4-39 前鳍高原鳅相对单位补充渔获量、相对单位补充生物量与开发率的关系以及相对单位补充渔获量与开发率和开捕体长的关系

4.2.4　遗传多样性研究

1. 线粒体 DNA

2012—2017 年在金沙江支流黑水河下游（巧家县）采集到前鳍高原鳅 6 个群体 151 个样本，分别为 QJ2012、QJ2013、QJ2014、QJ2015、QJ2016 和 QJ2017。通过对每一个样本进行线粒体 D-loop 控制区测序、比对校正后，序列长度为 886bp，A、T、C、G 的平均含量分别为 A = 32.25%、T = 32.75%、C = 21.30%、G = 13.70%，表现出明显的反 G 偏倚。$A+T$ 含量（65%）大于 $G+C$ 含量（35%）。序列中有碱基的缺失。在 151 条序列中共检测到 3 个变异位点，其中简约信息位点 1 个，单一突变位点 2 个（见表 4-10）。

表 4-10　前鳍高原鳅线粒体控制区序列遗传多样性

采样点	样本量	变异位点数	单倍型数	单倍型多样性（H_d）	核苷酸多样性（P_i）
QJ2012	22	1	2	0.415 6	0.000 50
QJ2013	30	1	2	0.480 5	0.000 57
QJ2014	31	3	3	0.539 8	0.000 76
QJ2015	15	1	2	0.415 6	0.000 49
QJ2016	22	1	2	0.311 7	0.000 37
QJ2017	31	1	2	0.425 8	0.000 51
总体	151	3	3	0.445 6	0.000 56
F_{st}	0.001 86，N_m=134.33				

151 尾前鳍高原鳅线粒体 D-loop 控制区序列中共检测到 3 个单倍型（见表 4-11），编号 Hap_1 ～ Hap_3，其中单倍型 Hap_2 出现频率最高，分布最广，Hap_1 和 Hap_2 是每个群体的共有单倍型。平均单倍型多样性指数为 0.445 6，核苷酸多样性指数为 0.000 56，表明前鳍高原鳅群体遗传多样性较低。通过比较不同地理位置的群体，前鳍高原鳅群体表现出较低的单倍型多样性和核苷酸多样性。

表 4-11　前鳍高原鳅单倍型在群体中分布情况

编号	QJ2012（22）	QJ2013（30）	QJ2014（31）	QJ2015（15）	QJ2016（22）	QJ2017（31）
Hap_1	6	11	13	10	4	9
Hap_2	16	19	17	5	18	22
Hap_3	0	0	1	0	0	0

分子方差（AMOVA）分析结果表明（见表 4-12），前鳍高原鳅线粒体 D-loop 控制区序列 F_{st} 为 0.000 59，群体间没有发生较明显的遗传分化。研究结果显示，不同群体间的变异占 0.06%，各群体内的变异占 99.94%。群体内的变异大于群体间的变异，变异主要来自群体内，群体间不存在遗传分化。群体间的基因交流（N_m）为 134.33，表明群体间存在频繁的基因交流。

表 4-12　前鳍高原鳅分子方差分析

变异来源	自由度	方差	变异组成	变异百分比（％）	固定指数
群体间	5	0.916	0.000 14 Va	0.06	
群体内	146	30.474	0.232 59 Vb	99.94	F_{st}：0.000 59
总计	151	31.390	0.232 49		

分化系数（F_{st}）是一个反应种群进化历史的理想参数，能揭示群体间基因流和遗传漂变的程度。研究结果显示，巧家江段 2016 年群体与巧家江段 2014 年群体之间的分化系数最高（0.072 4），巧家 2012 年群体与巧家 2017 年群体之间的分化系数最低（−0.039 6）（见表 4-13）。

表 4-13　基于线粒体的前鳍高原鳅 6 个群体之间的分化系数

群体	QJ2012	QJ2013	QJ2014	QJ2015	QJ2016
QJ2013	−0.020 3				
QJ2014	0.004 6	−0.024 7			
QJ2015	0.025 9	0.049 5	0.012 8		
QJ2016	−0.023 3	0.042 2	0.072 4	0.002 5	
QJ2017	−0.039 6	−0.020 3	0.003 1	0.007 7	−0.007 8

2. 微卫星多样性

选用 8 个多态微卫星位点对 2013—2017 年采自黑水河下游（巧家县）的前鳍高原鳅 5 个群体 132 尾样品进行遗传多样性分析。结果显示，前鳍高原鳅在 Tan-62 位点出现的等位基因数最高（8 个），而在 Tan_3 和 Tan_6 位点出现的等位基因数最低（2 个）。在 5 个群体中，巧家 2014 年群体的等位基因平均数最高（4.9），巧家 2015 年群体等位基因平均数最低（3.9）。经检测，平均期望杂合度为 0.578 0～0.619 9，平均观测杂合度为 0.562 5～0.661 5（见表 4-14）。就位点而言，各位点在各群体的观测杂合度都不高，表明这 5 个群体可能存在近亲交配的现象，遗传多样性水平不高。

表 4-14　前鳍高原鳅各群体微卫星多态性数据

群体	位点	A	H_o	H_e	I	P 值
QJ2013	Tan_1	6	0.500 0	0.793 8	1.568 1	0.000 5
	Tan_3	2	0.200 0	0.310 2	0.450 6	0.156 3
	Tan_6	3	1.000 0	0.579 1	0.918 4	0.000 0
	Tan_21	4	0.566 7	0.571 2	0.994 1	0.360 7
	Tan_23	5	0.533 3	0.643 5	1.081 2	0.706 0
	Tan_37	6	0.700 0	0.683 6	1.257 2	0.050 5
	Tan_60	3	0.400 0	0.515 8	0.757 5	0.381 3
	Tan_62	8	0.600 0	0.816 4	1.798 4	0.000 4
平均值		4.6	0.562 5	0.614 2	1.103 2	

群体	位点	A	H_o	H_e	I	P 值
QJ2014	Tan_1	6	0.366 7	0.712 4	1.407 4	0.000 0
	Tan_3	4	0.533 3	0.430 5	0.721 8	0.005 6
	Tan_6	3	0.933 3	0.599 4	0.964 8	0.000 0
	Tan_21	4	0.600 0	0.527 7	0.958 9	0.574 7
	Tan_23	4	0.733 3	0.681 9	1.181 9	0.915 7
	Tan_37	5	0.500 0	0.667 8	1.213 6	0.020 4
	Tan_60	5	0.600 0	0.520 9	0.911 9	0.000 3
	Tan_62	8	0.600 0	0.818 6	1.830 1	0.001 1
平均值		4.9	0.608 3	0.619 9	1.148 8	
QJ2015	Tan_1	4	0.285 7	0.486 8	0.801 3	0.087 1
	Tan_3	4	0.428 6	0.470 9	0.761 4	0.395 4
	Tan_6	2	0.857 1	0.507 9	0.682 9	0.022 2
	Tan_21	4	0.571 4	0.468 3	0.855 5	1.000 0
	Tan_23	4	0.714 3	0.698 4	1.142 2	0.808 5
	Tan_37	5	0.642 9	0.672 0	1.149 8	0.305 7
	Tan_60	3	0.571 4	0.592 6	0.955 7	0.828 3
	Tan_62	5	0.571 4	0.727 5	1.291 8	0.211 5
平均值		3.9	0.580 4	0.578 0	0.955 1	
QJ2016	Tan_1	4	0.458 3	0.727 8	1.274 6	0.023 9
	Tan_3	3	0.375 0	0.352 0	0.548 0	1.000 0
	Tan_6	3	0.958 3	0.568 3	0.883 4	0.000 1
	Tan_21	4	0.625 0	0.588 7	0.979 0	0.022 9
	Tan_23	4	0.750 0	0.617 9	1.074 0	0.535 6
	Tan_37	3	0.583 3	0.536 4	0.883 1	0.552 9
	Tan_60	3	0.625 0	0.467 2	0.714 4	0.032 4
	Tan_62	8	0.916 7	0.837 8	1.859 0	0.000 4
平均值		4	0.661 5	0.587 0	1.026 9	
QJ2017	Tan_1	5	0.468 8	0.696 9	1.304 5	0.000 0
	Tan_3	3	0.406 3	0.488 1	0.736 0	0.021 5
	Tan_6	4	0.562 5	0.538 7	0.832 2	0.030 9
	Tan_21	4	0.580 7	0.536 2	0.844 1	0.374 3
	Tan_23	5	0.687 5	0.654 8	1.161 6	0.226 9
	Tan_37	4	0.625 0	0.645 3	1.125 5	0.052 0
	Tan_60	3	0.500 0	0.523 3	0.873 9	0.718 6
	Tan_62	6	0.677 4	0.708 6	1.483 2	0.316 5
平均值		4.3	0.563 5	0.599 0	1.045 1	

注：A 为等位基因数；H_0 为观测杂合度；H_e 为期望杂合度；I 为 shannon 信息指数。

经过 Bonferroni 校正后，对各群体在各微卫星位点的哈迪 - 温伯格平衡检测，发现除 Tan_1、Tan_6、Tan_60、Tan_62 这 4 个位点外，其他 4 个位点在 5 个群体中表现出不偏离 HWE。而 Tan-1 这个位点，在 5 个群体中的 2 个群体偏离 HWE 且极其显著。所有位点在巧家 2015 年群体中全部不偏离，其他 3 个群体各有 1 ～ 2 个偏离 HWE 的位点（见表 4-14）。

分子方差（AMOVA）分析结果表明，遗传变异大多来自群体内部个体间，为 98.54%，而 2.15% 的遗传变异来自群体间（见表 4-15）。基因流计算结果为 1.150 1（见表 4-16），说明前鳍高原鳅群体间尚有一定的基因交流。5 个前鳍高原鳅群体各个位点的 F 统计量（F-statistics）分析结果及总的分化指数（F_{st}）为 0.001 86，表明前鳍高原鳅群体不存在遗传分化（当 $F_{st} > 0.05$ 时表示存在群体分化，当 $F_{st}=0.10$ 时表示存在中等程度分化）。

表 4-15　前鳍高原鳅分子方差分析

变异来源	自由度	方差	变异组成	变异百分比（%）	固定指数
群体间	4	19.935	0.051 75 Va	2.15	
群体内个体间	125	291.969	-0.016 74 Vb	-0.70	F_{st}：0.021 52
群体内	130	308.000	2.369 3 Vc	98.54	
总计	259	619.904	2.404 24		

表 4-16　基于微卫星（STR）数据前鳍高原鳅群体遗传多样性信息

位点	A	F_{is}	F_{it}	F_{st}	N_m	PIC	I
Tan-1	7	0.354 4	0.389 7	0.054 6	4.325 4	0.666 7	1.451 1
Tan-3	5	-0.036 2	-0.017 7	0.017 8	13.758 3	0.328 3	0.668 8
Tan-6	5	-0.576 1	-0.563 2	0.008 2	30.214 2	0.460 2	0.916 1
Tan-21	5	-0.138 9	-0.097 6	0.036 2	6.653	0.475 8	0.988 5
Tan-23	6	-0.079 9	-0.043 5	0.033 7	7.159 7	0.585 0	1.184 9
Tan-37	7	0.006 4	0.029	0.022 8	10.705 8	0.567 6	1.188 6
Tan-60	5	-0.074	-0.063 2	0.010 1	24.60 8	0.431 0	0.878 3
Tan-62	10	0.109 9	0.193 4	0.093 8	2.414 5	0.807 6	1.924 9
平均值	6.3	0.003 8	0.039 3	6.108 9	1.670 1	0.540 3	1.150 1

注：由 F_{st} 估算的基因流（N_m）= 0.25(1 − F_{st})/ F_{st}。

PIC 最初用于连锁分析时对标记基因多态性的估计，现在常用来表示微卫星多态性高低的程度。就位点而言，8 个微卫星位点在 5 个群体中的平均多态信息含量为 0.328 3 ～ 0.807 6，平均 0.540 3，表明前鳍高原鳅群体有较丰富的遗传多样性（见表 4-16）。就群体而言，群体在 4 个位点上的 PIC 均小于 0.5，表明前鳍高原鳅群体在一些位点的遗传多样性水平不高。

前鳍高原鳅群体两两间的遗传分化指数（F_{st}）为 -0.000 1 ～ 0.068 5（见表 4-17），其总分化指数（F_{st}）为 0.001 86。其中，巧家 2015 年群体和巧家 2017 年群体的遗传分化水平最高（0.068 5），而巧家 2013 年群体和巧家 2014 年群体的遗传分化水平最低（-0.000 1）。前鳍高原鳅群体间 Nei 氏遗传距离和遗传一致性分别为

0.024 7 ～ 0.138 6 和 0.870 6 ～ 0.975 6（见表 4-18）。其中，遗传距离以巧家 2013 年群体和巧家 2014 年群体最低（0.024 7），而以巧家 2015 年群体和巧家 2017 年群体最高（0.138 6）；遗传相似度与遗传距离呈负相关关系，表现出的遗传一致性以巧家 2013 年群体和巧家 2014 年群体（0.975 6）最高，而以巧家 2015 年群体和巧家 2017 年群体最低（0.870 6）。

表 4-17　基于微卫星（STR）数据前鳍高原鳅群体间的分化系数

群体	QI2013	QJ2014	QJ2015	QJ2016
QJ2014	-0.000 1			
QJ2015	0.051 4*	0.041 8*		
QJ2016	0.010 4	0.028 6*	0.035 7*	
QJ2017	0.007 4	0.001 2	0.068 5*	0.029 3*

注：经过 Bonferroni 校正后，* 表示 $P < 0.000\ 1$。

表 4-18　基于微卫星（STR）数据前鳍高原鳅遗传一致性和遗传距离

群体	QJ2013	QI2014	QJ2015	QJ2016	QJ2017
QJ2013		0.975 6	0.895 3	0.959 4	0.965 3
QJ2014	0.024 7		0.907 8	0.931 8	0.974 0
QJ2015	0.110 6	0.096 7		0.918 2	0.870 6
QJ2016	0.041 4	0.070 6	0.085 4		0.931 4
QJ2017	0.035 3	0.026 4	0.138 6	0.071 1	

根据遗传距离对前鳍高原鳅 5 个群体进行聚类分析，结果显示（见图 4-40），在 5 个前鳍高原鳅群体中，巧家 2013 年群体、巧家 2014 年群体、巧家 2017 年群体、巧家 2016 年群体这 4 个群体聚为一支，而巧家 2015 年群体独自形成一个分支。这可能与 2015 年样本量少有关系。

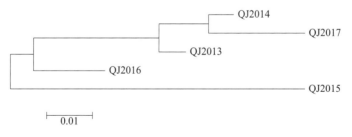

图 4-40　基于标准遗传距离的 5 个前鳍高原鳅群体聚类

4.2.5　资源保护

通过对前鳍高原鳅 2012—2013 年与 2014—2017 年调查比较，可以看到一些变化特征（见表 4-19）：捕捞个体的最小体长更短、最小体重更轻；平均体长变短、平均体重变轻，导致更多幼鱼个体被捕捞；年龄结构进一步简化，年龄组成从 2012—2013

年的 1～5 龄变化为 2014—2017 年的 1～3 龄；渐进体长和渐进体重增长明显；生长系数 K 值从 2012—2013 年的 0.13 迅速上升到 2014—2017 年的 0.67，反映鱼类为了避免高强度的捕捞而采取的生活史策略；捕捞死亡系数和开发率较 2012—2013 年明显增加，表明 2013 年后调查区域捕捞强度增加。

表 4-19　两个不同采样期间金沙江下游前鳍高原鳅的资源特征比较

资源特征	2012—2013 年	2014—2017 年	变化趋势
体长范围（mm）	43～99 (n=525 尾)	31～95 (n=3061 尾)	范围增加
平均体长（mm）	63 (n=525 尾)	61 (n=3061 尾)	变短
体重范围（g）	1.3～14.6 (n=525 尾)	0.5～14.8 (n=3061 尾)	范围增加
平均体重（g）	4.0 (n=525 尾)	3.9 (n=3061 尾)	变轻
年龄组成（龄）	1～5 (n=119 尾)	1～3 (n=536 尾)	变小
渐进体长（mm）	120.77 (n=119 尾)	141.05 (n=2454 尾)	变长
渐进体重（g）	14.99 (n=119 尾)	32.94 (n=2454 尾)	变重
生长系数（/a）	0.13 (n=119 尾)	0.67 (n=2454 尾)	增加
繁殖季节性成熟个体比例（%）	65.71%（n=80 尾)	60.29% (n=266 尾)	下降
雌雄性比	1.11∶1 (n=80 尾)	1.17∶1 (n=266 尾)	增加
捕捞死亡系数（/a）	0.39	4.99	增加
开发率（/a）	0.46	0.80	增加
年平均资源生物量（t）	—	0.05	—
年平均资源尾数（尾）	—	161 769	—

资源丰度的年际变化：前鳍高原鳅在 2012—2017 年渔获物中的尾数百分比的变动趋势（攀枝花段）见图 4-41。2012—2017 年，前鳍高原鳅在攀枝花段渔获物中的尾数百分比从 2012 年的 1.32% 上升到 2014 年的 2.49%，然后逐渐下降到 2017 年的 0%。

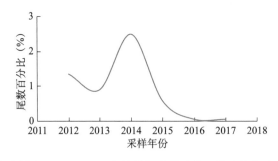

图 4-41　前鳍高原鳅在 2012—2017 年渔获物中的尾数百分比的变动趋势（攀枝花段）

前鳍高原鳅在 2012—2017 年渔获物中的尾数百分比的变动趋势（巧家段）见图 4-42。2012—2017 年，前鳍高原鳅在巧家段渔获物中的尾数百分比从 2012 年的 10.76% 波动上升到 2016 年的 37.46%，然后又下降到 2017 年的 6.6%。

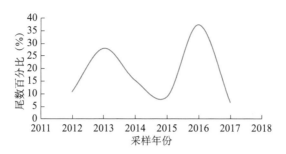

图 4-42　前鳍高原鳅在 2012—2017 年渔获物中的尾数百分比的变动趋势（巧家段）

前鳍高原鳅在 2012—2017 年渔获物中的重量百分比的变动趋势（攀枝花段）见图 4-43。2012—2017 年，前鳍高原鳅在攀枝花段渔获物中的重量百分比从 2012 年的 0.16% 波动下降到 2017 年的 0%。

前鳍高原鳅在 2012—2017 年渔获物中的重量百分比的变动趋势（巧家段）见图 4-44。2012—2017 年，前鳍高原鳅在巧家段渔获物中的重量百分比从 2012 年的 1.67% 波动上升到 2016 年的 12.74%，然后又下降到 2017 年的 1.98%。

前鳍高原鳅在 2012—2017 年攀枝花段的 CPUE 的变动趋势见图 4-45。2012—2017 年，前鳍高原鳅在攀枝花段的 CPUE 从 2012 年的 0.036kg/（船·d）逐渐下降到 2017 年的 0kg/（船·d）。

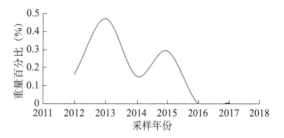

图 4-43　前鳍高原鳅在 2012—2017 年渔获物中的重量百分比的变动趋势（攀枝花段）

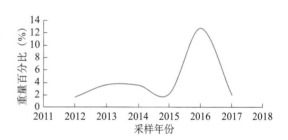

图 4-44　前鳍高原鳅在 2012—2017 年渔获物中的重量百分比的变动趋势（巧家段）

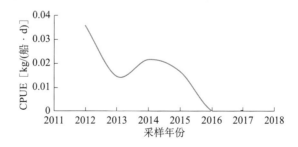

图 4-45　前鳍高原鳅在 2012—2017 年攀枝花段的 CPUE 的变动趋势

前鳍高原鳅在 2012—2017 年巧家段的 CPUE 的变动趋势见图 4-46。2012—2017 年，前鳍高原鳅在巧家段的 CPUE 从 2012 年的 0.329kg/（船·d）波动下降到 2017 年的 0.218kg/（船·d）。

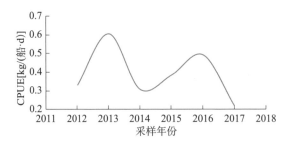

图 4-46　前鳍高原鳅在 2012—2017 年巧家段的 CPUE 的变动趋势

4.3　圆口铜鱼

4.3.1　概况

1. 分类地位

圆口铜鱼 [*Coreius guichenoti* (Sauvage *et* Dabry)，1874] 隶属鲤形目（Cypriniformes）鲤科（Cyprinidae）鮈亚科（Gobioninae）铜鱼属（*Coreius*），俗称肥沱、方头、水密子、圆口、麻花鱼等（丁瑞华，1994），为长江上游特有鱼类（见图 4-47）。

刘军（2004）运用濒危系数、遗传损失系数和物种价值系数定量分析了长江上游特有鱼类的优先保护顺序，结果表明，圆口铜鱼达到了三级急切保护级别。蒋志刚等（2016）通过标本数据、文献数据和专家咨询，认为圆口铜鱼达到了 IUCN 等级中的极危（CR）等级。根据 2021 年 1 月 4 日公布并实施的《国家重点保护野生动物名录》，圆口铜鱼被增补为国家二级重点保护野生动物。

图 4-47　圆口铜鱼（邵科，2019 年 8 月）

2. 种群分布

根据历史记录，圆口铜鱼常见于长江上游干流、嘉陵江中下游、沱江和岷江下游、金沙江下游、乌江下游等水系中，为重要的经济鱼类之一（丁瑞华，1994）。

张春光等（2019）对圆口铜鱼的分布进行了文献资料查阅和实地调研，结果显示，圆口铜鱼为我国特有种类，仅见于我国长江中上游干流和少数大的一级支流汇入干流汇口处附近河段（如赤水河等）或干流下游河段（如雅砻江、岷江、嘉陵江、乌江等干流下游）。

圆口铜鱼主要分布范围见表 4-20。

表 4-20　圆口铜鱼主要分布范围

江段或支流	分布范围	数据来源
金沙江及长江干流	树底（虎跳峡以下）——沙市（成熟个体主要在屏山以上地区）	野外实地调查《云南鱼类志》《四川鱼类志》《四川两种铜鱼的调查报告》等
雅砻江	四川冕宁县和爱藏族乡——攀枝花	野外实地调查、文献
岷江	乐山（极少）——宜宾	《四川鱼类志》
嘉陵江	南充（极少）——重庆	《四川鱼类志》《嘉陵江水系鱼类资源调查报告》
乌江	思南——涪陵	《四川鱼类志》《中国鲤科鱼类志（下卷）》

4.3.2　生物学研究

1.渔获物结构

宜昌段。1997—1999 年，葛洲坝以下宜昌段渔获物中，圆口铜鱼出现率最高，且圆口铜鱼在渔获物中的比例相对于葛洲坝建坝前明显上升（虞功亮等，1999）。在2004—2009 年调查中，圆口铜鱼依然为宜昌段主要渔获物之一，但圆口铜鱼 CPUE、重量百分比和尾数百分比都呈下降趋势（陶江平等，2012；马琴等，2014）。

三峡库区。1974 年在巴南与万州段，圆口铜鱼和铜鱼占渔获物总量的 70%，在1997—2000 年，巴南段两种铜鱼占渔获物总量的 47%，万州段两种铜鱼占渔获物总量的 17%，资源量下降（段新斌等，2002）。幸奠权和李建勇（2006）于 1997—2004年在三峡库区对渔获物进行调查，发现两种铜鱼产量呈逐年下降趋势。

宜宾和合江。1997 年 3 月至 1999 年 5 月，圆口铜鱼为宜宾段和合江段的主要渔获物之一（但胜国等，1999）。

熊飞等（2014）对 2007—2009 年长江上游江津段和宜宾段圆口铜鱼年均资源量进行估算，发现江津段圆口铜鱼年均资源量大于宜宾段的，且宜宾段的圆口铜鱼资源量呈下降趋势，而江津段的呈上升趋势。

金沙江下游。2008—2011 年，圆口铜鱼为金沙江下游干流的主要渔业捕捞对象之一，其中圆口铜鱼占攀枝花和巧家河段渔获物总重量的 33.79%，以 2 龄和 4 龄较多，其余各龄也有一定比例；圆口铜鱼占永善 - 水富河段渔获物总重量的 17.32%，以 1 龄鱼为主（高少波等，2013）。2012—2016 年，在金沙江下游攀枝花和巧家段进行了渔获物调查，获得各个调查段圆口铜鱼在渔获物中的相对丰度（尾数百分比和 CPUE）。结果表明：2012—2016 年，圆口铜鱼在攀枝花段渔获物中的尾数百分比呈下降趋势，其值从 2012 年的 5.37% 下降到 2016 年的 1.92%；CPUE 也呈下降趋势，其值从 2012年 0.84 kg/（船·d）下降到 2016 年的 0.65kg/（船·d）。2012—2016 年，圆口铜鱼在巧家段渔获物中的尾数百分比呈下降趋势，其值从 2012 年的 2.93% 下降到 2016 年的1.33%；CPUE 呈先上升后下降的趋势，其值从 2012 年 2.45kg/（船·d）上升到 2014年 3.57kg/（船·d），然后又下降到 2016 年的 1.62kg/（船·d）（见图 4-48）（朱迪等，2017）。

雅砻江下游。根据 2012—2015 年在雅砻江下游的渔获物调查，圆口铜鱼在二滩库首以及下游的桐梓林水电站库区未能采集到圆口铜鱼，表明分布在雅砻江二滩库尾

金沙江下游鱼类生物学研究

的圆口铜鱼难以通过二滩水库和桐梓林水库进入金沙江下游（见图4-49）（朱迪等，2017）。

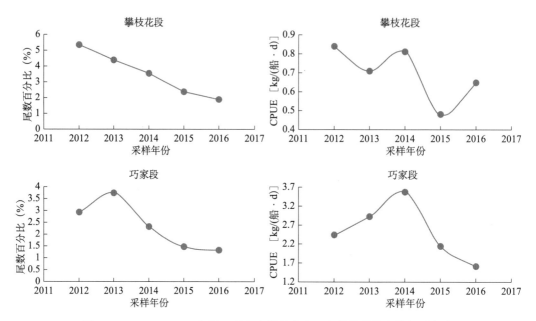

图4-48　2012—2016年圆口铜鱼在攀枝花和巧家段渔获物中的相对丰度
（尾数百分比和CPUE）

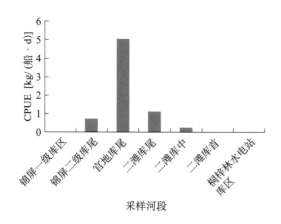

图4-49　圆口铜鱼在雅砻江下游各个水库的分布情况（2012—2015年）

2. 年龄与生长

根据Shepherd's方法对圆口铜鱼幼鱼的生长参数 L_∞、K 进行估算，理论生长起点年龄 t_0 根据Pauly经验公式计算得到。

（1）体长与体重的关系。将体长（L：mm）和体重（W：g）的关系进行拟合，结果说明，2007年6月至2008年11月在三峡库区木洞段采集到的圆口铜鱼幼鱼的体长与体重关系符合幂指数关系，幂指数值为3.030 2，为匀速生长类型。体长和体重关系的最优回归方程为：$W = 1 \times 10^{-5} L^{3.030\,2}$（$R^2 = 0.984\,6$，$n = 8434$）（杨少荣等，2010）。

杨志等（2011）于 2006 年 10—11 月、2007 年 11—12 月在长江干流宜宾段采集圆口铜鱼样本，其体重（W：g）与体长（L：mm）呈幂指数关系，$W = 2 \times 10^{-5} L^{2.994\,299\,42}$，$n = 1549$，$R^2 = 0.981$，$P < 0.01$。

（2）体长与鳞片半径关系。根据 2005—2007 年在长江上游鱼类资源调查中采集到的 476 尾圆口铜鱼标本的数据，获得圆口铜鱼鳞片半径－体长的函数关系在雌雄群体间不存在显著性差异并符合方程 $L = 85.429\,S^{0.812\,5}$（$R^2 = 0.963\,5$）（周灿等，2010）。

杨志等（2011）将长江干流宜宾河段鳞片结构清晰的 370 尾圆口铜鱼个体进行体长和鳞径关系拟合，选择相关系数最大者为最佳回归方程，体长（L：mm）和鳞径（R：mm）呈线性关系，$L = 15.327\,R + 71.349$，$R^2 = 0.919\,7$，$F = 4\,216.714$，$P < 0.001$。

（3）生长参数。根据 Shepherd's 方法得到圆口铜鱼幼鱼的生长参数：$L_\infty = 694$mm，$K = 0.16$，$t_0 = -0.748$（杨少荣等，2010）。

（4）生长方程。圆口铜鱼为匀速生长类型，不同学者对其研究结果不同。

$L_t = 720.401\,1[1 - e^{-0.109\,6(t + 077\,88)}]$；$W_t = 4\,587.685\,0[1 - e^{-0.109\,6(t + 0.778\,8)}]^{3.031\,1}$（程鹏，2008）。

$L_t = 602.9[1 - e^{-0.169\,3(t + 0.024)}]$（雌雄群体间在 0.01 水平上不存在显著性差异）（周灿等，2010）。

体长 Von Bertalanfy 生长方程为 $L_t = 730.15[1 - e^{-0.12(t + 1.01)}]$；体重生长方程为 $W_t = 7\,493.05[1 - e^{-0.12(t + 1.01)}]^{2.994\,2}$（杨志等，2011）。

圆口铜鱼幼鱼的体长和体重生长方程分别为：$L = 694[1 - e^{-0.16(t + 0.748)}]$，$W = 4\,072.7[1 - e^{-0.16(t + 0.748)}]^{3.030\,2}$（杨少荣等，2010）。

（5）拐点年龄。生长拐点年龄 $t = 9.34$ 龄，该拐点年龄对应的体长和体重分别为 $L_t = 482.73$mm 和 $W_t = 1\,363.26$g。另估算得到圆口铜鱼极限年龄 $T_{max} = 26$ 龄（程鹏，2008）。

长江干流宜昌和重庆段圆口铜鱼生长拐点年龄为 8.13 龄（杨志等，2011）。

3. 食性特征

（1）食物组成及季节变化。圆口铜鱼的食物较广泛，既有动物性食物，也有植物性食物，但从喜好程度来说，主要以动物性食物为主，植物碎屑只是因为容易得到才被大量吞食。葛洲坝以下宜昌段圆口铜鱼的常见食物是水生昆虫、摇蚊科幼虫、淡水壳菜、有机碎屑和植物种子。按食物的出现率计算，出现率最高的是碎屑，全年出现率为 24.1% ～ 87.5%；其次是植物种子，除冬季外，其出现率为 20.5% ～ 57.1%；摇蚊科幼虫和水生昆虫也是周年性食物，但前者各月出现率差别大，变动范围为 6.3% ～ 58.0%，后者各月出现率均偏低，变动范围为 1.4% ～ 14.3%。毛翅目、膜翅目、襀翅目幼虫仅见于春季的 4 月和 5 月。圆口铜鱼也食鲟卵，葛洲坝枢纽截流后每年秋季的 10 ～ 11 月，中华鲟在葛洲坝大坝以下产卵，在产卵场内圆口铜鱼摄食鲟卵的盛期高达 27% ～ 40%（黄琇和邓中燧，1990）。根据刘飞等（2012）对圆口铜鱼的研究，其食物种类包括软体动物、甲壳动物、鱼类、水生昆虫、寡毛类和植物碎片等，主要以淡水壳菜为主。

（2）摄食强度及季节变化。不同月份圆口铜鱼的摄食频度见表4-21。圆口铜鱼空肠率较低，这显示出两次摄食间距时间较短。圆口铜鱼的这种摄食特性可能与其持续摄食的特性有关。按季度取样分析，基本反映了圆口铜鱼摄食频度的季节变化，从表4-21可看出，即使寒冷月份（1985年2月）水温为9.4℃时，摄食率也可达到36.0%。3月水温逐渐上升，圆口铜鱼开始活跃，摄食迅速加强，摄食率高达78.4%。此后的4—6月摄食率均在75.0%以上。8月（平均水温25.7℃）圆口铜鱼的摄食率只有49.1%，但到底是因为高温季节摄食减弱还是洪水季节找食困难，有待进一步研究（黄琇和邓中粦，1990）。

饱满指数是反映鱼类摄食强度的一个指标。圆口铜鱼的饱满指数平均值为89.87（见表4-21）。圆口铜鱼的饱满指数随季节而变化，饱满指数的季节变化与摄食频度的季节变化基本一致。

表4-21　不同月份圆口铜鱼的摄食频度

项目	年/月									总计（平均值）
	1984/04	1984/05	1984/06	1984/08	1984/01	1984/11	1985/02	1985/03	1985/04	
水温（℃）	17.3	21	23.8	25.7	19.3	15.8	9.4	12.3	17	
摄食数（尾）	51	70	15	26	198	234	310	40	42	986
摄食率（%）	71.8	77.8	78.9	49.1	73.1	63.2	36.0	78.4	75.0	67.03
饱满指数	137.59	102.93	76.60	88.07	117.91	87.11	49.80	59.50	89.30	89.87
标本数（尾）	71	90	19	53	271	370	86	51	56	1067

圆口铜鱼上摄食频度、饱满指数及饱满情况见表4-22。结果显示，个体越小，摄食频度越高。反之，个体越大，摄食频度越低。圆口铜鱼的饱满指数与体长存在一定关系（见表4-22）。体长短的饱满指数大，体长长的饱满指数小（黄琇和邓中粦，1990）。

表4-22　圆口铜鱼体长与摄食频度、饱满指数及肥满度情况（1984年10—11月）

项目	体长(cm)						合计（平均值）
	9.9～14.9	15.0～19.9	20.0～24.9	25.0～29.9	30.0～34.9	35.0～36.7	
标本数（尾）	41	245	205	107	67	8	673
摄食率（%）	61	60	54.1	58.9	56.7	87.5	(63.3)
饱满指数	122.38	110.42	92.33	76.13	60.1	78.13	(89.92)
肥满度	1.394	1.354 4	1.349 5	1.366	1.366	1.429 7	(1.38)

葛洲坝截流后，圆口铜鱼的摄食强度和食物组成没有显著变化（见表4-23、表4-24），只是某种食物的出现率不同（黄琇和邓中粦，1990）。

表 4-23　葛洲坝截流前后圆口铜鱼的摄食情况

项目	年 / 月			
	1979/01	1979/11	1984/01	1984/11
摄食率（%）	80.9	72.2	73.1	63.0
饱满指数	72.03	85.75	117.91	87.11
标本数（尾）	21	53	271	370

表 4-24　葛洲坝截流前后圆口铜鱼的食物组成及出现率

食物组成	出现率 (%)			
	1979/01	1979/11	1984/01	1984/11
鱼类	5.9			45.5
中华鲟鱼卵		40.0	27.3	
虾类	11.8	15.4		
水生昆虫	17.6	5.1	1.4	6.8
摇蚊科幼虫	17.6	17.9	31.4	
水蚯蚓	5.9	5.3	1.4	
淡水壳菜	11.8	17.9		
有机碎屑	41.2	30.8	25.7	36.4
植物种子	23.5	28.2	32.9	31.8
蔬菜类	35.3	38.5	8.5	27.3
蜻蜓目幼虫			4.5	
标本数（尾）	17	39	70	44

圆口铜鱼平均充塞度（见图 4-50）和平均饱满指数（见图 4-51）的昼夜变化表明其昼夜摄食节律在春季表现为白昼型，而在夏季和秋季表现为晨昏型。摄食率（见表 4-25）随季节变化逐渐降低，春季摄食率最高，达 93.33%；秋季摄食率最低，仅 78.21%；平均充塞度和平均饱满指数均表现出相似的季节变化，即春季摄食强度明显高于夏季和秋季摄食强度，而夏秋两季的差异不明显（刘飞等，2012）。

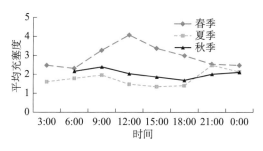

图 4-50　不同季节圆口铜鱼前肠平均充塞度的昼夜变化

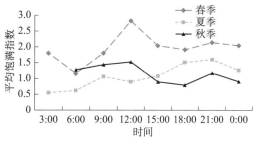

图 4-51　不同季节圆口铜鱼平均饱满指数的昼夜变化

表 4-25 圆口铜鱼摄食强度的季节变化

季节	摄食率 (%)	不同充塞度等级百分比 (%)						平均充塞度	平均饱满指数
		0	1	2	3	4	5		
春季	93.33	20.00	9.78	11.56	26.22	30.67	17.33	3.21	1.92
夏季	89.26	18.79	18.12	10.74	18.79	21.48	12.75	2.46	1.12
秋季	78.21	25.64	11.54	17.95	12.82	17.95	14.10	2.28	1.01

4. 繁殖特征

（1）繁殖群体组成。繁殖季节，在产卵场附近的圆口铜鱼渔获物中，4～6龄群体中，雌性性成熟比例分别为7.91%、19.6%、100%，雄性性成熟比例分别为11.4%、29.1%、100%，繁殖群体的性成熟比例分别为10.3%、20.3%、100%（周灿等，2010）。

圆口铜鱼Ⅳ期及以上发育期个体中，3龄达Ⅳ期及以上发育期个体数占总抽样样本中3龄个体总数的6.85%，4龄达Ⅳ期及以上发育期个体数占总抽样样本中4龄个体总数的28.57%，5龄达Ⅳ期及以上发育期个体数占总抽样样本中5龄个体总数的81.48%，6龄达Ⅳ期及以上发育期个体数占总抽样样本中6龄个体总数的88.24%，7龄达Ⅳ期及以上发育期个体数占总抽样样本中7龄个体总数的87.50%。雌性个体的平均体长、平均体重和平均年龄均大于雄性个体的，其中雌性个体的平均体长386mm，最小体长256mm，平均体重1 060.2g，最小体重441g，平均年龄5.2龄；雄性个体的平均体长360mm，最小体长290mm，平均体重862.9g，最小体重396.6g，平均年龄4.7龄（杨志等，2015）。

（2）初次性成熟年龄。圆口铜鱼初次性成熟年龄为4龄（程鹏，2008）。杨志等（2015）的研究表明，圆口铜鱼初次性成熟年龄在雌雄个体中存在差异，雌性个体初次性成熟年龄为4龄，而雄性个体初次性成熟年龄为3龄（杨志等，2015）。

（3）产卵类型。根据Ⅳ期卵巢158颗卵母细胞的直径测定的结果，卵径范围0.74～2.20mm，平均卵径（1.59±0.31）mm，峰值出现在1.5～1.7mm，占总卵粒数的33.54%。其卵径分布不均匀，属于分批产卵型鱼类（程鹏，2008）。

对在皎平渡附近和湾碧附近河段采集到的圆口铜鱼31个Ⅳ期卵巢内的鱼卵进行显微测量，获得圆口铜鱼Ⅳ期卵巢内鱼卵的卵径组成情况。结果表明，Ⅳ期卵巢的卵径范围0.13～0.2cm，平均卵径0.16cm。从同一卵巢（Ⅳ）卵径的变化趋势看，卵巢中卵粒的发育存在不同步情况，由此可以判断圆口铜鱼为分批次产卵型鱼类（杨志等，2015）。

（4）繁殖力。其绝对繁殖力4464～131 920粒/尾，平均（46 386±51 589.28）粒/尾，相对繁殖力5～73粒/g，平均（36.60±27.65）粒/g（程鹏，2008）。

圆口铜鱼雌鱼4～7龄的平均绝对繁殖力分别为7476粒/尾、15 102粒/尾、57 501粒/尾和77 510粒/尾。平均绝对繁殖力逐渐升高，在6龄组出现了一个繁殖力剧增的现象（周灿，2010）。

金沙江中下游圆口铜鱼雌鱼的绝对繁殖力变动范围4055～131 920粒/尾，平均值22 496粒/尾；相对繁殖力变动范围1.75～21.11粒/g，平均值10.58粒/g（杨志等，2015）。

圆口铜鱼的体重与绝对繁殖力的最佳表达式为：$y=0.031 8x^2-45.138x+27 995$，

R^2=0.636 8，P < 0.01；圆口铜鱼的体重与相对繁殖力的最佳表达式为：y=0.000 02x^2−0.032x+31.891，R^2=0.364 0，P < 0.01（杨志等，2015）。

（5）繁殖时间。圆口铜鱼的繁殖季节为 4 月下旬至 7 月中旬，5 ~ 6 月为盛产期。雌鱼成熟系数在 5 月达到最大，6 月次之，而雄鱼成熟系数为 5 月和 7 月两个高峰期（程鹏，2008）。

2012—2014 年，金沙江下游圆口铜鱼最早产卵的日期为 5 月 22 日，最迟为 6 月 9 日，产卵最旺盛的时期为 6 月（杨志等，2015）。

（6）生境特点与繁殖习性。圆口铜鱼是一种主要分布于长江上游、金沙江中下游及其部分支流如雅砻江下游的特有鱼类。圆口铜鱼属于典型的河道洄游性鱼类，成熟亲鱼向上溯游到金沙江中下游产卵，繁殖季节主要集中在 4 ~ 7 月，受精卵和初孵仔鱼在天然河道中顺水漂流完成孵化过程并具有主动游泳能力（曹文宣，2008），整个生活史均需在河道中完成。圆口铜鱼成鱼只生活在干流的急流河滩和较流动的洄水沱中，不进入水流缓慢的小支流，金沙江中下游现有圆口铜鱼亲鱼多分布在人迹罕至的高山峡谷中，河道湍急的流水、沿江交通的不便限制了人类对其的捕捞活动，也减少了人类对其繁殖活动的影响。金沙江下游圆口铜鱼受精卵卵黄色彩为篾黄，卵膜较厚，吸水膨胀膜径为 5.5 ~ 6.2mm，卵径为 1.6 ~ 1.8mm（杨志等，2015）。

（7）性成熟系数。雌鱼不同年龄之间的性成熟指数（GSI）存在一定差异，其中 4 龄个体的变动范围为 4.52% ~ 13.4%，平均值为 8.56%；5 龄个体的变动范围为 1.75% ~ 14.95%，平均值为 9.67%；6 龄个体的变动范围为 6.07% ~ 21.11%，平均值为 12.35%；7 龄个体的变动范围为 8.85% ~ 13.27%，平均值为 10.55%。6 龄个体的 GSI 平均值明显大于其他年龄的（杨志等，2015）。

5. 胚胎发育

将采集到的圆口铜鱼鱼卵放入培养皿中培养，水温控制在 19.0 ~ 23.3℃以下，置入 SZ61TR 体视显微镜下观察，并用 YM200 数码成像系统软件保存图像，得到圆口铜鱼的胚胎发育图（见图 4-52）（杨志等，2015）。

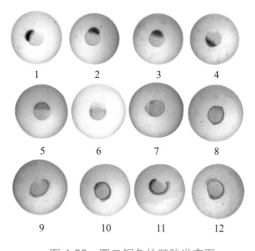

图 4-52　圆口铜鱼的胚胎发育图

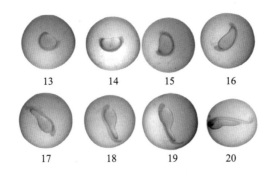

图 4-52　圆口铜鱼的胚胎发育图（续）

1—桑葚期；2—囊胚早期；3—囊胚中期；4—囊胚晚期；5—原肠早期；6—原肠中期；7—原肠晚期；8—神经胚期；9—胚孔封闭期；10—眼基出现期；11—眼囊期；12—嗅板期；13—尾芽期；14—尾泡出现期；15—尾鳍出现期；16—晶体出现期；17—肌肉效应期；18—心脏原基期；19—耳石出现期；20—心脏搏动期

4.3.3　渔业资源

1. 死亡系数

（1）总死亡系数。葛洲坝段（1998—2007 年）圆口铜鱼的总死亡系数为 10 年，平均值为 1.29 / a；去除采样样本数量过少的 1998 年和 2005 年，合江段圆口铜鱼的总死亡系数为 6 年，平均值为 1.59 / a，总体呈无增减趋势；若不排除 1998 年和 2005 年的数据，其平均值为 1.40 / a；重庆段圆口铜鱼的总死亡系数为 2 年（2006—2007 年），平均值为 1.64 / a，均高于合江和葛洲坝河段总死亡系数的平均值（杨志等，2009）。

根据体长变换渔获曲线法（见图 4-53）估算长江干流木洞段圆口铜鱼幼鱼瞬时总死亡系数 $Z_1 = 4.10$ / a；根据 B-H 总死亡估算模式，计算得到 $Z_2 = 2.02$ / a。用以上两种方法估算得到的总死亡系数有一定差异，最终以平均值 $Z = 3.01$ / a 作为圆口铜鱼幼鱼总死亡系数的估算值（杨少荣等，2010）。

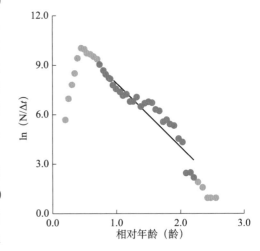

图 4-53　圆口铜鱼幼鱼的体长变换渔获曲线

（2）自然死亡系数。根据葛洲坝（1998—2007 年）、重庆（2006—2007 年）和合江段（1998—2005 年）的渔业资源调查资料，运用 Pauly 法、极限年龄法和 Ralston 法得到圆口铜鱼的自然死亡系数分别为 0.272 81/a、0.287 8 1 /a 和 0.266 11/a，这 3 种方法的差值范围为 0.021 7～0.015，变化幅度较小（杨志等，2009）。

将圆口铜鱼幼鱼 L_∞ = 69.4cm 代入公式，求得渐进全长 122.6cm。运用 Pauly 法计算得到自然死亡系数（M_1）为 0.307 81/a；运用极限年龄法计算得到自然死亡系数（M_2）为 0.383 71/a；用 Ralston 法计算得到自然死亡系数（M_3）为 0.348 51/a。自然死亡系数的平均值（M）为 0.346 71/a（杨少荣等，2010）。

（3）捕捞死亡系数。根据葛洲坝（1998—2007 年）、重庆（2006—2007 年）和合江段（1998—2005 年）的渔业资源调查资料，计算得到 1998—2007 年葛洲坝段圆口铜鱼的平均捕捞死亡系数为 0.86，合江段的平均捕捞死亡系数为 1.12，重庆段的平均捕捞死亡系数为 1.86（杨志等，2009）。

圆口铜鱼幼鱼捕捞死亡系数（F）为 2.754 31/a（杨少荣等，2010）。

2. 捕捞群体量

（1）开发率。根据葛洲坝（1998—2007 年）、重庆（2006—2007 年）和合江段（1998—2005 年）的渔业资源调查资料，当 M =0.275 6 / a 时，葛洲坝、重庆和合江段在目前的捕捞状况下允许的最大开发率（$E_{\max}$）分别为 0.413、0.380 和 0.369（杨志等，2009）。

圆口铜鱼幼鱼的开发率（E）为 0.89（杨少荣等，2010）。

（2）种群补充资源量。由图 4-54 圆口铜鱼幼鱼的种群补充模式可以看出，圆口铜鱼幼鱼的种群补充是连续的，4～7 月为主要补充期，占全年总补充量的 77.58%（杨少荣等，2010）。

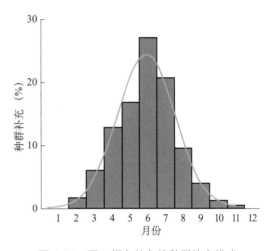

图 4-54　圆口铜鱼幼鱼的种群补充模式

4.3.4　鱼类早期资源

（1）金沙江中游。2010 年 6—7 月在金沙江中游攀枝花格里坪金沙滩设置固定采样断面，开展了圆口铜鱼早期资源现状的调查。结果表明，金沙江中游有金安桥、朵美、皮拉海、灰拉古、观音岩 5 个圆口铜鱼产卵场，产卵总量为 3078.2 万粒。圆口铜鱼的产卵行为和产卵量会受河水的温度、流量、涨落水持续时间等多个因素影响。调查期间，圆口铜鱼的产卵初始时间为 6 月 7 日，盛期在 6 月下旬至 7 月上旬。近年来，圆口铜鱼的产卵规模呈逐年下降趋势，产卵场的位置也有所改变（唐会元等，2012）。

（2）金沙江下游。2008 年、2010—2013 年在金沙江下游水富至宜宾断面开展了圆口铜鱼早期资源现状的调查，研究金沙江一期工程对长江上游珍稀特有鱼类国家级自然保护区圆口铜鱼早期资源补充的影响。共采获圆口铜鱼卵苗 6190 粒（尾），其中，鱼卵为 74 粒，鱼苗为 6116 尾。各年圆口铜鱼卵苗在汛期的最大日径流量分别为：2008 年 6 月 12 日—7 月 2 日，3.79×10^7 粒（尾）；2010 年 6 月 22 日—7 月 10 日，3.47×10^7 粒（尾）；2011 年 6 月 23 日—7 月 4 日，9.58×10^7 粒（尾）；

2012 年 6 月 24 日—7 月 13 日，1.22×10^{7} 粒（尾）。圆口铜鱼卵苗数量与金沙江下游的水文流量持续增长相关，卵苗日径流量高峰值与洪峰过程较一致，最大日径流量在最大水文流量前出现。圆口铜鱼繁殖盛期为 6 月中旬至 7 月上旬，时间较短（2—3 周）。2008 年向家坝水电站截流前，长江上游珍稀特有鱼类国家级自然保护区的圆口铜鱼早期资源补充量为 2.12 亿粒（尾）；2010—2012 年导流施工期间早期资源补充量分别为 1.65 亿粒（尾）、1.61 亿粒（尾）、0.82 亿粒（尾），呈下降趋势；2013 年无早期资源补充量（高少波等，2015）。

2008 年和 2012—2017 年 5—7 月单位时间（15min）流经巧家断面的圆口铜鱼鱼卵数量变化见图 4-55。2008 年单位时间流经巧家断面的圆口铜鱼鱼卵数量平均值为 4.50 粒 /15min；2012—2017 年，单位时间流经巧家断面的圆口铜鱼鱼卵数量平均值的变化范围为 0.31 粒 /15min ～ 0.46 粒 /15min，表明 2008 年以后巧家上游圆口铜鱼的产卵规模维持在一个较低的水平（朱迪等，2017）。

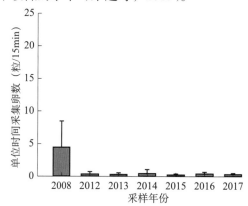

图 4-55　2008 年和 2012—2017 年 5—7 月单位时间（15min）流经巧家断面的圆口铜鱼鱼卵数量变化（平均值 + 标准差）

4.3.5　遗传多样性研究

1. 线粒体 DNA

利用线粒体 DNA 的 D-Loop 区引物扩增 2004 年采自长江干流的 234 尾圆口铜鱼，共有 69 尾圆口铜鱼扩增产物测序成功，分析的序列长度为 984 ～ 986bp，共有 76 个变异位点，其中多态信息位点 20 个，单碱基突变位点 55 个，插入缺失位点 1 个，形成 52 个单倍型。单倍型多样性在 0.963 6 ～ 1.000 0 之间，核苷酸多样性在 0.005 7 ～ 0.008 1 之间（廖小林，2006）。

对 2005 年采自长江干流的 132 尾圆口铜鱼线粒体 DNA 的 D-Loop 片段（923 bp）进行分析，T、C、A、G 这 4 种碱基的平均含量分别为 30.8%、21.5%、34.0% 和 13.7%，且 $A+T$ 的含量（64.8%）明显高于 $G+C$ 的含量（35.2%）。共检测到 28 个单倍型，18 个突变位点，其中有 2 个插入或缺失位点，仅有 1 个颠换位点，其余均为转换。平均单倍型多样性指数和核苷酸多样性指数分别为 0.902 和 0.004 24。对宜宾、巴南、涪陵、忠县 4 个圆口铜鱼群体进行分子方差分析（AMOVA），结果显示，圆口铜鱼 99.17% 的遗传变异发生在群体内部，说明圆口铜鱼未出现种群分化（袁希平等，2008）。

熊美华等（2014）通过对向家坝坝上坝下不同地点和不同年龄的 254 尾圆口铜鱼样本的遗传结构进行计算和分析，从时间和空间两个维度上评估向家坝水电站对圆口铜鱼种群造成的影响。利用线粒体 DNA 的 D-loop 区引物对 10 个圆口铜鱼地理群体进行对比分析，结果显示，格里坪 58 尾样本定义了最多的单倍型和多态位点，具体是 24 个单倍型，23 个多态性位点；皎平渡 9 尾样本定义了 4 个单倍型，8 个多态性位点。所有群体的单倍型多样性（H_d）均较高，其中，小江群体以 0.976 61 最高，涪陵群体以 0.755 56 最低；核苷酸多样性均较低，10 个地理群体中，宜宾群体以 0.005 66 最高，涪陵群体以 0.003 61 最低。圆口铜鱼各地理群体的样本数、单倍型数等分析见表 4-26。

254 尾圆口铜鱼的年龄为 1 ~ 7 龄，依据各年龄组样品数，将其分为 5 个世代群体。圆口铜鱼各世代群体的样本数、单倍型数以及遗传多样性分析见表 4-27。从表中可知，2010 世代—2012 世代群体的单倍型多样性（H_d）大小接近，为 0.95 左右，而 2006 世代—2009 世代群体的单倍型多样性均偏小，为 0.9 左右。核苷酸多样性结果显示，随着圆口铜鱼年龄增长，其核苷酸多样性越来越小。

圆口铜鱼 10 个地理群体间的遗传分化指数 (F_{st})、分子方差分析 (AMOVA) 和平均 K2-P 遗传距离均表明 10 个地理群体间存在广泛的基因交流，未发生显著的群体遗传分化（见表 4-28）。5 个世代群体的分子方差分析 (AMOVA) 表明，各世代群体间不存在显著的遗传差异（见表 4-29）。单倍型的 NJ 分子系统树和 NETWORK 网络图显示单倍型的聚类与地理分群没有相关性。上述结果表明，不同采样点的群体和不同世代群体间均未出现遗传分化，向家坝对圆口铜鱼种群在遗传结构上的影响未显现。

表 4-26　圆口铜鱼各地理群体的样本数、单倍型数等分析

采样点	样本数（n）	单倍型数（h）	多态性位点数	单倍型多样性（H_d）	核苷酸多样性（P_i）
雅砻江河口	28	17	17	0.962 96	0.004 47
格里坪	58	24	23	0.946 16	0.005 12
皎平渡	9	4	8	0.805 56	0.003 82
巧家	14	11	17	0.956 04	0.005 05
永善	15	10	16	0.942 86	0.005 12
宜宾	27	15	20	0.943 02	0.005 66
合江	47	22	19	0.945 42	0.004 28
江津	27	16	19	0.945 87	0.005 11
涪陵	10	5	11	0.755 56	0.003 61
小江	19	15	16	0.976 61	0.005 11
总计	254	62	40	0.947 09	0.004 89

表 4-27　圆口铜鱼各世代群体的样本数、单倍型数以及遗传多样性分析

群体	样本数（n）	单倍型数（h）	多态性位点数	单倍型多样性（H_d）	核苷酸多样性（P_i）
2012 世代	84	34	29	0.949 51	0.005 07
2011 世代	115	39	27	0.952 40	0.004 86
2010 世代	30	18	21	0.954 02	0.004 78
2009 世代	20	9	15	0.894 74	0.004 54
2006 世代—2008 世代	5	4	7	0.900 00	0.003 44
总计	254	62	40	0.947 09	0.004 89

表 4-28　圆口铜鱼 10 个地理群体的分子方差分析（AMOVA）

变异来源	自由度	平方和	变异组成	变异比例
种群间	9	30.5	0.037 37 Va	1.49
种群内	244	604.59	2.477 83 Vb	98.51
总变异	253	635.091	2.515 2	
遗传分化指数	F_{st}：0.014 86			

表 4-29　圆口铜鱼 5 个世代群体的分子方差分析（AMOVA）

变异来源	自由度	平方和	变异组成	变异比例
种群间	4	14.431	0.026 41 Va	1.05
种群内	249	620.659	2.492 61 Vb	98.95
总变异	253	635.091	2.519 01	
遗传分化指数	F_{st}：0.010 48			

Cheng 等（2015）利用线粒体 COI 引物对 2008—2009 年采自屏山的圆口铜鱼卵苗进行遗传结构检测，结果显示，在年度群体间未检测到显著差异，且圆口铜鱼群体遗传多样性水平很低，这与之前学者的研究结果不同；所有个体被分为两个亚群体，之间存在显著差异。

2. 微卫星引物开发

利用不同探针构建圆口铜鱼微卫星富集文库，目前发表的圆口铜鱼多态性微卫星引物共 58 对，其中 4 碱基重复的引物有 30 对（Liao et al.，2007；徐树英等，2007；Xiong et al.，2014）。将这些引物在 30 ～ 40 尾圆口铜鱼样本上进行分析，每一对引物获得的等位基因数量为 2 ～ 30 个，观测杂合度和期望杂合度均较高。

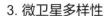

3. 微卫星多样性

王伟等（2015）选用 10 对微卫星引物，对金沙江观音岩段圆口铜鱼群体的遗传多样性进行研究。10 对引物均表现为高度多态性，共检测到等位基因数 84 个，平均有效等位基因数 5.429 6 个；观测杂合度为 0.800 0 ～ 0.933 3，期望杂合度为 0.774 7 ～ 0.841 4；多态信息含量为 0.649 ～ 0.753；香农-维纳（Shannon-Wiener）指数为 1.523 7 ～ 2.260 2；哈迪-温伯格（Hardy-Weinberg）平衡偏离指数为 0.032 6 ～ 0.127 7，结果表明该河段圆口铜鱼群体遗传多样性较丰富。

袁希平等（2008）利用 9 个微卫星位点在宜宾、巴南、涪陵、忠县 4 个圆口铜鱼群体中共检测到 48 个等位基因；群体平均观测杂合度为 0.631 ～ 0.753；平均期望杂合度为 0.598 ～ 0.728；平均多态信息含量为 0.548 ～ 0.670。利用 AMOVA 方法发现，来自群体内的遗传变异均大于来自群体间的遗传变异；变异组成同样是群体内大于群体间。这个结果表明，圆口铜鱼核内基因组存在中度遗传差异（F_{st} 在 0.05 ～ 0.15 之间），核外基因组的遗传差异很小（$P < 0.05$）。

Zhang 和 Tan（2010）利用 11 个微卫星位点对长江 7 个圆口铜鱼群体（金河、格里坪、柏溪、合江、木洞、三斗坪和西坝）的遗传结构进行了分析，结果显示，这些群体的遗传多样性均较丰富，在格里坪、柏溪、合江和木洞 4 个群体间未出现显著遗传分化，金河群体、西坝群体与这 4 个群体间检测到了显著的遗传分化。

廖小林（2006）选取 1 对铜鱼微卫星引物（Liao et al.，2007）、4 对鲤微卫星引物及 4 对圆口铜鱼微卫星引物，对长江干流的 5 个圆口铜鱼群体（合江、重庆、万州、三峡坝下、宜昌葛洲坝下）进行分析，AMOVA 结果表明总遗传变异的 2.05% 是由群体间遗传变异提供的，而 97.95% 的遗传变异是由群体内遗传变异提供的，说明所有群体间没有分化（$P < 0.05$）。

4. 微卫星标记

对圆口铜鱼的基因组 DNA 进行 ISSR-PCR（ISSR，inter simple sequence repeats），筛选得到 3 个特异性 ISSR 引物，分析其在 2009 年长江上游干流合江、木洞和丰都所获得的圆口铜鱼幼鱼上进行 PCR 扩增所生成的电泳条带数量，评估圆口铜鱼的遗传多样性，发现长江上游圆口铜鱼的遗传多样性相对丰富，受生境改变的影响不明显。利用群体间遗传距离对圆口铜鱼群体进行聚类分析，结果显示，圆口铜鱼的 3 个地理群体聚为 2 支。通过计算圆口铜鱼不同地理群体间的遗传分化系数（F_{st}）并进行分子方差分析，结果表明，群体内个体间的变异是圆口铜鱼种群总变异的主要来源（93.26%），来自群体间的变异仅有 6.74%，说明长江上游圆口铜鱼群体未发生地理群体间的遗传分化（孔焰，2010）。

5. DNA 含量

利用显微吸收光度法测定经过 Feulgen 染色的圆口铜鱼尾静脉血涂片，测得圆口铜鱼 DNA 绝对含量为（2.66±0.15）pg（郑曙明，1991）。

圆口铜鱼微卫星多态性引物共 58 对，其中二碱基重复的有 27 对，三碱基重复的有 1 对，四碱基重复的有 30 对。

利用圆口铜鱼线粒体 DNA 对群体进行检测，金沙江干流群体间均未发现显著遗传分化，干流群体与支流雅砻江群体间存在显著遗传分化。利用圆口铜鱼微卫星引物对不同地方群体进行检测，发现圆口铜鱼群体遗传多样性均较丰富，但 Cheng 等（2015）对圆口铜鱼卵和仔鱼进行检测后发现群体遗传多样性较低。对各地方群体遗传分化的检测结果也不一致，根据 Zhang 和 Tan（2010）的调查，金河群体、西坝群体与格里坪、柏溪、合江、木洞、三斗坪群体间存在显著的遗传分化，Cheng 等（2015）检测到年龄群体间不存在遗传差异，但所有个体被分为两个亚群体。袁希平等（2008）、Liao 等（2007）、廖小林（2006）通过微卫星位点和间微卫星位点（孔焰，2010），发现各地方群体间均不存在显著遗传分化。由于研究结果不一致，无法判断电站阻隔对圆口铜鱼群体遗传结构的影响，还需采用统一的遗传位点进行进一步研究。

4.3.6 种群生存力分析

1. 基于遗传随机性分析圆口铜鱼种群生存力变化的参数设置

（1）方案设计。设置三个模拟场景，即金沙江下游电站运行前、部分电站（向家坝和溪洛渡）运行中和全部电站运行后，利用 Vortex 软件分析每个场景下圆口铜鱼种群在未来 100 年的生存状况。

定义圆口铜鱼灭绝的概念为只剩下单一性别的个体，模拟的次数设置为 500 次，以确保统计的可靠性，模拟时间设定为 100 年，因为种群数量设定为 1，目前圆口铜鱼只有一个野生种群。

（2）种群描述。由于圆口铜鱼种群数量较大，因此不考虑近交衰退。

（3）繁殖概况。圆口铜鱼为多配制，雌雄个体初次进行繁殖的年龄分别为 4 龄和 3 龄，由于人类捕捞的原因，很难知道野外圆口铜鱼退出繁殖的年龄，文献记载中圆口铜鱼退出繁殖的年龄最大为 7 龄。

根据历史记载，圆口铜鱼每年可产卵 2 次，但根据 2015—2018 年的调查和有关文献，均发现其每年只有 1 次产卵活动，因此模型中产卵活动次数设置为 1。

从性比结构来看，圆口铜鱼种群性比基本符合 1：1 均衡性比，且属于生殖期年龄组的个体也符合 1：1 均衡性比。多年的调查结果均显示圆口铜鱼性比基本符合 1：1 均衡性比。

由于圆口铜鱼成熟群体上溯到金沙江中下游后完成产卵活动即离开，因此假设其不属于繁殖密度制约的种类。

（4）繁殖率。根据 2017 年开展的圆口铜鱼人工繁殖试验，雌鱼共 24 尾，出苗数共 55 000 尾，现存数约 20 000 尾，由此推算 1 尾雌鱼最多繁殖 900 尾 0 龄个体，因此设定每个雌性成功产后代数为 900 尾，SD 假设为 10%，即 90。另外，软件还设定了 10% 的繁殖失败率，即进入金沙江中下游的雌鱼可能由于没有合适的环境而繁殖失败，因此只有 90% 能够繁殖成功。

（5）死亡率。从野外调查中获得个体各年龄段的分布情况，设定各年龄段的死亡率，其中 0～1 龄的死亡率是根据人工繁殖试验结果估算得到的，由于前面计算每尾雌鱼的繁殖个体数时，是按能存活到开口摄食的个体来计算的，因此 0～1 龄的死亡率也按开口摄食个体到 1 龄个体的死亡率来计算。圆口铜鱼各年龄段死亡率见表 4-30。

表 4-30 圆口铜鱼各年龄段死亡率

年龄范围（龄）	死亡率（%）	SD（%）
0～1	70	20
1～2	30	10
2～3	20	5
3～4	10	3
>4	5	2

（6）灾害。设定两种灾害，即疾病和人为因素。根据圆口铜鱼人工繁殖试验，圆口铜鱼极易感染小瓜虫，一旦有一尾鱼感染该疾病，若没有及时处理，则很容易传播，造成整池鱼都感染，因此设定疾病发生率为 50%，发生灾害后的繁殖率和生存率都是 60%。

（7）初始种群。初始数量以野外采样获得的调查数据为依据，设定初始数量为 10 002 尾。年龄分布使用自定义模式，根据文献记录的年龄分布来计算整个现存种群的年龄分布。圆口铜鱼年龄分布见表 4-31。

表 4-31 圆口铜鱼年龄分布

年龄（龄）	雌鱼（尾）	雄鱼（尾）
1	914	914
2	1768	1768
3	1418	1418
4	495	495
5	303	303
6	80	80
7	24	24

（8）环境容纳量。环境容纳量依据现存金沙江下游圆口铜鱼产卵场的面积来计算，共有 6 个产卵场，为长约 99km 的河段，按照下游宽度 50m 来估算，圆口铜鱼适宜产卵水深为 2.0～19.2m，按 12m 计算，得到产卵场体积为 59 400km^3，估计 1m^3 可以供养 1 尾圆口铜鱼，因此得到圆口铜鱼的环境容纳量为 5940 万尾，远远大于模型所模型的最大值，因此按照最大值来估算，即 30 000 尾，SD 为总数的 10%，即 3000 尾。

（9）捕捞与补充。由于从 2020 年起长江全流域禁捕，因此设定没有捕捞发生。

由于圆口铜鱼是上溯到金沙江中下游产卵，受精卵随水漂流至长江上游孵化发育，之后逐渐上溯，成熟个体作为补充群体进入金沙江中下游。金沙江下游水电站的建设、运行阻挡了补充群体的上溯，因此设置为 0。

（10）遗传管理。中性等位基因数共 9 个，三个场景下的等位基因频率数据均来源于熊美华等（2018）发表的结果。

Vortex 模型中圆口铜鱼种群生存力模拟场景参数值见表 4-32。

表 4-32　Vortex 模型中圆口铜鱼种群生存力模拟场景参数值

参数名称	参数值		
	电站运行前	部分电站运行中	全部电站运行后
迭代次数（次）	500	500	500
模拟时间（a）	100	100	100
种群数量（种）	1	1	1
近交衰退	否	否	否
雌鱼初次繁殖年龄（龄）	4	4	4
雄鱼初次繁殖年龄（龄）	3	3	3
最大繁殖年龄（龄）	7	7	7
产卵活动次数（次）	1	1	1
每胎最多产仔数（尾）	900	900	900
繁殖密度制约	否	否	否
成熟雌鱼参加繁殖比例（%）	8	8	5
成熟雄鱼参加繁殖比例（%）	8	8	5
初始种群大小（尾）	10 000	10 000	10 000
环境容纳量（尾）	30 000	30 000	30 000
捕捞	0	0	0
补充群体大小	0	0	0
中性等位基因数（个）	9	9	9

2. 模拟结果

在电站运行前、部分电站运行中和全部电站运行后这三个场景下，圆口铜鱼的灭绝概率均为 0。其中，在电站运行前的场景中，内禀增长率 $r=0.504\,1$，$SD(r)=0.321\,7$；在部分电站运行中的场景中，内禀增长率 $r=0.488\,1$，$SD(r)=0.376$；在全部电站运行后的场景中，内禀增长率 $r=0.337\,3$，$SD(r)=0.449\,9$。

从三个场景下圆口铜鱼种群生存力模拟结果（见图 4-56）可看出，因电站运行带来的圆口铜鱼种群遗传多样性的降低，对圆口铜鱼的种群生存力影响不大。其中，电站运行前和部分电站运行中这两个场景下，圆口铜鱼的种群大小非常接近，而全部电站运行后，种群大小相对较小。在三个场景中，种群均以非常快的速度增长到环境最大容纳量，然后保持平稳。

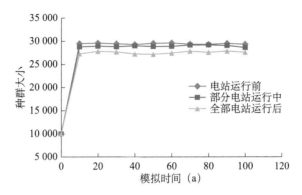

图 4-56　三个场景下圆口铜鱼种群生存力模拟结果

3. 灵敏度分析

采用 Vortex 模型进行灵敏度分析，分析的主要参数为灾害频率（见图 4-56）、性别比例（见图 4-57）和死亡率（见图 4-58），而灾害频率的改变在上面三个场景中已经模拟过。死亡率主要改变的是 0 ~ 1 龄的数值，因为此阶段圆口铜鱼死亡率最高，需要一定的流水河段保证圆口铜鱼受精卵在漂流过程中孵化、发育。

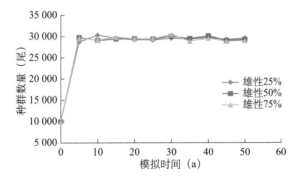

图 4-57　不同性别比例对圆口铜鱼种群动态的影响

使用公式：

$$S_x=(\Delta X/X)/(\Delta P/P)$$

式中，$\Delta X/X$ 是随着参数 $\Delta P/P$ 改变后种群数量发生的变化率，S_x 的大小代表参数灵敏度，S_x 越大，说明模型对此参数的灵敏度越高，反之则相反。根据以上模拟结果对影响种群数量的参数灵敏度进行分析，结果见表 4-33。

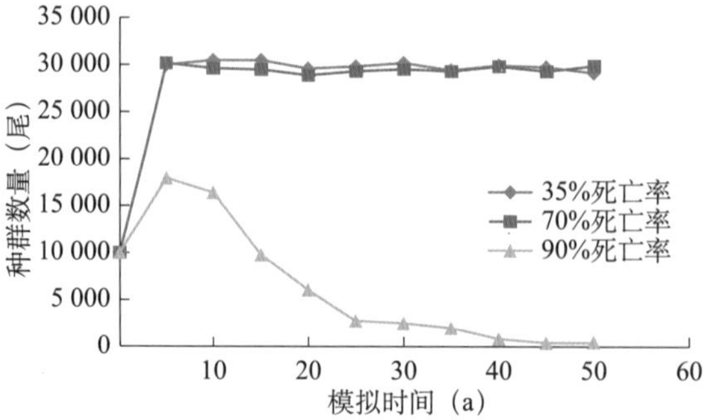

图 4-58　0 ～ 1 龄圆口铜鱼在不同死亡率下未来 50 年的种群动态

表 4-33　对影响种群数量的参数灵敏度分析

参数	S_x
性别比例	−0.001 5
死亡率	−5.909 7
灾害频率	0.043 3

从表 4-33 可看出，圆口铜鱼种群数量对 0 ～ 1 龄的死亡率特别敏感，性别比例和灾害频率对圆口铜鱼种群数量影响较小。因此，0 ～ 1 龄的死亡率是影响圆口铜鱼种群动态的敏感因子。

4.3.7　其他研究

1. 组织学

（1）肝胰腺。通过切片观察圆口铜鱼的肝胰腺分布及形态学特征，结果显示其肝胰腺很发达，为体腔内大型器官，属于含脂肪为主的类型。其肝胰腺整体分明、紧凑，为狭条形分叶，从腹面向背面围绕肠分布，整体分左、右两叶，无中叶。肝胰腺结构较疏松，肝细胞较大，PAS 染色显示肝糖原含量很少，肝胰指数为 3.8%，运用微量凯氏定氮法测得其蛋白质含量为 8.8%，运用索氏提取法测得其脂肪含量为 22%（葛清秀等，2001）。

（2）性腺。运用组织学、组织化学及显微结构观察等方法对长江木洞河段和金沙江攀枝花河段的 165 尾圆口铜鱼的卵巢发育进行初步研究，结果显示，卵巢发育可分为 Ⅰ ～ Ⅴ 期。Ⅰ 期卵巢较细，呈线状，以卵原细胞为主。Ⅱ 期卵巢体积增加，呈 V 形；第 2 时相卵母细胞进入小生长期，产卵板明显；细胞质中出现卵黄核和生长环，周围有零散滤泡细胞。Ⅲ 期卵巢因血管呈微红色，第 3 时相卵母细胞进入大生长期，核仁外排明显；液泡、卵黄颗粒及放射带出现，形成单层扁平滤泡层。Ⅳ 期卵巢呈囊状，血管分布丰富，可见卵粒，第 4 时相卵母细胞，液泡逐渐退化，卵黄颗粒充满细胞质，滤泡层分化为 2 层（张贤芳等，2005；2006）。

（3）头肾。采用石蜡切片技术研究圆口铜鱼的头肾组织，发现无肾单位，主要由淋巴组织、造血组织、血管、肾间组织及黑色素巨噬细胞组成。各组织及细胞结构形态正常，分布规则。在操作胁迫后 0.1h、4h，头肾中黑色素巨噬细胞数量较正常组显著增多，形成黑色素巨噬细胞中心，同时肾间组织增生，肾间细胞面积、核面积和核直径均有增大；在操作胁迫后 24h，黑色素巨噬细胞数量和肾间细胞面积、核面积、核直径均减小，并均低于正常组。

通过组织涂片观察，正常圆口铜鱼头肾中主要有6类细胞，即红细胞、淋巴细胞、单核细胞、嗜中性粒细胞、嗜碱性粒细胞和血栓细胞。应激后不规则红细胞数量增多，红细胞、嗜中性粒细胞和嗜碱性粒细胞数量持续减少；淋巴细胞和单核细胞数量在应激后 0.1h 短暂增多，随后持续降低；血栓细胞数量持续增加。研究表明，圆口铜鱼头肾组织和细胞在应激后较短时间（0.1h、4h）内发生显著变化，但部分组织的生物功能在 24h 后逐渐恢复正常（李茜等，2013）。

2. 血液学

对圆口铜鱼外周血细胞化学染色后，用显微摄影系统观察和拍照，观察到红细胞、嗜中性粒细胞、单核细胞、淋巴细胞和血栓细胞 5 种血细胞，无嗜碱和嗜酸性粒细胞；红细胞有直接分裂现象；成红细胞有 2 种类型，单核细胞呈不规则球形，淋巴细胞有"大""小"2 型，这 2 型淋巴细胞无定量区别；单核细胞最少，血栓细胞最多（赵海鹏等，2010）。

3. 能量代谢

（1）耗氧率。体重 52.8～159.0g 的圆口铜鱼，在 18.0～26.5℃的水温中，平均耗氧率 0.113 7～0.269 3mg/（g·h）。与其他种类的鱼比较，圆口铜鱼是耗氧率较高的鱼类，这和它适于流水生活是对应的（郑曙明和吴青，1998）。

封闭流水条件下，在室温（水温 24.5～26.0℃）下，圆口铜鱼的耗氧率为 0.09～0.78mg/（g·h）。圆口铜鱼的耗氧率在一天中的 21：00 最低，3：00 最高。耗氧率在全天的变化规律为 9：00 处于低潮，随着时间的推移逐渐升高，11：00 达到一个小高峰，再逐渐下降，21：00 降到全天最低值，然后再升高，午夜 3：00 升到全天最高值（见图 4-59）。白天 7：00—19：00 的平均耗氧率 0.3mg/（g·h），夜间 19：00—7：00 的平均耗氧率 0.41mg/（g·h），夜间的平均耗氧率为白天的 1.37 倍（孙宝柱等，2010）。

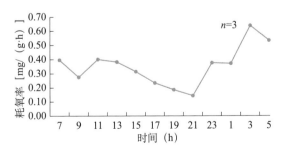

图 4-59 封闭流水条件下圆口铜鱼耗氧率的昼夜变动趋势

（2）窒息点。在室温（水温 24.5～26.0℃）下，不同体重规格（21.8～46.3g）圆口铜鱼的窒息点为 0.95～1.63mg/L，平均为（1.14±0.23）mg/L。从图 4-60 封闭

静水条件下不同体重圆口铜鱼窒息点的变动趋势可以看出，在此体重范围内，圆口铜鱼窒息点的变化范围很小（孙宝柱等，2010）。

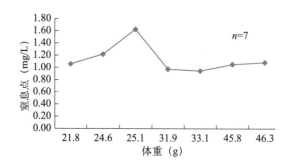

图 4-60　封闭静水条件下不同体重圆口铜鱼窒息点的变动趋势

（3）蛋白酶活性。不同温度和不同 pH 对圆口铜鱼的肠道和肝胰脏蛋白酶活性有一定影响，蛋白酶的最适温度分别为 40℃ 和 45℃，最适 pH 分别为 7.4 和 7.0。在各自的最适温度和最适 pH 条件下，活性最高的是肠道蛋白酶（张美红等，2004）。

（4）代谢能力。随着体重增加，圆口铜鱼的水分和灰分含量降低，脂肪含量、蛋白质含量和能量密度升高。体重与脂肪含量、蛋白质含量、水分含量、灰分含量、能量密度均存在显著的相关关系（$P < 0.05$）；水分含量与脂肪含量、能量密度也存在显著的相关关系（$P < 0.05$）。随着体重增加，个体静止代谢率增高，特定体重静止代谢率降低；个体最大代谢率、绝对代谢范围和力竭运动后的过量耗氧均增高，相对代谢范围没有明显变化。体重与最大代谢率、绝对代谢范围、力竭运动后的过量耗氧均存在显著的正相关关系（$P < 0.05$）。随着体重增加，血红蛋白含量升高，红细胞数量和大小无明显变化；标准体重血红蛋白含量与标准体重静止代谢率、相对代谢范围均存在显著的相关关系（$P < 0.05$）。随着体重增加，肝和红肌柠檬酸合酶活性和乳酸脱氢酶活性、白肌活性均无显著变化；白肌乳酸脱氢酶活性显著升高（$P < 0.05$）。力竭恢复系列实验中，圆口铜鱼从静止到运动后的恢复过程中，各组织乳酸含量均表现为先迅速升高后缓慢降低，糖原含量均表现为先降低后升高，葡萄糖含量均表现为先升高后降低（王文，2012）。

（5）行为学研究。以圆口铜鱼幼鱼为研究对象，测定了 4 个温度（10℃、15℃、20℃和 25℃）下的临界游泳速度及能量代谢特征；在自然水温条件下，测定了 5 个不同流水速度下圆口铜鱼的可持续游泳时间，并通过摄像记录了不同游泳速度下的游泳行为。圆口铜鱼幼鱼的临界游泳速度随着温度升高呈线性递增趋势（$P < 0.001$），由线性回归模型可推导出，25℃下时圆口铜鱼的临界游泳速度可达 7.37bl/s（−1.28m/s）。耗氧率（MO_2）与游泳速度（U）的关系在 4 个温度条件下满足幂函数模型（$P < 0.05$）；SMR、最大耗氧率（MO_2，max）及有氧代谢范围都随温度升高而增大；单位距离能耗（COT）与 U 的关系为开口向上的抛物线，不同温度下 COT 最小值对应的最适流水速度（U_{opt}）区别不大，为 4.5 ～ 5.0bl/s（体长 / 秒）。自然水温（18.0±1.5℃）条件下，幼鱼的可持续游泳时间随流水速度增加而逐渐减小（$P < 0.01$），但表

现出较大的个体差异。通过录像分析，摆尾频率（TBF）与 U 呈线性正相关关系（$P < 0.001$），且随温度升高，TBF 随 U 增加的趋势越来越明显（涂志英，2012）。

4.3.8　资源保护

1. 活鱼运输方法

运用此种方法运输圆口铜鱼前要做好准备，包括清塘、饵料生物培养等。在运输时，要挑选强壮、无伤、无病的鱼，并在运输前停食 1 ～ 2d，减少对水体的污染；采用塑料袋充氧密封运输时，保持水质清洁，尽可能在适当的低温下运输，减少耗氧量，加强运输途中管理。运输至目的地后要进行缓鱼。运输中放养密度合适，成活率高达 95% 以上（赵刚等，2007）。

采用尼龙袋充氧密封运输、橡皮袋充氧密封运输、塑料桶充气运输和鱼箱充氧运输 4 种方法运输圆口铜鱼活鱼时，在尼龙袋中分别加麻醉剂丁香酚与 MS-222，浓度分别为 1mg/L 丁香酚、20mg/L MS-222 和 10mg/L MS-222；在橡皮袋中加麻醉剂 MS-222，浓度为 20mg/L；在密封充氧尼龙袋中加青霉素，浓度为 80 000U/L；运输成活率为 75% ～ 100%。对运输至目的地的圆口铜鱼活鱼进行鱼体消毒（2% NaCl 浸浴 10 ～ 20min），若鱼体表有伤，在伤处涂抹红霉素或高锰酸钾，然后转入室内或池塘中的网箱暂养 1 ～ 2d，稳定后再放入养鱼塘暂养驯化，其 5d 内的成活率为 78.1% ～ 100%（程鹏，2008）。

2. 操作胁迫

运用光镜、电镜对头肾组织结构进行组织学观察，研究了正常状态下和胁迫状态下养殖圆口铜鱼头肾的组织结构、细胞结构及数量，以及血液、头肾中酸性磷酸酶（ACP）、碱性磷酸酶（AKP）和过氧化氢酶（CAT）三种免疫酶的活性，探讨了应激对圆口铜鱼头肾免疫力的影响及圆口铜鱼在操作胁迫后 0.1h、4h、24h 的变化特征。

（1）圆口铜鱼头肾分为左右两侧，位于腹腔膜外的胸腔内咽退缩肌上方两侧，与腹腔内的体肾明显分离。正常圆口铜鱼头肾组织实质中无肾单位，主要由淋巴组织、造血组织、血管、肾间组织及黑色素巨噬细胞组成，各组织及细胞结构形态正常，分布规则。在操作胁迫后 0.1h、4h，头肾中黑色素巨噬细胞数量较正常组显著增多（$P < 0.01$），形成黑色素巨噬细胞中心，同时肾间组织增生，肾间细胞面积、核面积和核直径均有不同程度的增大；在操作胁迫后 24h，黑色素巨噬细胞数量和肾间细胞面积、核面积、核直径均减小，并均低于正常组（$P < 0.01$）。

（2）正常圆口铜鱼头肾中主要有 5 类细胞，即红细胞、淋巴细胞、单核细胞、粒细胞和血栓细胞。操作胁迫后，头肾细胞的形态结构和数量都发生了变化。在形态结构上，不规则红细胞增多，核环带不清晰，核膜消失，细胞质密度不均匀，有空泡，出现大量溶酶体；淋巴细胞的细胞质中溶酶体数量增多，线粒体数量减少，体积减小，部分线粒体膜不清晰，线粒体嵴断裂变形，内质网中空腔增大；单核细胞核中染色质变少，细胞质中含有细胞碎片，颗粒状物质、空泡增多，内质网分布散乱，线粒体数量减少。Ⅰ型粒细胞的细胞质中出现空泡，粗面内质网增多，特殊颗粒物分布散乱，部分颗粒物包裹在透明的囊泡中，有消解的趋势；大部分Ⅱ型粒细胞无核，细胞质颜色不均匀，有空泡，在近中心处出现丝状物，溶酶体显著增多，特殊颗粒变小，各颗粒物间体积差距明显变大，电子密度分布不均；血栓细胞无明显变化。在数量上，红细胞、嗜中性粒细胞和嗜碱性粒细胞数量在应激后 0.1～24h 持续减少（$P < 0.01$）；淋巴细胞和单核细胞数量在应激后 0.1h 短暂增多，随后在 4h、24h 持续降低；血栓细胞数量在应激后 0.1～24h 持续增加。

（3）操作胁迫导致圆口铜鱼血液、头肾组织中 ACP、AKP 和 CAT 的活性发生变化。血液 ACP 在操作胁迫后 0.1h、4h、24h 活性均显著低于正常组（$P < 0.05$）；头肾 ACP 活性先在 0.1h 短暂升高，然后在 4h、24h 下降。血液 AKP 活性在操作胁迫后 0.1h 下降，在 4h、24h 升高，各应激组间及应激组与正常组间均无显著差异（$P < 0.05$）；头肾 AKP 活性在应激后 0.1h 迅速升高，在 4h、24h 下降。血液 CAT 活性在应激后 0.1h、4h 持续升高，在 24h 下降；头肾 CAT 活性在应激后 0.1h 时最高，随后在 4h、24h 下降。圆口铜鱼血液、头肾中 ACP、CAT 活性对应激变化较灵敏，可以作为反应应激程度的生物指标（李茜，2013）。

3. 人工繁殖放流

2017 年 6 月 17—30 日，水利部中国科学院水工程生态研究所（简称水生态所）根据圆口铜鱼外部特征和挖卵，挑选 24 尾雌鱼和 36 尾雄鱼，运用二次注射法，采用不同的催产剂剂量人工催产 3 批次，共获约 120 000 粒卵，受精率 70%，出苗约 50 000 尾。分别采用室内循环水系统和微流水培育圆口铜鱼鱼苗。受精卵在孵化器中孵化出膜，待 3d 左右，卵黄囊即将消失，鱼苗从孵化器转移至鱼苗培育箱（0.8m×0.5m×0.5m）进行淋水培养。鱼苗开口饵料为丰年虾，每天投喂 5 次（7:00、11:00、15:00、19:00、23:00），1 周后，辅助投喂鱼苗专用配合饲料（粗蛋白 51%，粗脂肪 10%），随着鱼苗逐渐生长，密度增大，将其转移至大培育箱（2m×1.5m×0.75m）。考虑网箱船培育空间和养殖风险，将部分鱼苗转移至水生态所基地，分别采用室内循环水系统和微流水进行培育，至 2017 年 12 月，鱼苗约 10 000 尾，摄食活跃，体长 5～6cm（水生态所未发表资料）。

2018 年 4 月 2 日，水生态所与云南华电金沙江中游水电开发有限公司联合在云南省鲁地拉水电站幺下码头将超过 10 000 尾人工繁殖的圆口铜鱼放流入金沙江（http://www.xinhuanet.com/politics/2018-04/02/c_1122627994.htm）。

2020 年 9 月 23 日，由中国长江三峡集团有限公司主办，中国水产科学研究院长江水产研究所、湖北宜昌三江渔业有限公司承办，重庆市江津区人民政府协办的圆口铜鱼放流活动在长江上游珍稀特有鱼类国家级自然保护区举行，共计放流圆口铜鱼苗种 100 000 尾，其中 2020 年苗种 90 000 尾（规格为全长约 5cm），2019 年的 1 龄幼鱼 10 000 尾（规格为全长约 15cm）（https://baijiahao.baidu.com/s?id=1678639927984772182&wfr=spider&for=pc）。

4.4 鲈鲤

4.4.1 概况

1. 分类地位

鲈鲤［*Percocypris pingi*（Tchang），1930］隶属鲤形目（Cypriniformes）鲤科（Cyprinidae）鲃亚科（Barbinae）鲈鲤属（*Percocypris*），俗称花鱼、江鳂、江鲤等，是长江上游特有鱼类，也是四川和重庆两省市的重点保护动物之一（丁瑞华，1994；何勇凤等，2013），于2004年被列入《中国物种红色名录》易危物种（见图4-61）。

图 4-61 鲈鲤（邵科摄，黑水河，2019）

2. 种群分布

鲈鲤主要分布于岷江、青衣江、马边河（岷江支流）、金沙江下游、雅砻江、乌江等水系，是重要的经济鱼类之一（丁瑞华，1994）。根据2011—2017年的野外调查，在金沙江下游已很少看见其踪迹，能够捕获鲈鲤的区域也仅限于金沙江中游的部分河段和雅砻江的部分河段。根据历史文献和走访当地渔民，金沙江干支流的鲈鲤在丽江虎跳峡以上及雅砻江锦屏一级以上未受水电开发和过度捕捞影响的部分水域还有一定自然种群。

4.4.2 生物学研究

1. 渔获物结构

2011—2013年，对金沙江中游以及雅砻江采集到的鲈鲤样本进行常规生物学参数测量，其体长范围为104～1200mm，以100～200mm为主（占总采集尾数的82.98%）；体重范围为16～15 100.2g，主要分布在100g以下（占采集尾数的77.66%）（见图4-62）。

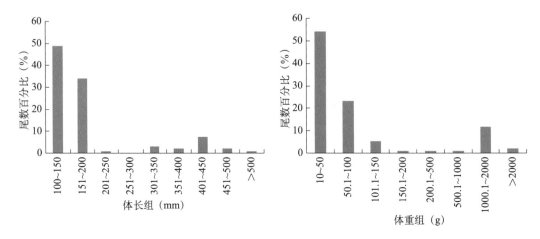

图 4-62　鲈鲤的体长和体重组成

2. 食性特征

鲈鲤为大型凶猛肉食性鱼类，但在其生活史的不同阶段，摄食种类和强度有所不同。稚幼鱼以食甲壳动物和昆虫幼虫及小型鱼类为主，成鱼以食其他鱼类为主，如鮈类、裂腹鱼类、麦穗鱼等。鲈鲤处于生长发育阶段时摄食量大，而处于生殖季节时摄食量很小。当饵料不足时，大个体会残食小个体。鲈鲤为伏击型摄食鱼类，平时静息于水边，当饵料出现时，立即捕食。人工养殖条件下，可驯化其食用人工饵料。它们擅于集群摄食颗粒饵料，甚至晚上也不间断。水温合适时，摄食旺盛。

3. 繁殖特征

（1）初次性成熟年龄。对采集于雅砻江官地的 6 尾鲈鲤亲鱼进行研究，其绝对繁殖力为 31 282 ～ 80 922 粒 / 尾，相对繁殖力为 20 ～ 30 粒 /g，雌性最小性成熟年龄为 3 龄。

（2）繁殖时间。在自然水体中，每年的 4—5 月是鲈鲤的产卵期，其中 4 月是产卵盛期，成熟卵粒呈橘黄色，沉性，略具有黏性，遇水则黏性消失，平均卵径 2.2mm。

（3）生境特点及繁殖行为。鲈鲤在水温 14.5 ～ 16℃时进入繁殖季节；鲈鲤的产卵场为流水乱石滩上，其底质多为砾石，对应的水力学特征是较急流的区段。对收集到鲈鲤亲鱼的产卵场进行生境调查，发现鲈鲤产卵场的流水速度为 1 ～ 2m/s，透明度 30 ～ 50cm，水溶氧量 6 ～ 9mL/L，电导率 300 ～ 340μS/cm，pH 为 7 ～ 7.4。

4. 胚胎发育

赖见生等（2013）开展了鲈鲤胚胎发育的观察，记录了胚胎发育的全过程，参考胚胎发育的形态分期特征（曹文宣等，2008），可将其分为 7 个发育阶段、32 个时期（见表 4-34）。该研究显示，在水温为 18（18±0.5）℃的实验条件下，鲈鲤的受精卵需要 126h 28min 才能孵化出仔鱼。鲈鲤孵化所需时间比其他大多数鲤科鱼类更长。

表 4-34　鲈鲤胚胎发育过程

序号	发育时期	主要特征	受精后时间（ ×h×min ）	图序
1	受精卵	卵膜开始吸水膨胀	0h 00min	1
2	胚盘期	胚盘隆起，色素累积	1h 58min	2
3	2 细胞期	经裂，动物极分为 2 个裂球	2h 28min	3
4	4 细胞期	经裂，动物极分为 4 个裂球	3h 15min	4
5	8 细胞期	经裂，动物极分为 8 个裂球	3h 57min	5
6	16 细胞期	动物极分为 16 个裂球	4h 23min	6
7	32 细胞期	动物极分为 32 个裂球	4h 45min	7
8	64 细胞期	动物极分为 64 个裂球	5h 23min	8
9	128 细胞期	动物极分为 128 个裂球	5h 57min	9
10	多细胞期	细胞变多、变小，形成多细胞胚体	11h 03min	10
11	囊胚早期	胚层隆起较高，分裂球清晰可见，细胞间有明显的界线	11h 43min	11
12	囊胚中期	胚层变薄并下降，细胞间有间隙	14h 31min	12
13	囊胚晚期	胚层进一步下降，动物极的分裂球彼此紧密靠近，界线不清	17h 33min	13
14	原肠早期	胚层细胞下包、内卷，形成胚环	26h 23min	14
15	原肠中期	胚层下包 2/3	29h 03min	15
16	原肠晚期	胚层下包 4/5	32h 43min	16
17	小卵黄栓期	小卵黄栓形成	38h 01min	17
18	神经胚期	卵黄栓外露，神经板雏形出现	38h 50min	18
19	胚孔封闭期	胚层下包结束，胚孔封闭	40h 30min	19
20	肌节出现期	肌节出现	45h 23min	20
21	眼囊形成期	眼基中央凹陷，逐渐扩大为腔体	48h 16min	21
22	耳囊出现期	听板变为耳囊	54h 08min	22
23	尾芽形成期	胚体后端逐渐隆起为尾芽	59h 42min	23
24	肌肉效应期	肌节 32 ～ 34 对，胚体中部带动尾部向一侧摆动	60h 12min	24
25	耳石出现期	耳囊内出现两颗透亮的小耳石	62h 58min	25
26	心搏期	心脏位于卵黄囊头部背索前下方，尾部继续延长	67h 26min	26
27	胸鳍原基期	耳囊前靠近卵黄囊处两侧细胞聚集，突出于体表，形成胸鳍原基	74h 12min	27
28	血液循环期	向头部供血，血液呈红色，头眼膨大，鳃原基出现	89h 28min	28
29	出膜前期	胚体在膜内转动，以头部撞击卵膜	109h 58min	29
30	孵出期	仔鱼侧卧水底，全长 10.4mm，心率 60 次 /min，摆动 4 次 /min	126h 28min	30
31	胸鳍上翘期	侧卧水底，偶尔串游，胸鳍开始上翘	143h 36min	31
32	口凹形成期	可见鳃弓 3 对，鳃循环明显，下颌原基出现，口凹逐渐形成	145h 18min	32

（1）受精卵。卵受精后，卵膜吸水膨胀，卵径为 3.2～3.8mm；动物极向上，植物极向下，细胞质从植物极向动物极流动，使得动物极出现一个暗斑（见图 4-64）。

（2）卵裂期。受精后 2h 28min，受精卵第 1 次经裂，形成 2 细胞期。此后，分别在受精后 3h 15min、3h 57min、4h 23min、4h 45min 进行多次经裂，分别形成 4 细胞期、8 细胞期、16 细胞期、32 细胞期。此后，再经过大约每隔 30min 的 2 次分裂，形成 64 细胞期和 128 细胞期。在受精大约 11h 后，胚胎发育进入多细胞期，细胞变多、变小，形成多细胞胚体（见图 4-63）。

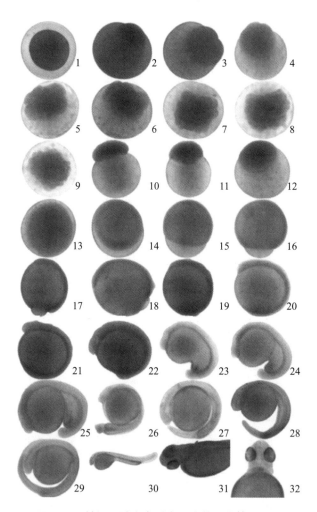

图 4-63　鲈鲤胚胎发育时序图（赖见生等，2013）

1—受精卵；2—胚盘期；3—2 细胞期；4—4 细胞期；5—8 细胞期；6—16 细胞期；7—32 细胞期；8—64 细胞期；9—128 细胞期；10—多细胞期；11—囊胚早期；12—囊胚中期；13—囊胚晚期；14—原肠早期；15—原肠中期；16—原肠晚期；17—小卵黄栓期；18—神经胚期；19—胚孔封闭期；20—肌节出现期；21—眼囊形成期；22—耳囊出现期；23—尾芽形成期；24—肌肉效应期；25—耳石出现期；26—心搏期；27—胸鳍原基期；28—血液循环期；29—出膜前期；30—孵出期；31—胸鳍上翘期；32—口凹形成期

（3）囊胚期。囊胚期分为囊胚早期、囊胚中期和囊胚晚期，分别在受精后 11h 43min、14h 31min 和 17h 33min 进行。主要变化特征：胚层先隆起，后逐步变薄、下降，同时细胞间间隙加大，分裂球紧密靠近，界线不清（见图 4-64）。

（4）原肠胚期。原肠胚期分为原肠早期、原肠中期和原肠晚期，分别在受精后 26h 23min、29h 03min 和 32h 43min 进行。主要变化特征：胚层细胞向植物极发生下包、内卷，形成胚环，下包的比例逐步加大，由 1/3 到 2/3，最终达到 4/5 的比例。在受精后 38h 01min，胚胎大部分被动物级细胞覆盖，只留下植物级有一个卵黄栓，进入小卵黄栓期（见图 4-64）。

（5）神经胚期。受精后 38h 50min，进入神经胚期，观察到卵黄栓外露，神经板雏形出现。之后，胚层下包结束，胚孔封闭，在受精后 40h 30min，进入胚孔封闭期（见图 4-64）。

（6）器官分化期。先后经过肌节出现期、眼囊形成期、耳囊出现期、尾芽形成期、肌肉效应期、耳石出现期、心搏期、胸鳍原基期、血液循环期、出膜前期等阶段，逐步完成器官的分化与形成，为最终出膜做准备（见图 4-64）。

（7）出膜。出膜阶段主要经过孵出期、胸鳍上翘期和口凹形成期 3 个时期。在受精后 126h 28min，仔鱼最终出膜，胚胎发育阶段结束（见图 4-64）。

4.4.3　其他研究

1. 组织学

鲈鲤的组织学研究非常少。仅马秀慧等（2011）做过组织学研究，先收集野生仔鱼，通过人工饲养至 1 龄鱼大小，然后取口咽腔、食管、胃、肠、肛门、肝脏等组织部位，通过组织切片的一系列流程，最终通过显微照相和软件分析获得图像和数据。

该研究显示，鲈鲤的消化道由口咽腔、食管、胃、肠和肛门 5 部分组成，消化道内壁结构由内到外可分为黏膜层、黏膜下层、肌层和外膜。口咽腔主要由顶壁和底壁组成。顶壁部分由内到外由黏膜层、黏膜下层和肌肉层组成。底壁由黏膜上皮的 4 ～ 5 层细胞和黏膜下层的疏松结缔组织组成。食管紧连口咽腔，其中的黏膜层较薄，含有大量味蕾。鲈鲤的胃并不明显，组织学上无显著的胃特征。肠的黏膜层很厚。肝脏属于多细胞管状腺。胰腺分布在肠和肝脏周围，多与脂肪相嵌合。

根据鲈鲤幼鱼肠道菌群的相关研究，人工养殖鲈鲤的肠道菌群主要来自所食用的饲料，其肠道壁菌群与饲料菌群相似性较高（鲁增辉等，2011）。

2. 新陈代谢

根据朱永久等（2014）对鲈鲤幼鱼耗氧率和窒息点的研究，在 4 种不同水温（14℃、18℃、22℃ 和 26℃）条件下，鲈鲤幼鱼的耗氧率和窒息点均随温度升高而逐步增加或升高。

3. 营养学

同其他淡水鱼类相比，鲈鲤含有 7 种肌肉脂肪酸，其中 3 种饱和脂肪酸（SFA）的总量为 28.22%，4 种不饱和脂肪酸（UFA）的总量为 71.75%。鲈鲤的肌肉脂肪

酸主要由油酸（C18:1）、棕榈酸（C16:0）、亚油酸（C18:2）和棕榈油酸（C16:1）
4 种脂肪酸组成，它们的质量分数总和占脂肪酸总质量分数的 93.58%（朱玲等，
2012）。

4.4.4　遗传多样性研究

1. 线粒体 DNA

根据岳兴建等（2015）的研究，对 34 尾采集于雅砻江的样品分析，显示鲈鲤的
线粒体控制区 DNA 序列（D-loop 区域）的碱基组成具有明显的 A 和 T（U）偏向性，
全长大约 933 碱基对（bp）。在获得的 34 条线粒体 D-loop 区中，共发现 7 个单倍型
序列，12 个变异位点。单倍型的遗传距离较近，未发生明显分化，种群的遗传结构相
对单一。

2. 微卫星引物开发

利用（AC）$_{15}$ 和（GATA）$_8$ 探针构建了微卫星富集文库，开发了鲈鲤 12 对微卫
星引物（Li et al., 2014）。12 对微卫星引物在 30 尾人工养殖的群体上进行检测，结果
显示，等位基因数量为 2 ～ 5 个，平均 3.42 个；其观测杂合度和期望杂合度分别为
0.381 ～ 0.952 和 0.517 ～ 0.787（见表 4-35）。

4.4.5　资源保护

鲈鲤分布于金沙江水系、岷江水系、乌江水系、青衣江水系、赤水河的上游和
河源区及长江干流，是我国长江上游珍稀特有鱼类。鲈鲤是四川省和重庆市的重点
保护动物，也是历史上长江上游重要的大型经济鱼类，但其已于 2004 年被列入《中
国物种红色名录》易危物种。据《四川鱼类志》记载，20 世纪 80—90 年代，鲈鲤
在雅砻江下游分布较多，而据中国科学院水生生物研究所 2005—2007 年对攀枝花
至丽江石鼓河段之间鱼类资源的调查（鱼类及珍稀水生动物重点站 2005—2007 年
度报告），攀枝花格里坪至丽江金安桥等部分金沙江中游河段均分布一定数量的
鲈鲤群体。

2011—2013 年监测显示，在金沙江中游部分河段（金安桥、朵美等）以及雅砻江
下游部分河段（矮子沟、棉沙乡、里庄和金河乡）仍有一定数量的鲈鲤群体，但金沙
江下游已很难采集到鲈鲤样本。2015—2017 年监测显示，分布在金沙江中游金安桥至
攀枝花河段以及雅砻江金河河段的鲈鲤数量已急剧减少，其个体已很难在这些区域被
捕获到。

作为典型的肉食性鱼类之一，鲈鲤能够在库区部分河段生存，但产卵时需要流
水、砾石生境。现阶段，对鲈鲤开展人工繁殖技术研究，建立全人工繁殖种群是需要
优先开展的工作。除此之外，保护好锦屏一级库区干支流鲈鲤的部分现有生境，也是
需要迫切开展的工作。

表 4-35　鲈鲤 12 个多态微卫星位点信息

位点	Gen Bank 号	重复片段	引物序列（5'-3'）	退火温度（℃）	等位基因数（个）	片段大小（bp）	观测杂合度	期望杂合度	P-value（HWE）
LL-3	KF111326	(TATC)8	F:TTACTGATAAATGCACAACGAA R: GACGCGAGGTGGAGGATA	46	3	172～188	0.429	0.573	0.434
LL-12	KF111322	(GACA)12	F: AGACTTAGTGGTCACATTCATT R: AGGTGTCCGAGCAAAGAT	54	4	176～192	0.952	0.664	0.011
LL-14	KF111331	(AC)13	F: CATTATGGGTAAAGAACAAC R: CATCCATCATAAGCACTG	52	3	192～204	0.714	0.679	0.391
LL-15	KF111327	(GATA)10	F: GCAGTGACCTGCTTCCAC R: ACTTTGCCAGGGGTGTTT	46	3	160～176	0.619	0.575	1.000
LL-22	KF111323	(GATA)14	F: GCGAGGTGGAGGATAGAT R: CTTGTAAGGCAGGGAAAA	54	3	198～214	0.619	0.659	0.339
LL-30	KF111324	(GATA)14	F: ATCCCACAGTTTTCATTT R: GCAGCCTAAGCATAAGA	46	2	146～154	0.524	0.517	0.661
LL-31	KF111325	(AC)11	F: AGGGTTTGTTCGGCTT R: ATGGCTGTGAATAGTCTTGT	46	2	180～188	0.429	0.528	0.661
LL-36	KF111330	(GATA)7	F: AAGTAATGCCAGTGAAGA R: TTTGTTCCAGAGTTTACC	52	5	158～182	0.857	0.787	0.945
LL-42	KF111334	(GATA)20	F: TCAATACATCCATTCTCCAAAA R: CAGCCACTTCTCCACCATCC	62	5	150～174	0.900	0.683	0.159
LL-64	KF111328	(GATA)8	F: ACGCGAGGTGGAGGATAG R: GCTTGTAAGGCAGGGAAA	62	3	184～196	0.476	0.659	0.225
LL-79	KF111329	(TCTA)7	F: ATGTTACTGGCATTACTCT R: AACCCTTCATTTGTAGAT	50	4	196～216	0.381	0.672	0.007
LL-95	KF111335	(GATA)7	F: ACCGATATGACCTAGACA R: AATGAATCACAGCAGAGT	64	4	198～222	0.600	0.747	0.129

4.5　短须裂腹鱼

4.5.1　概况

1. 分类地位

短须裂腹鱼［*Schizothorax*（*Schizothorax*）*wangchiachii*（Fang），1936］（见图 4-64）隶属鲤形目（Cypriniformes）鲤科（Cyprinidae）裂腹鱼亚科（Schizothoracinae）裂腹鱼属（*Schizothorax*），俗称缅鱼、沙肚等（丁瑞华，1994），为长江上游特有鱼类。在世界自然保护联盟濒危物种红色名录中被列为近危（NT）等级。

图 4-64　短须裂腹鱼（邵科摄，黑水河，2019）

2. 种群分布

历史上记录，短须裂腹鱼主要分布于金沙江、大渡河中上游和乌江流域（丁瑞华，1994）。

4.5.2　生物学研究

1. 渔获物结构

2012—2013 年在金沙江采集到的短须裂腹鱼样本的体长范围为 74 ～ 327mm，以 101 ～ 220mm 为主（占总采集尾数的 85.94%）；体重范围为 8.2 ～ 657.3g，以 20.1 ～ 200g 为主（占总采集尾数的 78.17%）（见图 4-65）。

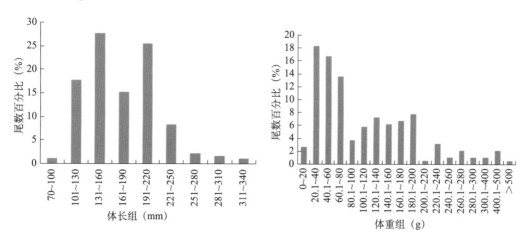

图 4-65　2012—2013 年短须裂腹鱼的体长和体重组成

2014—2017 年在金沙江采集到的短须裂腹鱼样本的体长范围为 55 ～ 317mm，平均体长 144mm，以 51 ～ 210mm 为主（占总采集尾数的 93.5%）；体重范围为 4.0 ～ 608.7g，平均体重 76.5g，以 4.0 ～ 150.0g 为主（占总采集尾数的 88.7%）（见图 4-66）。

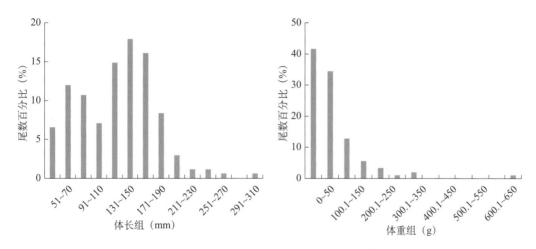

图 4-66　2014—2017 年短须裂腹鱼的体长和体重组成

2. 年龄与生长

（1）年龄结构。可采用臀鳞和耳石对短须裂腹鱼的年龄进行鉴定，但耳石制片容易破碎，臀鳞制片相对结实一些，且年轮显示较清晰。耳石呈不规则梨形，经打磨后，在显微镜下透光观察制片，耳石中心是一个核，核的中心是耳石原基，核外为同心圆排列的年轮。一个年轮由一个透明的增长带和一个暗色的间歇带组成，而且这两个带相互穿插渗透。总体来看，耳石上呈现的白色宽带和暗灰色窄带排列非常清晰，几乎没有其他副轮，可以比较准确地进行读数。磨片在显微镜透射光下观察，纹路宽、沉积深的轮纹区组成暗带，纹路窄、沉积浅的轮纹区组成明带，明带和暗带相间排列，规律性强，每个暗带的边缘定为 1 个年轮（见图 4-67）。

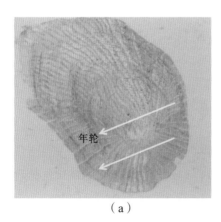 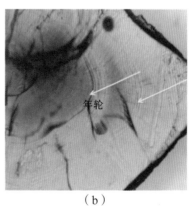

（a）　　　　　　　　　　　　（b）

图 4-67　短须裂腹鱼的年轮特征
（a）臀鳞，2+ 龄；（b）耳石，2+ 龄

采用臀鳞和耳石共鉴定了 91 尾短须裂腹鱼的年龄。年龄样本来自黑水河下游及其支流。所有鉴定样本中，以 1 ～ 3 龄个体最多，占鉴定样本总数的 84.4%。所有鉴定样本中，4 龄为短须裂腹鱼的最大年龄（见图 4-68）。

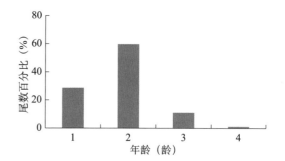

图 4-68 2014—2017 年黑水河下游及其附近支流短须裂腹鱼的年龄分布（n=91 尾）

（2）体长与体重的关系。2014—2017 年采自黑水河下游及其附近支流的短须裂腹鱼的体长（L）和体重（W）呈幂函数相关关系，其关系式 $W=3.0 \times 10^{-5} L^{2.899\,1}$，$R^2$=0.982 8（见图 4-69）。

（3）生长特征。采用最小二乘法对 2014—2017 年采自黑水河下游及其附近支流的短须裂腹鱼体长、体重和年龄数据进行拟合，得到生长参数：L_∞=544.01mm；k=0.16；t_0=-0.22 龄；W_∞=2 558.11g。将各参数代入 Von Bertalanfy 方程得到短须裂腹鱼的体长和体重生长方程：L_t=544.01×[1-e$^{-0.16(t+0.22)}$]，W_t=2 558.11×[1-e$^{-0.16(t+0.22)}$]$^{2.898\,1}$。

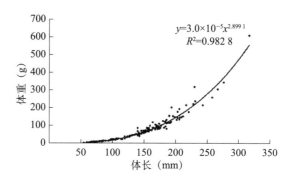

图 4-69 2014—2017 年黑水河下游及其附近支流短须裂腹鱼的体长与体重关系（n=168 尾）

短须裂腹鱼的体长生长曲线没有拐点，逐渐趋于渐进体长。体重生长曲线与其他鱼类的体重生长曲线类似（见图 4-70）。

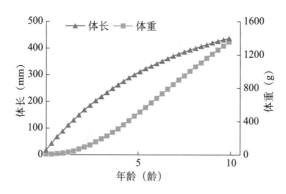

图 4-70 2014—2017 年黑水河下游及其附近支流短须裂腹鱼的体长和体重生长曲线

对体长生长方程求一阶导数和二阶导数，得到短须裂腹鱼的体长生长速度和体长生长加速度方程（见图 4-71）：

$$dL/dt= 87.04e^{-0.16(t-0.04)};$$
$$d^2L/dt^2= -13.93e^{-0.16(t-0.04)}。$$

对体重生长方程求一阶导数和二阶导数，得到短须裂腹鱼的体重生长速度和体重生长加速度方程（见图 4-72）：

$$dW/dt=1186.19[1-e^{-0.16(t-0.04)}]^{1.898\,1}e^{-0.16(t-0.04)};$$

$$d^2W/dt^2=189.79[1-e^{-0.16(t-0.04)}]^{0.898\,1}e^{-0.16(t-0.04)}[2.898\,1e^{-0.16(t-0.04)}-1]。$$

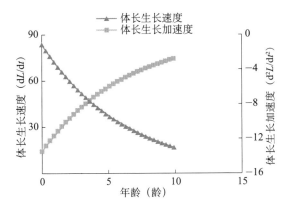

图 4-71　2014—2017 年黑水河下游及其附近支流短须裂腹鱼的体长生长速度和
体长生长加速度曲线

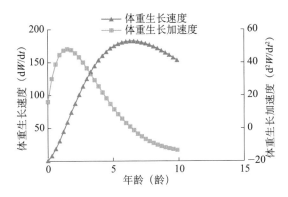

图 4-72　2014—2017 年黑水河下游及其附近支流短须裂腹鱼的体重生长速度和
体重生长加速度曲线

短须裂腹鱼体重生长速度和体重生长加速度曲线均具有明显拐点，其拐点年龄 t_i=6.43 龄，该拐点年龄所对应的体长和体重分别为 L_t=356mm 和 W_t=750.3g，其后加速度小于 0，进入种群体重增长递减阶段。

3. 食性特征

《长江鱼类》记载，短须裂腹鱼摄食植物性食物，以其下颌刮取着生在水下岩石上的藻类。采集金沙江下游 17 尾摄食样本，其中肠道充塞度 0 级 1 尾、1 级 4 尾、2 级 6 尾、3 级 5 尾、4 级 1 尾，食物湿重平均 1.5g（变动范围 0.6 ～ 2.8g）。对其中 6 尾进行初步食性鉴定，其种类主要有藻类、泥沙、底栖动物、植物碎屑等。

4. 繁殖特征

根据颜文斌（2016）的研究，短须裂腹鱼雌鱼个体绝对怀卵量 5150 ～ 21 180 粒 / 尾，平均 11 268.4 粒 / 尾，相对怀卵量平均 10.59 粒 /g；雌鱼的 GSI 为（13.57±1.24）%，雄鱼的成熟系数（GSI）为（5.54±0.73）%（见表 4-36）。

表 4-36　短须裂腹鱼繁殖力（颜文斌，2016）

编号	体长（mm）	体重（g）	性腺重（g）	GSI(%)	绝对怀卵量（粒/尾）	相对怀卵量（粒/g）
1	431	1550	261.76	16.89	18 779	12.12
2	442	1600	217.66	13.60	13 369	8.36
3	352	829.3	81.99	9.89	5 260	6.34
4	427	1 382.3	96.98	7.02	7 898	5.71
5	440	1 900	270.42	14.23	21 182	11.15
6	395	1 200	250.07	20.84	20 948	17.46
7	338	688.3	94.49	13.73	7 500	10.90
8	385	1 150	63.73	5.54	9 230	8.03
9	340	700	105.87	15.12	7 523	10.75
10	357	840.15	138.74	16.51	14 777	17.59
11	381	956.04	87.15	9.12	5 353	5.60
12	381	914.03	72.27	7.91	5 150	5.63
13	377	1 023	157.89	15.43	10 936	10.69
14	331	849.47	135.88	16.00	11 074	13.04
15	328	649.11	141.27	21.76	10 047	15.48
均值	380	1 082.11	145.06	13.57	11 268.4	10.59

颜文斌的研究结果还表明，短须裂腹鱼性成熟的时间段为每年 11 月至次年 3 月。雄鱼的性成熟时间跨度略大于雌鱼的性成熟时间（见图 4-73）。

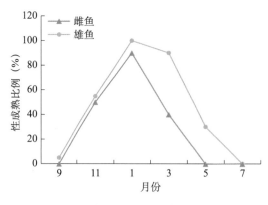

图 4-73　短须裂腹鱼性腺成熟节律

1 月，雌雄亲本均为性成熟个体，个别雌鱼已经出现性腺排空退化的情况。3 月，大部分雌鱼已完成繁殖，少量亲本依然处在繁殖期内。5—9 月为新一轮性腺发育过程，完成繁殖的亲鱼性腺陆续退化至 II 期后重新发育。11 月，重新发育的性腺已经大量成熟或接近成熟，准备新一轮繁殖（见表 4-37）。

表 4-37　短须裂腹鱼性腺发育情况

性别	雌鱼			雄鱼		
发育情况	未成熟比例(%)	性成熟比例(%)	退化比例(%)	未成熟比例(%)	性成熟比例(%)	退化比例(%)
1 月	0	90	10	0	100	0
3 月	0	40	60	0	90	10
5 月	80	0	20	0	30	70
7 月	100	0	0	100	0	0
9 月	100	0	0	95	5	0
11 月	50	50	0	45	55	0

　　通过观察，12 月中下旬在河边的缓水浅滩、回水湾可见到少量短须裂腹鱼幼苗。研究发现，12 月初雌鱼性成熟个体 85% 达到 V 期，其余个体处于 IV 期末或即将步入 V 期，雄鱼 100% 性成熟；次年 3 月中旬，亲本性腺已经部分排空，少量未排空的性腺出现退化迹象。同时通过对亲鱼进行 PIT 标记，根据追踪记录，短须裂腹鱼一年繁殖一次。由此推断，短须裂腹鱼繁殖期为每年 12 月初至次年 3 月，为冬季产卵型鱼类。

　　根据产卵行为，短须裂腹鱼为分批产卵型鱼类，产卵行为均在繁殖期中且单日可以多次产卵，曾一天产卵 8 次，每次产卵间隔时间为（34.14±16.85）min，产卵点分布在水深 25～55cm 且水流湍急的砂石浅滩。根据产卵点卵粒搜集情况，在产卵行为发生后数分钟，短须裂腹鱼产卵点卵粒数量为 220～550 粒，绝对繁殖力范围为 5150～21 180 粒 / 尾，待雌鱼繁殖期结束，根据性腺解剖情况（雌鱼性腺剩余卵粒数不足 1000 粒），推断一尾雌鱼单个繁殖期内可以参与数十次交配行为并产卵。因此进一步证明短须裂腹鱼为分批产卵型鱼类。

5. 胚胎发育和苗种培育

　　刘阳等（2015）于 2014 年 12 月在四川省盐边县匀翔养殖专业合作社通过人工繁殖获得短须裂腹鱼受精卵，并在人工孵化条件下对其胚胎和早期仔鱼发育特征进行观察。结果显示，短须裂腹鱼的成熟卵为浅黄色，卵径为（3.18±0.17）mm，吸水膨胀后达（3.96±0.25）mm。在水温 12.7～14.0℃［平均（13.68±0.32）℃］条件下，受精卵在受精后 3.17h 胚盘隆起，16h 进入囊胚期，47h 进入原肠期，60.67h 进入神经胚期，74.67h 出现肌节，192.5h 孵出，胚胎发育有效积温为 2 633.68h·℃。初孵仔鱼全长为（10.88±0.41）mm，13d 仔鱼鳔完全充气，开始平游，18d 仔鱼卵黄囊消失。经过分析，发现短须裂腹鱼胚胎发育特点与其他裂腹鱼亚科鱼类存在一定程度的差异（见表 4-38）。

　　（1）短须裂腹鱼胚胎发育的主要特征（见图 4-74）如下。

　　受精卵：卵呈浅黄色，沉性，微黏性。

　　胚盘隆起期：两极分化，原生质向动物极集中并隆起形成胚盘，累积时间 3.17h，有效积温为 43.54h·℃。

2 细胞期：胚盘中间形成分裂沟，胚盘分裂为大小相似的 2 个分裂球，累积时间 4.83h，有效积温为 66.31h·℃。

4 细胞期：第二次分裂，分裂沟与第一次分裂沟垂直，形成大小相似的 4 个分裂球，胚胎相位开始侧偏，累积时间 6h，有效积温为 81.548h·℃。

8 细胞期：第一条分裂沟的两侧出现 2 条分裂沟，并与其平行，形成大小相似的 8 个分裂球，累积时间 7.67h，有效积温为 103.12h·℃。

16 细胞期：出现 2 条分裂沟，与第二次分裂沟平行，形成大小相似的 4×4 排列的 16 个分裂球，累积时间 9h，有效积温为 121.14h·℃。

32 细胞期：出现 4 个分裂沟，形成 32 个分裂球，大小开始有差异，排列不整齐，累积时间 10.5h，有效积温为 141.96h·℃。

64 细胞期：分裂不同步，分裂球大小差异明显，排列无规律，分裂沟开始模糊，累积时间 11.33h，有效积温为 153.57h·℃。

多细胞期：卵裂速度加快，细胞越来越多，细胞界线开始模糊，累积时间 12.5h，有效积温为 169.63h·℃。

囊胚早期：囊胚层高高隆起，形似帽状，细胞界线模糊不清，累积时间 16h，有效积温为 218.4h·℃。

囊胚中期：囊胚高度下降，呈小丘状，胚层边缘逐渐平滑，累积时间 24h，有效积温为 329.76h·℃。

囊胚晚期：囊胚继续下降，与卵黄囊形成一个近似球，累积时间 28.5h，有效积温为 391.88h·℃。

原肠早期：胚层下包卵黄囊 1/2，胚环明显，累积时间 47h，有效积温为 648.60h·℃。

原肠中期：胚盾出现，胚层下包卵黄囊 2/3，累积时间 53.5h，有效积温为 737.77h·℃。

原肠晚期：胚层下包卵黄囊约 3/4，形成卵黄栓，累积时间 56h，有效积温为 771.12h·℃。

神经胚期：胚层即将包完卵黄，胚体隆起明显，神经板雏形出现，累积时间 60.67h，有效积温为 834.17h·℃。

胚孔闭合期：胚层将卵黄栓完全包囊，胚孔封闭，胚体明显，累积时间 65.5h，有效积温为 899.97h·℃。

肌节出现期：胚体前段微隆起，中部出现 4 节肌节，累积时间 74.67h，有效积温为 1025.17h·℃。

眼囊期：在脑泡两侧出现眼囊，呈椭圆形，累积时间 81.83h，有效积温为 1121.94h·℃。

耳囊期：胚体 1/4 处两侧出现一对卵圆形耳囊，脊索清晰可见，累积时间 94.33h，有效积温为 1296.14h·℃。

尾芽期：尾端明显突出，游离于卵黄，尾芽出现，累积时间 100.5h，有效积温为

1380.87h·℃。

肌肉效应期：胚体开始扭动，频率、幅度都很小，累积时间 111.5h，有效积温为 1533.13h·℃。

眼晶体期：眼囊中出现圆形、透明晶体，累积时间 114.33h，有效积温为 1572.08h·℃。

耳石期：耳囊增大且清晰，其内可见两个小黑点，累积时间 121.5h，有效积温为 1669.41h·℃。

心脏原基期：围心腔内可见呈短管状的心脏原基，累积时间 125.58h，有效积温为 1725.52h·℃。

心跳期：心脏开始有节律地搏动，频率 25 ～ 27 次 /min，累积时间 131.58h，有效积温为 1806.64h·℃。

胸鳍原基期：耳囊后下方可见胸鳍原基，呈月牙状，累积时间 157.25h，有效积温为 2152.75h·℃。

出膜期：胚体尾部先破膜而出，再通过扭动完全脱膜，累积时间 192.5h，有效积温为 2632.68h·℃。

（2）短须裂腹鱼早期仔鱼发育的主要特征（见图 4-74）如下。

1 日龄仔鱼：卵黄囊大小为 2.53mm×1.74mm，与头部角度约 60°。心脏及附近可见红色血液流动。眼球出现黑色素，但颜色很浅。胸鳍出现，鳃弓雏形出现。

2 日龄仔鱼：前卵黄囊大小为 2.30mm×1.85mm，与头部角度几乎垂直。鳃弓内可见红色血液流动，卵黄囊上出现一条卵黄静脉。此时的仔鱼有应激反应，刺激后会四处乱窜。

3 日龄仔鱼：前卵黄囊大小为 2.19mm×1.43mm。眼球黑色素明显增多，口开启但未闭合。全身血液颜色加深，心脏搏动更有力，心率为 70 ～ 75 次 /min。

4 日龄仔鱼：前卵黄囊大小为 2.09mm×1.41mm。头顶、体侧和背部出现少量呈星芒状的黑斑。口不停闭合，鳃孔张开，随着口闭合而闭合。鳃丝雏形出现，鼻凹形成。

5 日龄仔鱼：卵黄囊急剧缩小，约呈管状。鳃丝出现，每个鳃弓有 4 ～ 5 个鳃丝，眼呈黑色。

6 日龄仔鱼：头顶和背部黑斑增多，卵黄囊和尾部也出现黑斑。鳃丝可见红色血液流动，背鳍出现，呈三角形。

7 日龄仔鱼：身体黑斑增多，胸鳍也出现黑斑。

8 日龄仔鱼：尾鳍下叶出现 4 ～ 5 个鳍条。

9 日龄仔鱼：鳃丝增多，胸鳍可见红色血液流动。

10 日龄仔鱼：鳔出现，但未充气。

11 日龄仔鱼：开始间歇性上游。

12 日龄仔鱼：立正于水底，少数开始平游。

13 日龄仔鱼：鳔完全充气，开始平游。卵黄囊并未完全被吸收，肠管位于鳔下方。

18 日龄仔鱼：卵黄囊消失，肠道内可见食物。

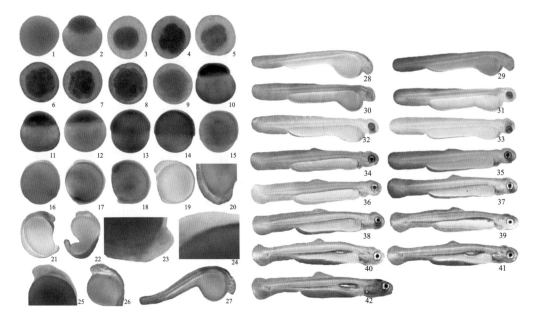

图 4-74　短须裂腹鱼胚胎及早期仔鱼发育

1—受精卵，×20；2—胚盘隆起期，×20；3—2 细胞期，×20；4—4 细胞期，×20；5—8 细胞期，×20；6—16 细胞期，×20；7—32 细胞期，×20；8—64 细胞期，×20；9—多细胞期，×20；10—囊胚早期，×20；11—囊胚中期，×20；12—囊胚晚期，×20；13—原肠早期，×20；14—原肠中期，×20；15—原肠晚期，×20；16—神经胚期，×20；17—胚孔闭合期，×20；18—肌节出现期，×20；19—眼囊期，×20；20—耳囊期，×20；21—尾芽期，×20；22—肌肉效应期，×20；23—眼晶体期，×32；24—耳石期，×50；25—心脏原基期，×32；26—心跳期，×25；27—胸鳍原基期，×12；28—出膜期，×8；29—1 日龄仔鱼，×8；30—2 日龄仔鱼，×8；31—3 日龄仔鱼，×8；32—4 日龄仔鱼，×8；33—5 日龄仔鱼，×8；34—6 日龄仔鱼，×8；35—7 日龄仔鱼，×8；36—8 日龄仔鱼，×8；37—9 日龄仔鱼，×8；38—10 日龄仔鱼，×8；39—11 日龄仔鱼，×8；40—12 日龄仔鱼，×8；41—13 日龄仔鱼，×8；42—18 日龄仔鱼，×8

表 4-38　短须裂腹鱼与其他裂腹鱼类胚胎发育差异

发育时期	胚胎发育差异	裂腹鱼种类
耳囊期	出现在尾芽期之前	短须裂腹鱼、齐口裂腹鱼、松潘裸鲤、塔里木裂腹鱼、拉萨裂腹鱼、尖裸鲤、拉萨裸裂尻
	出现在尾芽期之后	四川裂腹鱼、细鳞裂腹鱼、伊犁裂腹鱼
肌肉效应期	出现在眼晶体期之前	短须裂腹鱼、齐口裂腹鱼、四川裂腹鱼、松潘裸鲤、塔里木裂腹鱼
	出现在眼晶体期之后	光唇裂腹鱼、细鳞裂腹鱼、异齿裂腹鱼、拉萨裂腹鱼、尖裸鲤、拉萨裸裂尻
耳石期	出现在心跳期之前	短须裂腹鱼、四川裂腹鱼、塔里木裂腹鱼、尖裸鲤、拉萨裸裂尻
	出现在心跳期之后	伊犁裂腹鱼、拉萨裂腹鱼

　　左鹏翔等（2015）对云南省鹤庆县龙开口水电站鱼类增殖站养殖条件下的短须

裂腹鱼亲鱼，通过干法授精获得受精卵，对其胚胎发育和仔鱼早期发育全过程进行连续观察。短须裂腹鱼受精卵为沉性卵、弱黏性，平均卵径为 2.36mm，吸水膨胀后卵径为 3.68mm，卵黄丰富。在水温（14±1）℃的条件下，受精后 6h 30min 进入卵裂期，20h 55min 进入囊胚期，60h 28min 进入原肠期，70h 4min 进入原肠中期，77h 52min 进入神经胚期，142h 肌肉开始收缩，177h 46min 进入心脏搏动期，254h 40min 开始出膜（见表 4-39，图 4-75）。孵化全过程所需积温为 3565.3℃·h。初孵仔鱼全长 8.7mm，出膜后第 2～9 天，胸鳍、鳃、口腔、眼色素、体内血管等器官相继发育完全；第 10 天仔鱼全长达 15.15mm，鳔充气，鱼苗开始平游和觅食（见图 4-76）。孵化过程中应重点防控水霉病。早期仔鱼可以投喂轮虫、蛋黄或者豆浆等，待仔鱼捕食能力变强后，可以投喂更适口的枝角类、嫩口丰年虫等。

表 4-39　短须裂腹鱼的胚胎发育时序

发育阶段	发育时期	持续时间	受精后时间	对应图序
受精卵	成熟卵	—	—	1
	受精卵	—	—	2
卵裂	2 细胞期	6h 30min	6h 30min	3
	4 细胞期	1h 10min	7h 40min	4
	8 细胞期	1h 20min	9h	5
	16 细胞期	3h 30min	12h 30min	6
	32 细胞期	1h 50min	14h 20min	7
	64 细胞期	2h 10min	16h 30min	8
	桑葚胚期	1h 40min	18h 10min	9
囊胚	囊胚早期	2h 45min	20h 55min	10
	囊胚中期	6h 35min	27h 30min	11
	囊胚晚期	10h 27min	37h 57min	12
原肠	原肠早期	22h 31min	60h 28min	13
	原肠中期	9h 36min	70h 4min	14
	原肠晚期	5h 0min	75h 4min	15
神经	神经胚期	2h 48min	77h 52min	16
	小卵黄栓期	1h 18min	79h 10min	17
	胚孔封闭期	1h 50min	81h	18
	肌节出现期	13h 2min	94h 2min	19
	眼基出现期	6h 16min	100h 18min	20
	眼囊出现期	7h 46min	108h 4min	21
	晶状体出现期	10h 5min	118h 9min	22
	尾芽出现期	11h 25min	129h 34min	23
器官	耳囊出现期	2h 35min	132h 9min	24
系统	肌肉效应期	9h 51min	142h	25
发育	心脏原基出现期	4h 41min	146h 41min	26
	耳石形成期	6h 58min	153h 39min	27
	嗅囊形成期	5h 6min	158h 45min	28

发育阶段	发育时期	持续时间	受精后时间	对应图序
发育	胸鳍原基出现期	13h 46min	172h 31min	29
	心脏搏动期	5h 15min	177h 46min	30
	出膜前期	10h 40min	188h 26min	31
出膜	出膜期	66h 14min	254h 40min	

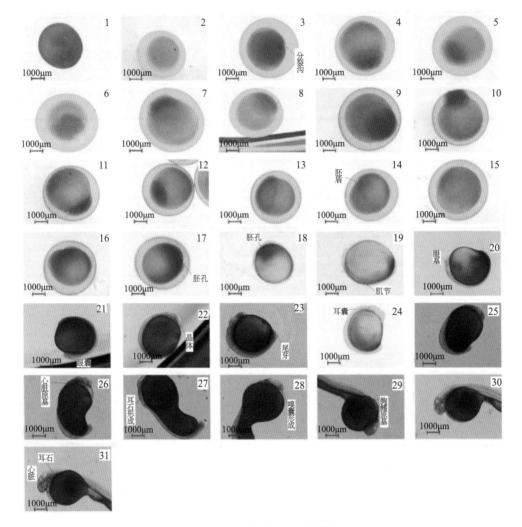

图 4-75　短须裂腹鱼胚胎发育

1—成熟卵；2—受精卵；3—2细胞期；4—4细胞期；5—8细胞期；6—16细胞期；7—32细胞期；8—64细胞期；9—桑葚胚期；10—囊胚早期；11—囊胚中期；12—囊胚晚期；13—原肠早期；14—原肠中期；15—原肠晚期；16—神经胚期；17—小卵黄栓期；18—胚孔封闭期；19—肌节出现期；20—眼基出现期；21—眼囊出现期；22—晶状体出现期；23—尾芽出现期；24—耳囊出现期；25—肌肉效应期；26—心脏原基出现期；27—耳石形成期；28—嗅囊形成期；29—胸鳍原基出现期；30—心脏搏动期；31—出膜前期

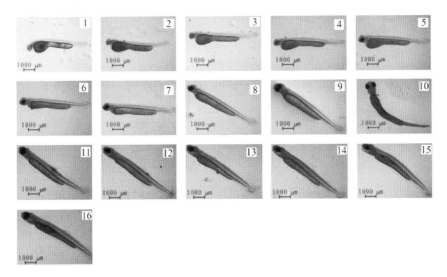

图 4-76　短须裂腹鱼仔鱼早期发育

1—初孵仔鱼；2 ～ 16—1 ～ 15 日龄仔鱼

　　甘维熊等（2016）以雅砻江短须裂腹鱼为研究对象，通过人工授精获得受精卵，对胚胎和早期仔鱼的形态发育特征进行了观察，并与已有的金沙江短须裂腹鱼胚胎与仔鱼早期发育研究进行比较。短须裂腹鱼的胚胎发育时序见表 4-39，短须裂腹鱼胚胎发育的形态特征见图 4-77，短须裂腹鱼卵黄囊仔鱼的形态特征见图 4-78。

　　与金沙江短须裂腹鱼比较，雅砻江短须裂腹鱼卵径（2.70 ± 0.02）mm，比金沙江短须裂腹鱼大 0.34mm；初孵仔鱼全长（11.36 ± 0.22）mm，比金沙江短须裂腹鱼长 2.7mm；在水温（14 ± 1）℃时，两水系的短须裂腹鱼胚胎发育时序基本一致，但听囊等部分功能器官的发育时序存在差异；胚胎发育历时 181h，比金沙江短须裂腹鱼早 73h，积温 2539.98h·℃，比金沙江短须裂腹鱼低 1025h℃；出膜后 1 ～ 9d，仔鱼的鳃、口、胸鳍、尾鳍、鳔、肠道等功能器官先后形成，第 9 天卵黄囊吸收基本完全，与金沙江短须裂腹鱼一致。通过比较，两水系的短须裂腹鱼早期发育特征基本相同，但卵径大小、孵化历时和部分器官发育时序存在一定差异，可能是二者为适应环境而做出的不同选择。

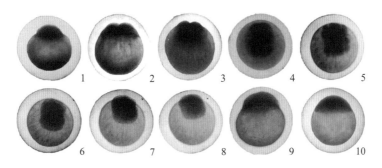

图 4-77　短须裂腹鱼胚胎发育的形态特征（照片标尺为 2mm）

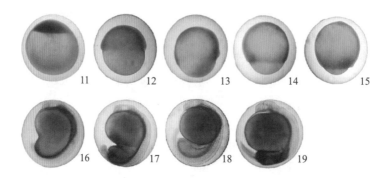

图 4-77　短须裂腹鱼胚胎发育的形态特征（续）

1—胚盘隆起期；2—2 细胞期；3—4 细胞期；4—8 细胞期；5—16 细胞期；6—32 细胞期；7—64 细胞期；8—多细胞期；9—囊胚早期；10—囊胚中期；11—囊胚晚期；12—原肠早期；13—原肠中期；14—原肠晚期；15—神经胚期；16—胚孔封闭期；17—体节出现期；18—眼囊出现期；19—听囊出现期

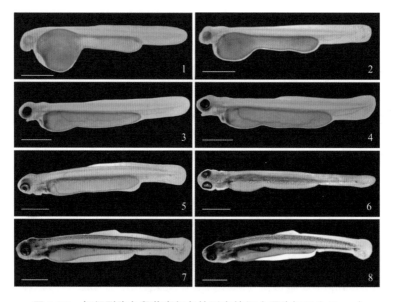

图 4-78　短须裂腹鱼卵黄囊仔鱼的形态特征（照片标尺为 2mm）

1—初孵仔鱼；2—出膜 1d；3—出膜 2d；4—出膜 3d；5—出膜 4d；6—出膜 5d；7—出膜 6d；8—出膜 7d

4.5.3　渔业资源

1. 死亡系数

（1）总死亡系数。将采集到的 168 尾样本作为估算资料，按体长 20mm 分组，根据体长变换渔获曲线法估算短须裂腹鱼的总死亡系数。选取其中部分数据点作线性回归，回归数据点的选择以未达完全补充年龄段（最高点左侧）和体长接近 L_∞ 的年齢段不能用作回归为原则，拟合的直线方程为：ln（$N/\Delta t$）=-1.525t+7.755（R^2=0.947 1）（见图 4-79）。方程的斜率为 -1.525，故估算短须裂腹鱼的总死亡系数 $Z\approx1.53$/a，其 95% 的置信区间为 1.20/a ～ 1.85/a。

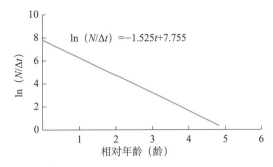

图 4-79　根据体长变换渔获曲线法估算短须裂腹鱼的总死亡系数

（2）自然死亡系数。按公式 lg$M$= -0.006 6- 0.279 lgL_∞+0.654 3lg$k$+0.463 4lg$T$ 计算，2014—2017 年金沙江攀枝花以下平均水温 $T\approx16.2$℃，生长参数：k=0.16，L_∞=66.03cm，代入公式计算得到 M=0.3349/a ≈ 0.33/a。

（3）捕捞死亡系数。总死亡系数（Z）为自然死亡系数（M）和捕捞死亡系数（F）之和，则短须裂腹鱼的捕捞死亡系数 F=Z-M=1.53-0.33=1.2/a。

（4）开发率估算。通过体长变换渔获曲线法估算得到的总死亡系数（Z）和捕捞死亡系数（F）得到当前调查区域的开发率 E_{cur}=1.20/1.53=0.78。

2. 捕捞群体量

（1）资源量。通过 FiSAT Ⅱ软件包中的 length-structured VPA 子程序将样本数据按比例变换为渔获量数据，另输入相关参数：k=0.16/a，L_∞=544.01mm，M=0.33/a，F=1.2/a，进行实际种群分析。

实际种群分析结果显示，在当前渔业形势下，短须裂腹鱼体长超过 130mm 时，捕捞死亡系数明显增加，群体被捕捞的概率明显增大；当体长达到 270mm 时，群体达到最大捕捞死亡系数。短须裂腹鱼的渔业资源群体主要分布在 90 ～ 210mm 之间。平衡资源生物量随体长的增加呈先升后降趋势，最低为 0.06t（体长组 270 ～ 290mm），最高为 2.48t（体长组 150 ～ 170mm）。最大捕捞死亡系数出现在体长组 270 ～ 290mm，为 8.14/a，此时平衡资源生物量为 0.06t（见图 4-80）。

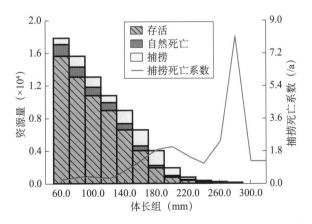

图 4-80　2014—2017 年金沙江下游调查区域短须裂腹鱼实际种群分析

经实际种群分析，估算得到2014—2017年金沙江下游调查区域短须裂腹鱼平衡资源生物量为14.55t，对应平衡资源尾数为80 067尾。同时采用Gulland经验公式估算得到2014—2017年金沙江下游调查区域短须裂腹鱼的最大可持续产量（MSY）为7.27t。

（2）资源动态。针对短须裂腹鱼的当前开发程度，根据相对单位补充渔获量（Y'/R）与开发率（E）关系曲线（见图4-81）估算得到E_{max}=0.389，$E_{0.1}$=0.313，$E_{0.5}$=0.248。相对单位补充渔获量等值曲线常被用作预测相对单位补充渔获量随开捕体长（L_c）和开发率（E）而变化的趋势（见图4-82）。渔获量等值曲线通常以等值线平面圆点分为A（左上区域）、B（左下区域）、C（右上区域）、D（右下区域）四象限，当前开发率（E）0.78和L_c/L_∞=0.101位于等值曲线的D象限，意味着调查区域的短须裂腹鱼幼龄个体（补充群体）已面临较高的捕捞压力。为保护调查区域短须裂腹鱼的鱼类资源，需要将开发率减少到0.393以下。

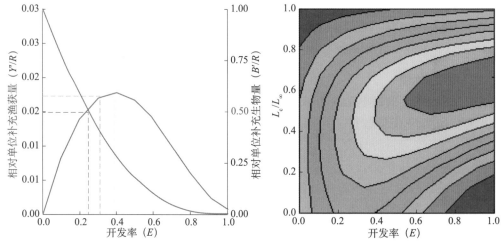

图4-81　短须裂腹鱼相对单位补充渔获量、相对单位补充生物量与开发率的关系　　图4-82　短须裂腹鱼相对单位补充渔获量与开发率和开捕体长的关系

采用Alverson和Carney模型获得短须裂腹鱼的最大生物量年龄为10.14龄。

4.5.4　遗传多样性研究

1. 线粒体DNA

2013—2017年在金沙江下游巧家段和支流雅砻江金河段采集到短须裂腹鱼4个群体，分别为巧家2013年群体、巧家2014年群体、巧家2015年群体和金河2017年群体。通过对4个群体77个样本进行Cyt b基因测序、比对校正后，序列长度为1128bp，A、T、C、G的平均含量分别为A=26.02%、T=28.50%、C=27.91%、G=17.57%。$A+T$含量（54.52%）大于$G+C$含量（45.48%）。在77条序列中共检测到39个变异位点，其中简约信息位点30个，单一突变位点9个（见表4-40）。

表 4-40　基于线粒体 Cyt *b* 基因的短须裂腹鱼遗传多样性

采样点	样本量	变异位点数	单倍型数	单倍型多样性（H_d）	核苷酸多样性（P_i）
QJ2013	29	11	9	0.573 89	0.001 23
QJ2014	30	2	2	0.186 21	0.000 33
QJ2015	8	6	4	0.642 86	0.001 33
JH2017	10	30	8	0.955 56	0.009 24
总体	77	39	17	0.559 13	0.002 18

77 尾短须裂腹鱼 Cyt *b* 基因序列中共检测到 17 个单倍型（见表 4-41），编号 Hap_1 ～ Hap_17，其中单倍型 Hap_1 出现频率最高，分布最广，没有发现共有单倍型。平均单倍型多样性指数为 0.559 13，核苷酸多样性指数为 0.002 18，表明短须裂腹鱼群体遗传多样性不高。通过比较不同地理位置的群体，短须裂腹鱼巧家黑水河群体表现出较低的单倍型多样性和核苷酸多样性。

表 4-41　基于线粒体 Cyt *b* 基因的短须裂腹鱼单倍型在群体中分布情况

编号	QJ2014（30）	QJ2013（29）	QJ2015（8）	JH2017（10）
Hap_1	27	19	5	
Hap_2	3	1		
Hap_3		1		
Hap_4		1		
Hap_5		2	1	
Hap_6		2		
Hap_7		1		
Hap_8		1	1	
Hap_9		1		
Hap_10				2
Hap_11				1
Hap_12				1
Hap_13				1
Hap_14				2
Hap_15				1
Hap_16				1
Hap_17				1

分子方差（AMOVA）分析结果（见表 4-42）表明，短须裂腹鱼 Cyt *b* 基因序列 F_{st} 为 0.196 16，群体间发生较明显的遗传分化。研究结果显示，不同群体间的变异占 19.62%，各群体内的变异占 80.38%。群体内的变异大于群体间的变异，变异主要来自群体内，但群体间存在显著遗传分化。群体间 N_m 为 0.57，表明群体间缺乏基因交流。

表 4-42 基于线粒体 Cyt *b* 基因的短须裂腹鱼分子方差分析

变异来源	自由度	方差	变异组成	变异百分比（%）	固定指数
群体间	3	18.118	0.280 66 Va	19.62	
群体内	73	83.960	1.150 14 Vb	80.38	F_{st}：0.196 16
总计	76	102.078	1.430 80		

分化系数（F_{st}）是一个反应种群进化历史的理想参数，能够揭示群体间基因流和遗传漂变的程度。本研究结果显示，巧家 2014 年群体与金河 2017 年群体的分化系数最高，为 0.354 4，巧家 2013 年群体与巧家 2015 年群体的分化系数为 -0.062 8（见表 4-43）。金河 2017 年群体与其他地理群体均存在较高的遗传分化。

表 4-43 基于线粒体 Cyt *b* 基因的短须裂腹鱼群体间的分化系数

群体	QJ2014	QJ2013	QJ2015
QJ2013	0.011 4		
QJ2015	0.080 6	-0.062 8	
JH2017	0.354 4 [*]	0.312 8 [*]	0.180 0

注：经过 Bonferroni 校正后，* 表示 $P<0.0125$。

采用 Network 5.0 软件，利用 Median Joining 方法构建短须裂腹鱼 Cyt *b* 的单倍型网络结构图，其中 Hap_1 和 Hap_2 位于图中最基础位置，推测其可能是原始单倍型，其他单倍型由上述 2 个单倍型经过一步或多步突变形成（见图 4-83）。

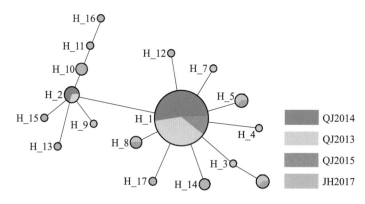

图 4-83 基于线粒体 Cyt *b* 基因的短须裂腹鱼单倍型网络结构分析

2. 微卫星多样性

选用 10 个多态性微卫星位点对 2013—2015 年采自金沙江下游巧家段的 3 个短须裂腹鱼群体共 67 尾样本进行分析。结果显示，短须裂腹鱼在 Spt-43b 位点的等位基因数最高（9 个），而在 Spt-23 位点的等位基因数最低（2 个）。在 3 个短须裂腹鱼群体中，巧家 2013 年群体和巧家 2014 年群体的等位基因平均数最高（5.4 个），巧家 2015 年群体的等位基因平均数最低（4.5 个）。经检测，平均期望杂合度为 0.617 ～ 0.683，平均观测杂合度为 0.723 ～ 0.776。就位点而言，各位点在各群体的观测杂合度都比较高，表明这 3 个群体近亲交配水平较低，遗传多样性水平较高。哈迪－温伯格检测结果显示，除 Spt-1、Spt-2、Spt-23、Spt-43b、Spt-87 这 5 个位点外，其他 5 个位点在 3 个群体中全部没有偏离 HWE 的位点，巧家 2015 年群体在 10 个 SSR 位点中全部不偏离（见表 4-44）。

表 4-44　短须裂腹鱼各群体遗传多样性信息

群体	位点	A	H_o	H_e	I	P 值	PIC
QJ2013	Spt-1	5	0.833	0.599	1.081 6	0.002	0.354 1
	Spt-2	7	0.567	0.569	1.179 0	0.259	0.510 5
	Spt-8	6	0.567	0.475	0.926 1	0.473	0.861 9
	Spt-23	2	0.800	0.488	0.673 0	0.000	0.463 8
	Spt-43b	9	0.933	0.817	1.855 9	0.019	0.649 9
	Spt-43a	6	0.767	0.789	1.534 0	0.027	0.828 6
	Spt-52	5	0.833	0.641	1.241 2	0.153	0.353 7
	Spt-62	7	0.933	0.833	1.793 3	0.311	0.464 9
	Spt-68	2	0.300	0.259	0.422 7	1.000	0.581 5
	Spt-87	5	0.700	0.702	1.343 8	0.049	0.656 8
平均值		5.4	0.723	0.617	1.205 1		0.572 6
QJ2014	Spt-1	5	0.966	0.823	1.081 6	0.632	0.645 9
	Spt-2	7	0.724	0.692	1.179 0	0.040	0.222 5
	Spt-8	6	0.931	0.690	0.926 1	0.063	0.794 2
	Spt-23	2	0.724	0.470	0.673 0	0.004	0.587 0
	Spt-43b	9	0.862	0.892	1.855 9	0.000	0.717 6
	Spt-43a	6	0.897	0.778	1.534 0	0.068	0.779 6
	Spt-52	5	0.621	0.568	1.241 2	0.305	0.364 8
	Spt-62	7	0.931	0.854	1.793 3	0.920	0.423 9
	Spt-68	2	0.793	0.655	0.422 7	0.333	0.527 1
	Spt-87	5	0.310	0.361	1.343 8	0.661	0.521 5
平均值		5.4	0.776	0.678	1.205 1		0.558 4
QJ2015	Spt-1	5	1.000	0.750	1.368 7	0.831	0.303 0
	Spt-2	4	0.625	0.692	1.162 7	0.854	0.579 2
	Spt-8	3	0.857	0.604	0.898 2	0.232	0.820 5
	Spt-23	2	0.714	0.495	0.651 8	0.441	0.514 1
	Spt-43b	8	1.000	0.912	1.970 2	1.000	0.735 8
	Spt-43a	4	0.714	0.758	1.291 4	0.434	0.861 8
	Spt-52	3	0.714	0.560	0.892 1	1.000	0.355 3
	Spt-62	9	1.000	0.933	2.133 4	0.568	0.619 0
	Spt-68	4	0.750	0.592	1.040 8	1.000	0.623 4
	Spt-87	3	0.250	0.533	0.702 9	0.383	0.783 7
平均值		4.5	0.763	0.683	1.211 2		0.619 6

注：A 为等位基因数；H_o 为观测杂合度；H_e 为期望杂合度；I 为 shannon 信息指数。

AMOVA 分析结果表明，所有群体的遗传变异主要来自群体内，个体间的变异百分比为 93.53%，4.47% 的遗传变异来自群体间（见表 4-45）。基因流计算结果为 4.404 7，说明短须裂腹鱼群体间有较频繁的基因交流。

表 4-45　短须裂腹鱼分子方差分析

变异来源	自由度	方差	变异组成	变异百分比（%）	固定指数
群体间	2	24.102	0.221 06 Va	4.47	
群体内	131	418.599	3.195 41 Vb	93.53	F_{st}: 0.064 71
总计	133	442.701	3.416 48		

PIC 最初用于连锁分析时对标记基因多态性的估计，现在常用来表示微卫星多态性高低的程度。就位点而言，10 个微卫星位点在 3 个群体中的平均多态信息含量为 0.454 5 ～ 0.870 9，平均 0.630 2，表明短须裂腹鱼群体有较高的遗传多样性（见表 4-46）。就群体而言，所有群体在多数位点上的 PIC 大于 0.5，说明本研究选用的 10 个位点具有较高的多态信息含量，适合进行短须裂腹鱼群体的遗传多样性分析。

表 4-46　短须裂腹鱼群体间的分化系数

群体	QJ2013	QJ2014
QJ2014	0.080 6	
QJ2015	−0.002 5	0.077 1

3 个短须裂腹鱼群体各个位点的 F 统计量（F-statistics）分析结果（见表 4-46）及总的分化指数（F_{st}）为 0.064 71（见表 4-45），表明短须裂腹鱼群体存在微弱遗传分化（当 F_{st} > 0.05 时表示存在群体分化，当 F_{st}=0.10 时表示中等程度分化）。这可能与 2015 年采集的样品数量较少有关系（见表 4-47）。

表 4-47　短须裂腹鱼群体遗传多样性信息

位点	F_{is}	F_{it}	F_{st}	N_m*	PIC
Spt-1	−0.332 4	−0.292 2	0.030 2	8.027 1	0.684 8
Spt-2	−0.014 7	0.118 5	0.131 3	1.653 8	0.646 5
Spt-8	−0.380 1	−0.278 4	0.073 7	3.143 3	0.556 1
Spt-23	−0.597 6	−0.595 1	0.001 6	1.592 3	0.359 9
Spt-43b	−0.107 2	−0.049 7	0.051 9	4.569 7	0.870 9
Spt-43a	−0.068 4	0.004 7	0.068 4	3.405 4	0.778 8
Spt-52	−0.269 0	−0.220 8	0.038 0	6.325 1	0.580 4
Spt-62	−0.130 4	−0.073 9	0.050 0	4.752 3	0.868 5
Spt-68	−0.284 8	−0.199 9	0.066 1	3.534 3	0.454 5
Spt-87	0.127 1	0.185 8	0.067 3	3.467 0	0.502 0
平均值	−0.192 1	−0.121 9	0.058 9	4.047 0	0.630 2

注：* 由 F_{st} 估算的基因流（N_m）= 0.25(1−F_{st})/ F_{st}。

短须裂腹鱼群体间 Nei 氏遗传距离和遗传一致性分别为 0.086 9 ～ 0.249 0 和 0.779 6 ～ 0.916 8（见表 4-48）。其中，遗传距离以巧家 2013 年群体和巧家 2014 年群体最高（0.249 0），而以巧家 2013 年群体和巧家 2015 年群体最低（0.086 9）；遗传一致性以巧家 2013 年群体和巧家 2015 年群体最高（0.916 8），而以巧家 2013 年群体和巧家 2014 年群体最低（0.779 6）。

表 4-48　基于 Nei (1978) 短须裂腹鱼遗传一致性（对角线上方）和遗传距离（对角线下方）

群体	QJ2013	QJ2014	QJ2015
QJ2013	—	0.779 6	0.916 8
QJ2014	0.249 0	—	0.825 3
QJ2015	0.086 9	0.192 0	—

根据遗传距离对短须裂腹鱼 3 个群体进行聚类分析，结果显示（见图 4-84），在 3 个短须裂腹鱼群体中，巧家 2015 年群体和巧家 2014 年群体聚为一支，巧家 2013 年群体单独为一支。

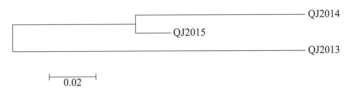

图 4-84　基于标准遗传距离的 3 个短须裂腹鱼群体聚类

4.5.5 其他研究

1. 行为学研究

根据梁祥（2011）对野生短须裂腹鱼幼鱼行为学的研究，野生短须裂腹鱼幼鱼无顶流现象，对光照敏感度较强，幼鱼早期有藏匿行为，对底质有较强的喜好性，表明其行为学特性与生境长期适应。

为探究短须裂腹鱼的游泳能力，张沙龙（2014）在 2013 年 7—8 月，以金沙江上游的短须裂腹鱼为研究对象，对其进行游泳能力测定，研究结果如下：①运用流水速度递增法测得短须裂腹鱼（23.38±2.12）cm 的绝对爆发游泳速度为 102.50 ～ 142.00cm/s，相对爆发游泳速度为 4.03 ～ 6.51bl/s；绝对爆发游泳速度与体长关系不显著，相对爆发游泳速度与体长呈显著负相关关系，关系式为 $U_{r\text{-}burst}$=10.97 ～ 0.25bl（R^2=0.51，P=0.008）；②运用 Brett 法测得短须裂腹鱼（23.83±2.47）cm 的绝对临界游泳速度和相对临界游泳速度分别为 63.92 ～ 86.68cm/s 和 2.54 ～ 3.70bl/s；绝对临界游泳速度与体长关系不显著，相对临界游泳速度与体长呈显著负相关关系，关系式为 $U_{r\text{-}crit}$=5.81 ～ 0.11bl（R^2=0.42，$P<0.05$）；短须裂腹鱼的耗氧率（MO₂）与游泳速度（U）呈幂函数相关关系，关系式为 MO_2=100.00+42.61$U^{1.81}$（R^2=0.995，$P<0.001$），单位距离能耗（COT）与游泳速度也呈幂函数相关关系，关系式为 COT=0.12U^1+0.04$U^{1.02}$（R^2=0.898，$P<0.001$）；③运用高速摄像机（25 帧/s）记录不同游速下鱼

类的游泳行为，并通过软件 KMPlayer 的视频慢放功能分析鱼类的尾摆频率（TBF）、尾摆幅度和运动步长（L_s），短须裂腹鱼的尾摆频率与游泳速度呈显著线性关系，关系式为 TBF=66.60+61.98U（R^2=0.990，$P < 0.001$），尾摆幅度为 0.21±0.02bl（0.17～0.26bl），运动步长与游泳速度也呈显著线性关系，关系式为 L_s=0.47+0.08U（R^2=0.994，$P < 0.001$）。

2. 病害与防治

斜管虫病主要危害短须裂腹鱼的水花和夏花，在水温为 10～14℃尤其是水质浑浊时特别容易发生。病鱼表现为食欲下降，离群独游于水面，受到惊吓时反应呆滞，鳃部有浊物附着，肠道蠕动减弱，肛门有未脱落的粪便，2～3d 后开始大量死亡。该病通过水体直接接触传播，为避免交叉感染，在养殖中需做好传染源的管控。在生产实践中，治疗斜管虫病时可全池泼洒 0.5～0.6g/m³ 硫酸铜和硫酸亚铁合剂（5：2），用药两个疗程，隔天用一次，治疗效果很明显。一般用药之后会有部分感染较重的鱼苗死亡，属于正常现象，但应及时捞走死鱼。另外需要提醒的是，感染斜管虫病后，易继发感染水霉病，因此需做好水霉病预防（甘维熊等，2015）。

各龄鱼都可能感染小瓜虫病，该病主要在夏季流行，当水温高于 20℃，鱼体处于热应激状态时，虫体更易寄生。病鱼体表、鳍条或鳃部布满白色小点，寄生处组织红肿发炎，严重者有出血现象，体表和鳃部有大量黏液。病鱼食欲减退，游泳迟缓，后期停留水面，惊吓不下沉，病死率极高。该病是短须裂腹鱼养殖过程中的"头号杀手"，复杂的生活史及特殊的寄生方式为预防和治疗都造成极大难度。当养殖水体交换不彻底、水温升高、鱼体质弱等问题叠加出现时，小瓜虫病发生的概率便极大地增加。因此，养殖中应重视营养管理，投喂全价配合饲料，额外补充酵母细胞壁多糖及维生素 C，增强鱼体免疫功能；加大换水量，同时采取遮阳措施，以减缓夏季水温升高的速度。当感染小瓜虫病后，要做好病原隔离，避免交叉感染。当前对该病的治疗缺乏有效的化学药物，可尝试用 0.8～1.2g/m³ 辣椒粉和 1.5～2.2g/m³ 生姜加水煮沸 30min，连渣带汁全池泼洒，一天一次，连用 3～4d（甘维熊等，2015）。

4.5.6 资源保护

1. 人工繁殖

向成权（2013）对收集和驯养的 4 龄性成熟短须裂腹鱼首次开展了人工繁殖试验，人工催产 3 组，一组全产，一组产 80%，一组未产，获得人工授精鱼卵 7000 粒，人工授精率达 83%。在平均水温 14℃（12～16℃）的条件下，经过 140h 的人工孵化，出苗 2800 尾，孵化率达 80%。培育鱼苗时需注意，水温控制在 14～20℃，流水速度控制在 8～12m/min，溶氧量达到 10mg/L，完全脱膜后 7d 可长至 1cm，28d 后可长至 2～3cm。

李光华等（2014）在 2012—2013 年共采捕野生短须裂腹鱼亲鱼 403 尾，在水流速度 0.1～0.3m/s、水温 12～16℃、pH 6.5～7.0、溶氧 6mg/L 以上的流水池中培育，平均驯养成活率 49.4%，获成熟亲鱼 234 尾次；共催产亲鱼 224 尾次，产卵雌鱼

133 尾次，总产卵 127.3 万粒，平均每尾雌鱼产卵 0.957 万粒；获受精卵 93.8 万粒，平均受精率为 73.7%；受精卵在水温 12.5 ～ 14.0℃的流水孵化槽中孵化 199h 开始出膜，共孵出幼体 85.5 万粒，平均孵化率 91.2%；共获 2cm 仔鱼 55.1 万尾，平均出苗率 58.7%；共获 3.5cm 鱼苗 45.2 万尾，鱼苗培育成活率 82%。

甘维熊等（2015）采用胸鳍基部 2 次注射法对人工驯养的 30 尾性成熟短须裂腹鱼进行人工催产。在水温 15 ～ 16℃条件下，效应时间为 24 ～ 30h，催产率、受精率和孵化率分别为 70.00%、83.75% 和 92.75%。仔鱼出膜时间为 144h，初始全长 10.93mm，经 28d 培育后全长达 20.65mm。

2. 资源变化

在 2012—2017 年调查中，短须裂腹鱼表现出一些变化特征（见表 4-49）：捕捞个体的最小体长更短、最小体重更轻；平均体长变短，平均体重变轻，更多幼鱼个体被捕捞；年龄结构进一步简化，年龄组成从 2012—2013 年的 1 ～ 5 龄变化为 2014—2017 年的 1 ～ 4 龄；渐进体长和渐进体重减少明显；生长系数 K 值从 2012—2013 年的 0.13 迅速上升到 2014—2017 年的 0.16，反映鱼类为了适应高强度的捕捞而采取的生活史策略；捕捞死亡系数和开发率较 2012—2013 年明显增加，表明 2013 年后调查区域捕捞强度增加；年平均资源生物量和年平均资源尾数均明显下降，其值分别从 2012—2013 年的 26.11t、53 797 尾下降到 2014—2017 年的 3.64t、20 017 尾，分别减少了 86.06% 和 62.79%。

表 4-49　两个不同采样期间金沙江下游短须裂腹鱼的资源特征比较

资源特征	2012—2013 年	2014—2017 年	变化趋势
体长范围（mm）	74 ～ 327（n=192 尾）	55 ～ 317（n=168 尾）	范围增加
平均体长（mm）	174（n=192 尾）	144（n=168 尾）	变短
体重范围（g）	8.2 ～ 657.3（n=192 尾）	4.0 ～ 608.7（n=168 尾）	范围缩小
平均体重（g）	114.0（n=192 尾）	76.5（n=168 尾）	变轻
年龄组成（龄）	1 ～ 5（n=192 尾）	1 ～ 4（n=168 尾）	变小
渐进体长（mm）	642.1（n=192 尾）	544.01（n=168 尾）	变轻
渐进体重（g）	3 360.54（n=192 尾）	2 558.11（n=168 尾）	变轻
生长系数（/a）	0.13（n=192 尾）	0.16（n=192 尾）	增加
繁殖季节性成熟个体比例（%）	42.67%（n=118 尾）	14.63%（n=41 尾）	下降
雌雄性比	0.66:1（n=118 尾）	1.25:1（n=9 尾）	——
捕捞死亡系数（/a）	0.90	1.20	增加
开发率（/a）	0.75	0.78	增加
年平均资源生物量（t）	26.11	3.64	下降
年平均资源尾数（尾）	53 797	20 017	下降

资源丰度的年际变化：短须裂腹鱼在 2012—2017 年渔获物中的尾数百分比的变动趋势（攀枝花江段）见图 4-85。2012—2017 年，短须裂腹鱼在攀枝花段渔获物中

的尾数百分比从 2012 年的 1.99% 下降到 2017 年的 0%。

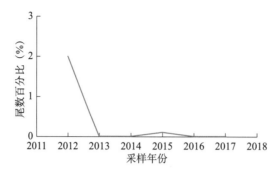

图 4-85　短须裂腹鱼在 2012—2017 年渔获物中的尾数百分比的变动趋势（攀枝花段）

短须裂腹鱼在 2012—2017 年渔获物中的尾数百分比的变动趋势（巧家段）见图 4-86。2012—2017 年，短须裂腹鱼在巧家段渔获物中的尾数百分比从 2012 年的 3.40% 逐渐下降到 2017 年的 0%。

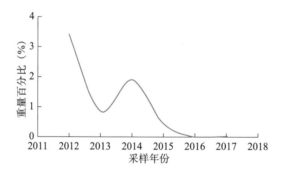

图 4-86　短须裂腹鱼在 2012—2017 年渔获物中的尾数百分比的变动趋势（巧家段）

短须裂腹鱼在 2012—2017 年渔获物中的重量百分比的变动趋势（攀枝花段）见图 4-87。2012—2017 年，短须裂腹鱼在攀枝花段渔获物中的重量百分比从 2012 年的 10.59% 下降到 2017 年的 0%。

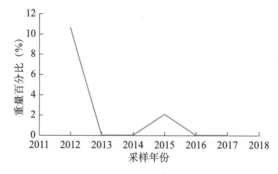

图 4-87　短须裂腹鱼在 2012—2017 年渔获物中的重量百分比的变动趋势（攀枝花段）

短须裂腹鱼在 2012—2017 年渔获物中的重量百分比的变动趋势（巧家段）见

图 4-88。2012—2017 年，短须裂腹鱼在巧家段渔获物中的重量百分比从 2012 年的 11.16% 波动上升到 2014 年的 12.57%，然后下降到 2017 年的 0%。

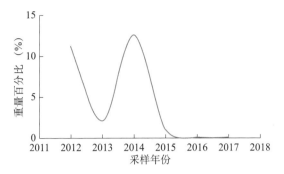

图 4-88　短须裂腹鱼在 2012—2017 年渔获物中的重量百分比的变动趋势（巧家段）

　　短须裂腹鱼在 2012—2017 年攀枝花段的 CPUE 的变动趋势见图 4-89。2012—2017 年，短须裂腹鱼在攀枝花段的 CPUE 从 2012 年的 3.89 kg/（船·d）下降到 2017 年的 0 kg/（船·d）。

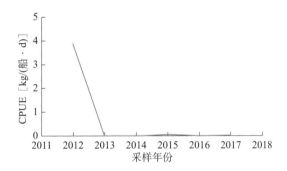

图 4-89　短须裂腹鱼在 2012—2017 年攀枝花段的 CPUE 的变动趋势

　　短须裂腹鱼在 2012—2017 年巧家段的 CPUE 的变动趋势见图 4-90。2012—2017 年，短须裂腹鱼在巧家段的 CPUE 从 2012 年的 2.21kg/（船·d）逐渐下降到 2017 年的 0kg/（船·d）。

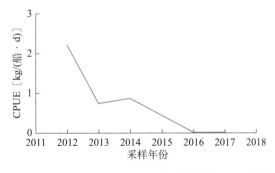

图 4-90　短须裂腹鱼在 2012—2017 年巧家段的 CPUE 的变动趋势

4.6 长丝裂腹鱼

4.6.1 概况

1. 分类地位

长丝裂腹鱼（*Schizothorax*（*Schizothorax*）*dolichonema* Herzenstein，1889）隶属鲤形目（Cypriniformes）鲤科（Cyprinidae）裂腹鱼亚科（Schizothoracinae）裂腹鱼属（*Schizothorax*），俗称缅鱼、甲鱼等。长丝裂腹鱼是长江上游特有鱼类，是产区主要经济鱼类，目前被列为四川省重点保护物种，在《中国物种红色名录》中被列为濒危物种（见图 4-91）。

图 4-91　长丝裂腹鱼（邵科摄，2018）

2. 种群分布

长丝裂腹鱼是我国青藏高原特有的冷水性鱼类，主要分布在金沙江和雅砻江等水域。

4.6.2 生物学研究

1. 食性特征

长丝裂腹鱼多食着生藻类，以硅藻为主，兼食少量绿藻和水生昆虫。

2. 繁殖特性

长丝裂腹鱼通常在清澈且水流较缓的水域活动，在繁殖季节集群并短距离生殖洄游，繁殖季节主要在春季和夏季。

4.6.3 遗传多样性研究

1. 遗传多样性

孟立霞（2006）通过 RAPD 多态性条带分析，利用多态位点百分率、香农-维纳多样性指数和 Nei 氏基因多样性指数三个参数评价了长丝裂腹鱼的遗传多样性。20 个引物扩增的长丝裂腹鱼类的多态性条带见表 4-50，计算得到长丝裂腹鱼的香农-维纳多样性指数为 0.189 6，而 Nei 氏指数为 0.127 3。

表 4-50　20 个引物扩增的长丝裂腹鱼的多态性条带

引物	位点总数	多态性位点数	RAPD 位点数	多态性位点百分率（%）
OPL01	14	13	8	92.86
APL02	15	13	8	86.67
OPL03	9	8	5	88.89
OPL06	12	12	5	100.00
OPL07	14	13	9	92.86
OPL11	10	8	3	80.00
OPL12	11	11	5	100.00
OPL13	10	10	6	100.00
OPL14	11	10	9	90.91
OPL18	9	7	6	77.78
OPL20	11	10	7	90.91
OPM02	12	10	6	83.33
OPM03	8	7	6	87.50
OPM05	9	9	5	100.00
OPM7	10	10	6	100.00
OPM10	11	10	6	90.91
OPM12	9	8	8	88.89
OPM14	7	7	4	100.00
OPM18	11	11	6	100.00
OPM19	11	11	4	100.00

与同亚科相比，长丝裂腹鱼的遗传多样性低于软刺裸裂尻鱼、大渡软刺裸裂尻鱼、高原裸裂尻鱼和短须裂腹鱼。与同科鱼相比，长丝裂腹鱼的遗传多样性较高。

2. 与其他 4 种裂腹鱼的遗传关系

以 RAPD 分子标记数据计算 5 种裂腹鱼类（软刺裸裂尻鱼、大渡软刺裸裂尻鱼、高原裸裂尻鱼、短须裂腹鱼、长丝裂腹鱼）的成对相似系数和遗传距离，5 种裂腹鱼类群体间的遗传相似度和遗传距离见表 4-51。其中，长丝裂腹鱼与短须裂腹鱼的遗传距离最近，遗传相似系数为 0.933 2（孟立霞，2006）。

表 4-51　5 种裂腹鱼类群体间的遗传相似度和遗传距离

种类	软刺裸裂尻鱼	大渡软刺裸裂尻鱼	高原裸裂尻鱼	短须裂腹鱼	长丝裂腹鱼
软刺裸裂尻鱼	—	0.902 4	0.738 0	0.646 1	0.644 8
大渡软刺裸裂尻鱼	0.100 7	—	0.719 7	0.659 4	0.657 0
高原裸裂尻鱼	0.303 8	0.328 9	—	0.720 3	0.699 7
短须裂腹鱼	0.438 6	0.416 4	0.328 1	—	0.933 2
长丝裂腹鱼	0.438 9	0.420 1	0.357 1	0.069 2	—

金沙江下游鱼类生物学研究

4.6.4 其他研究

1. 游泳行为和游泳能力

在水温 12.1 ~ 16.1℃条件下，根据采集于金沙江上游的 13 尾长丝裂腹鱼［体长（19.78±2.32）cm，体重（110.56±35.88）g］，测定其临界游泳速度为 3.04 ~ 4.93bl/s，耗氧率与游泳速度的幂函数关系式为 $MO_2=129.67+15.63U^{2.34}$（$R^2=0.983$，$P<0.001$）。

通过观察和视频分析，长丝裂腹鱼在不同流水速度下采用 3 种不同的游泳方式：在低流水速度水流中，试验鱼采用间断的游泳方式（摆尾 - 滑行），并且大部分时间停靠在游泳区的下游，尾鳍靠在实验池下游的铁网上；在接近临界游速的高流水速度水流中，试验鱼开始采用爆发 - 滑行的游泳方式作为其最大游泳速度，同时，耗氧率会下降；在介于低流水速度和高流水速度之间的水流中，试验鱼稳定并持续地通过身体和尾部的摆动来克服流水速度，这也是试验鱼大部分时间采用的游泳方式（张沙龙等，2014）。

2. MyoD1 氨基酸序列分析

长丝裂腹鱼 MyoD1 基因编码的氨基酸序列分子量和等电点分别为 30.65kD 和 5.38，且含有典型的碱性螺旋环结构域，通过 Signal P 4.0 软件在线分析，发现该蛋白无信号肽序列。长丝裂腹鱼 MyoD1 氨基酸序列与 Gen Bank 上登录的其他动物的同源性为 64% ~ 100%，由表 4-52 可见长丝裂腹鱼 MyoD1 氨基酸同源性与齐口裂腹鱼氨基酸同源性最高，达 100%，与鲤鱼、草鱼和斑马鱼的氨基酸同源性次之（94% ~ 98%），与蓝鲇鱼、大西洋鲑和虹鳟的氨基酸同源性为 80% ~ 83%，与哺乳动物如人、大鼠、小鼠、猪、牛、绵羊的氨基酸同源性较低（64% ~ 66%），说明该基因在鱼类中比较少（晁珊珊，2013）。

表 4-52 长丝裂腹鱼 MyoD1 氨基酸序列与其他已知物种的氨基酸序列对比结果

种类	Gen Bank 注册号	氨基酸相似性（%）
齐口裂腹鱼（*Schizothorax prenanti*）	JQ793894	100
鲤鱼（*Cyprinus carpio*）	BAA33565	98
草鱼（*Ctenopharyngodon idellus*）	AFL56774	97
斑马鱼（*Barchydanio rerio var*）	NP-571337	94
蓝鲇鱼（*Ictalurus furcatus*）	AAS67038	80
大西洋鲑（*Salmo salar*）	NP-001117073	82
虹鳟（*Oncorhynchus mykiss*）	ACP19735	83
人（*Homo sapiens*）	NP-002469	64
大鼠（*Rattus norvegicus*）	AAI27481	65
小鼠（*Mus musculus*）	EDL22927	65
猪（*Sus scrofa*）	NP-001002824	64
牛（*Bos taurus*）	BAC76802	66
绵羊（*Ovis aries*）	NP-001009390	66

• 102

4.6.5　资源保护

赵树海等（2016）首次对长丝裂腹鱼进行了全人工繁殖试验。将 2008 年在金沙江丽江采集到的 32 尾 50～500g 长丝裂腹鱼纹于大理州裂腹鱼原种场，经过 7 年驯养，2015 年 4 月催产雌鱼 15 尾（均重 3000g）、雄鱼 9 尾（均重 1500g）。亲鱼在 50mg/L MS-222 溶液中麻醉后注射鲤脑下垂体和绒毛膜促性腺激素混合溶液，效应时间 48h 20min，6 尾雌鱼产卵，获得鱼卵 64 790 粒，催产率 40%；受精卵 23 350 粒，受精率 36.0%；获得鱼苗 10 675 尾，出苗率 45.7%（赵树海等，2016）。

4.7　齐口裂腹鱼

4.7.1　概况

1. 分类地位

齐口裂腹鱼［*Schizothorax*（*Schizothorax*）*prenanti*（Tchang），1930］隶属鲤形目（Cypriniformes）鲤科（Cyprinidae）裂腹鱼亚科（Schizothoracinae）裂腹鱼属（*Schizothorax*），俗称雅鱼、齐口、细甲鱼、齐口细鳞鱼等（见图 4-92）。

图 4-92　齐口裂腹鱼（邵科摄，雅砻江，2018）

2. 种群分布

据《四川鱼类志》记载，齐口裂腹鱼分布于长江上游、金沙江、岷江、大渡河、青衣江、酉水和汉江的上游，乌江下游亦产此鱼。根据 2011—2017 年金沙江下游调查结果，雅砻江金河河段、金沙江干流攀枝花河段、巧家河段及其支流黑水河下游河段分布有此鱼。

4.7.2　生物学研究

1. 渔获物结构

2012—2013 年在长江上游采集到的齐口裂腹鱼样本的体长范围为 49～395mm，以 101～220mm 为主（占总采集尾数的 75.04%）；体重范围为 2.1～926.8g，以 2.1～160g 为主（占总采集尾数的 83.36%）（见图 4-93）。

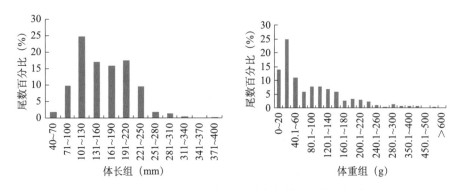

图 4-93 2012—2013 年齐口裂腹鱼体长和体重组成

2014—2017 年春夏季和秋冬季共采集到 879 尾齐口裂腹鱼样本,分别采自巧家及其支流黑水河下游河段(859 尾)和攀枝花河段(20 尾)。所有样本的体长范围为 46 ~ 409mm,平均体长 150mm,以 51 ~ 90mm 组及 111 ~ 210mm 组为主(分别占总采集尾数的 22.53% 和 57.45%);体重范围为 1.5 ~ 1 023.5g,平均体重 89.8g,以 1.5 ~ 150g 为主(占总采集尾数的 81.34%)(见图 4-94)。

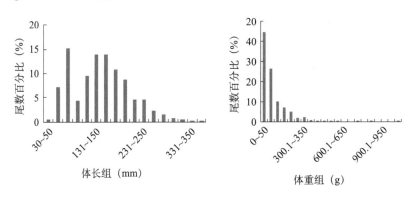

图 4-94 2014—2017 年齐口裂腹鱼体长和体重组成

2. 年龄与生长

(1)年龄结构。采用耳石和臀鳞对齐口裂腹鱼的年龄进行鉴定。齐口裂腹鱼的臀鳞为较大的圆鳞,前区短且较宽,环纹紧密且清晰;后区延长,环纹断续或短缺,仅在靠近鳞焦处有少许纹带,后区具放射沟及稀疏的粒状突起;左右侧区年纹清晰,排列紧密,宜鉴定年龄。鳞焦位于前区,近侧线一侧稍宽。鳞片上的年轮特征主要为疏密型,表现为环片的疏密排布,一个生长年带临近结束时,下年的环片群和当年的环片群呈平行排列,主要分布在低龄的生长年带,其中尤以在最初一条的年轮纹带(2龄个体)出现的次数最多。此外,部分臀鳞还具有疏密破碎等类型。通常,真实的年轮在前区以及左右侧区形成连续、完整、清晰的条带,但在透射光的照射下可以看见后区也存在明显的年龄环带。随着年龄的增长,高龄个体的早期年轮清晰度下降,同时部分个体靠近鳞焦的生长年带的纹带由于重新吸收而消失。

耳石呈不规则梨形,经打磨后,在显微镜下透光观察制片,耳石中心是一个核,核的中心是耳石原基，核外为同心圆排列的年轮。一个年轮由一个透明的增长带和一个暗色的间歇带组成，而且这两个带相互穿插渗透。在磨片的不同方向，轮纹清晰程度不同。前区轮纹密集且不易分辨，背、腹两侧轮纹较好，但边缘轮纹密集，难以确认。而且耳石的边缘部分较薄且脆，易在磨制中受损，从而影响读数。但总的来说，耳石上呈现的白色宽带和暗灰色窄带排列非常清晰，几乎没有其他副轮，可以比较准确地进行读数。磨片在显微镜透射光下观察，纹路宽、沉积深的轮纹区组成暗带，纹路窄、沉积浅的轮纹区组成明带，明带和暗带相间排列，规律性强，每个暗带的边缘被定为 1 个年轮（见图 4-95）。

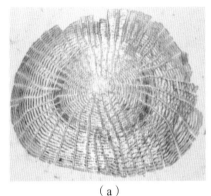
（a）

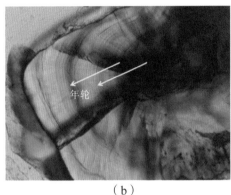
（b）

图 4-95　齐口裂腹鱼的年轮特征

（a）臀鳞，1+ 龄；（b）耳石，2+ 龄

采用臀鳞和耳石共鉴定了 450 尾齐口裂腹鱼的年龄。年龄样本来自攀枝花段、巧家段和黑水河下游段。所有样本中，以 1 ～ 3 龄个体最多，占鉴定样本总个体数的 99.11%。在所有鉴定样本中，4 龄为齐口裂腹鱼的最大年龄（见图 4-96）。

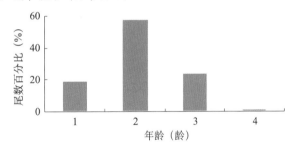

图 4-96　2014—2017 年金沙江下游齐口裂腹鱼的年龄分布（n=450 尾）

（2）体长与体重的关系。2014—2017 年采自金沙江下游攀枝花段、巧家段和黑水河下游段的齐口裂腹鱼的体长（L）和体重（W）呈幂函数相关关系，其关系式 $W=3.0 \times 10^{-5} L^{2.8854}$，$R^2$=0.983 8（见图 4-97）。

（3）生长特征。采用最小二乘法对 2014—2017 年金沙江下游齐口裂

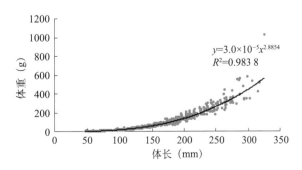

$y=3.0 \times 10^{-5} x^{2.8854}$
$R^2=0.983\ 8$

图 4-97　2014—2017 年金沙江下游齐口裂腹鱼的体长与体重关系

腹鱼的体长年龄数据进行拟合，得到生长参数：L_∞=607.05mm；k=0.14；t_0=−0.33龄；W_∞=3 219.86g。将各参数代入 Von Bertalanfy 方程得到齐口裂腹鱼的体长和体重生长方程：L_t=607.05[1−$e^{-0.14(t+0.33)}$]，W_t=3 219.86[1−$e^{-0.14(t+0.33)}$]$^{2.885\,4}$。

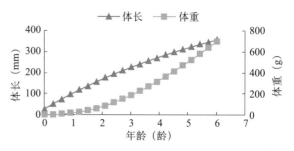

图 4-98　2014—2017 年金沙江下游齐口裂腹鱼体长和体重生长曲线

齐口裂腹鱼的体长生长曲线没有拐点，逐渐趋向于渐进体长。体重生长曲线与其他鱼类的体重生长曲线类似（见图 4-98）。

对体长生长方程求一阶导数和二阶导数，得到齐口裂腹鱼的体长生长速度和体长生长加速度方程（见图 4-99）：

$$dL/dt = 84.99e^{-0.14(t-0.05)};$$
$$d^2L/dt^2 = -11.90e^{-0.14(t-0.05)}.$$

对体重生长方程求一阶导数和二阶导数，得到齐口裂腹鱼的体重生长速度和体重生长加速度方程（见图 4-100）：

$$dW/dt = 1\,300.68[(1-e^{-0.14(t-0.05)}]^{1.885\,4}e^{-0.14(t-0.05)};$$
$$d^2W/dt^2 = 182.10[1-e^{-0.14(t-0.05)}]^{0.885\,4}e^{-0.14(t-0.05)}[2.885\,4e^{-0.14(t-0.05)}-1].$$

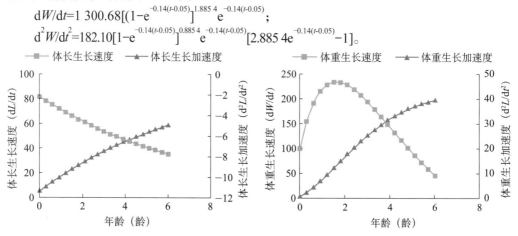

图 4-99　2014—2017 年金沙江下游齐口裂腹鱼体长生长速度和体长生长加速度曲线

图 4-100　2014—2017 年金沙江下游齐口裂腹鱼体重生长速度和体重生长加速度曲线

从体重生长速度和加速度曲线可知，2014—2017 年金沙江下游齐口裂腹鱼的拐点年龄 t_i=7.24龄，该拐点年龄对应的体长和体重分别为 L_i=397mm 和 W_i=943.4g。

3. 食性特征

在 2011—2013 年调查的金沙江下游 27 尾齐口裂腹鱼摄食样本中，肠道充塞度 0 级 2 尾、1 级 7 尾、2 级 14 尾、3 级 4 尾，食物湿重平均 1.54g（变动范围为 0.6～2.6g）。对其中 18 尾进行食性鉴别，发现其食物种类包括藻类、浮游动物、水生昆虫、小鱼、泥沙和植物碎屑等。藻类主要以着生藻类中的舟形藻、菱形藻和桥弯藻为主，浮游动物以肉足虫为主，水生昆虫主要为摇蚊幼虫等。从表 4-53 齐口裂腹鱼的食物组成可知，齐口裂腹鱼的主要食物为着生藻类，其次为浮游动物。

表 4-53　齐口裂腹鱼的食物组成

食物成分	个数比（%）	出现率（%）
藻类	62.79	84.59
肉足虫	11.11	21.07
摇蚊幼虫	11.09	13.45
植物碎屑	10.02	26.34
小鱼等	3.21	9.76
其他	1.78	0.97

4. 繁殖特征

依据 2014—2017 年金沙江下游野外采样数据，可知每年 11 月至次年 5 月均能采集到Ⅲ期及以上发育期个体，然而在其他月份（6—9 月）不能在调查区域采集到Ⅲ期及以上发育期个体，表明每年的 11 月至次年 5 月为金沙江下游调查区域齐口裂腹鱼的繁殖季节（见图 4-101）。

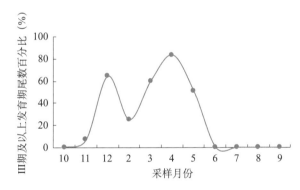

图 4-101　2014—2017 年金沙江下游齐口裂腹鱼各月 Ⅲ 期及以上发育期个体
占当月总抽样解剖个体数的比例（10—12 月以及 2—9 月）

在主要繁殖季节（12 月至次年 5 月），随机选取 184 尾齐口裂腹鱼样本进行繁殖群体分析。其中，不辨雌雄 6 尾；雌性 96 尾，由 2 ～ 4 龄组成，体长 123 ～ 352mm，平均体长 229mm，体重 30.6 ～ 832.0g，平均体重 238.4g；雄性 82 尾，由 2 ～ 4 龄组成，体长 126 ～ 314mm，平均体长 207mm，体重 30.9 ～ 542.3g，平均体重 171.2g。性比为♀：♂ =1.17：1。在 2014—2017 年采集期间，金沙江下游齐口裂腹鱼雌性最小性成熟个体全长 230mm，体长 184mm，体重 119.3g，年龄 3 龄，卵巢 Ⅴ 期；雄性最小性成熟个体全长 194mm，体长 153mm，体重 73.2g，年龄 2 龄，精巢Ⅳ期。

按 20mm 组距划分体长组，统计各体长组性成熟个体百分比，繁殖期间首次 50% 个体进入Ⅳ期及以上性腺阶段的体长组为雌性 331 ～ 350mm，平均体长 335mm，平均年龄 3 龄；雄性 271 ～ 290mm，平均体长 279mm，平均年龄 3 龄。因此可认为 3 龄及以上个体是齐口裂腹鱼繁殖群体的主要组成部分，3 龄以下个体为繁殖群体的补充部分（见图 4-102）。

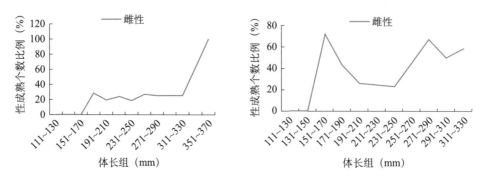

图 4-102　2014—2017 年金沙江下游齐口裂腹鱼性成熟个体比例与体长组的关系

　　对采集到的 3 尾齐口裂腹鱼 V 期卵巢内的受精卵进行显微测量，其成熟卵的平均卵径 0.223cm，波动范围 0.145 ～ 0.285cm（见图 4-103）。从同一卵巢（V 期）卵径的变化趋势看，卵巢中卵粒的发育存在不同步现象（主要为 3、4 时相卵母细胞），但卵径分布呈单峰形，由此可以判断齐口裂腹鱼为分批产卵型鱼类。

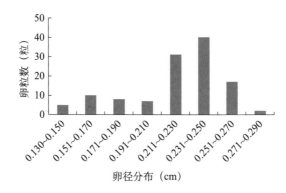

图 4-103　2014—2017 年金沙江下游 3 尾齐口裂腹鱼 V 期卵巢内卵粒的卵径分布

　　对 20 尾齐口裂腹鱼的 Ⅳ 期和 V 期卵巢内的卵粒数进行统计，结果显示 2014—2017 年繁殖期间金沙江下游齐口裂腹鱼的平均绝对怀卵量 2387（787 ～ 6303）粒 / 尾，平均相对怀卵量 9（5 ～ 15）粒 /g。

5. 苗种培育

　　苗种培育池为 16 个水泥池（3m×2m×1m），仔鱼平游率超过 90% 时放苗，每个水泥池放约 4 万尾，共计放苗约 61 万尾。采用遮阳网遮光，运用白天流水、晚上静水充氧交替方式培育。鱼苗下塘后投喂 200 目筛绢过滤的熟蛋黄，每万尾鱼苗日投喂 1 个蛋黄；15d 后主要投喂卤虫幼虫；21d 后主要投喂水蚯蚓，辅以海大粉料 801（粗蛋白大于或等于 45%）。日投喂 5 次，每次投喂量以目测 80% 的仔鱼饱食为度。每次投喂后 30min 清除池底残饵及排泄物，每日 6:00 和 18:00 观察鱼苗生长状况，计数并及时捞出病苗、弱苗和死苗。对病苗和死苗认真检查，发现有疾病及时进行治疗，每隔 15d 对培育池进行消毒处理。（董艳珍等，2011）

4.7.3　渔业资源

1. 死亡系数

（1）总死亡系数。将采集到的 879 尾齐口裂腹鱼作为估算资料，按体长 20mm 分组，根据体长变换渔获曲线法估算齐口裂腹鱼的总死亡系数（见图 4-104）。选取其中部分数据点做线性回归，回归数据点的选择以未达完全补充年龄段（最高点左侧）和体长接近 L_∞ 的年龄段不能用作回归为原则，拟合的直线方程为：$\ln(N/\Delta t)=-1.297t+8.920$（$R^2=0.9735$）。方程的斜率为 -1.297，故估算齐口裂腹鱼的总死亡系数 $Z\approx1.30/a$，其 95% 的置信区间为 $1.15/a\sim1.45/a$。

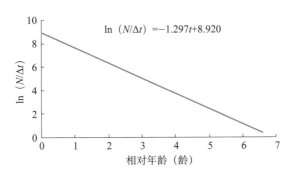

图 4-104　根据体长变换渔获曲线法估算齐口裂腹鱼的总死亡系数

（2）自然死亡系数。按公式 $\lg M=-0.0066-0.279\lg L_\infty+0.6543\lg k+0.4634\lg T$ 计算，根据调查，2014—2017 年金沙江攀枝花以下平均水温 $T\approx16.2℃$，生长参数：$k=0.14$，$L_\infty=73.44cm$，代入公式计算得到 $M=0.2979/a\approx0.30/a$。

（3）捕捞死亡系数。总死亡系数（Z）为自然死亡系数（M）和捕捞死亡系数（F）之和，则齐口裂腹鱼的捕捞死亡系数 $F=Z-M=1.30-0.30=1.00/a$。

（4）开发率估算。通过体长变换渔获曲线法估算出的总死亡系数（Z）及捕捞死亡系数（F）得到调查区域的开发率 $E_{cur}=1.12/1.30\approx0.86$。

2. 捕捞群体量

（1）资源量。通过 FiSAT Ⅱ 软件包中的 Length-structured VPA 子程序将样本数据按比例变换为渔获量数据，另输入相关参数：$k=0.14/a$，$L_\infty=607.05mm$，$M=0.30/a$，$F=1.00/a$，进行实际种群分析。

实际种群分析结果显示，在当前渔业形势下，齐口裂腹鱼体长超过 140mm 时，捕捞死亡系数明显增加，群体被捕捞的概率明显增大；当体长达到 310mm 时，群体达到最大捕捞死亡系数。齐口裂腹鱼的渔业资源群体主要分布在 110～350mm 之间。平衡资源生物量随体长的增加呈先升后降趋势，最低为 0.43t（体长组 30～50mm），最高为 20.22t（体长组 330～350mm）。最大捕捞死亡系数出现在体长组 310～330mm，为 2.65/a，此时平衡资源生物量为 0.66t（见图 4-105）。

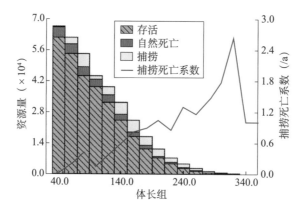

图 4-105 2014—2017 年金沙江下游调查区域齐口裂腹鱼实际种群分析

经实际种群分析，估算得到 2014—2017 年金沙江下游调查区域齐口裂腹鱼平衡资源生物量为 92.85t，对应平衡资源尾数为 368 097 尾。同时采用 Gulland 经验公式估算得到 2012—2013 年金沙江下游调查区域齐口裂腹鱼的最大可持续产量（MSY）为 46.43t。

（2）资源动态。针对齐口裂腹鱼的当前开发程度，根据相对单位补充渔获量（Y/R）与开发率（E）关系曲线估算得到 $E_{max}=0.374$，$E_{0.1}=0.306$，$E_{0.5}=0.241$。相对单位补充渔获量等值曲线常被用作预测相对单位补充渔获量随开捕体长（L_c）和开发率（E）而变化的趋势（见图 4-106）。渔获量等值曲线通常以等值线平面圆点分为 A（左上区域）、B（左下区域）、C（右上区域）、D（右下区域）四象限，当前开发率（E）0.86 和 $L_c/L_\infty=0.076$ 位于等值曲线的 D 象限，意味着调查区域的齐口裂腹鱼幼龄个体（补充群体）已面临较高的捕捞压力，目前调查区域的齐口裂腹鱼已处于过度捕捞状况。

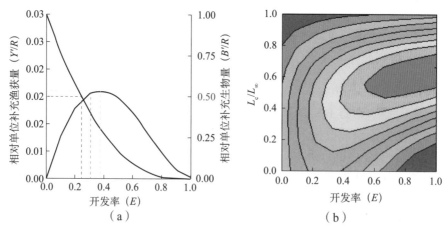

图 4-106 齐口裂腹鱼相对单位补充渔获量、相对单位补充生物量与开发率的关系以及相对单位补充渔获量与开发率和开捕体长的关系

根据 Froese 和 Binohlan 的经验公式 $\lg L_{opt}=1.053\times\lg L_m-0.056\,5$ 计算得到齐口裂腹鱼能获得最大相对单位渔获量的最适体长（L_{opt}）为 258mm。

采用 Alverson 和 Carney 模型 $T_{\max b} = \frac{1}{k}\ln\left(\frac{M+3k}{M}\right)$ 得到齐口裂腹鱼的最大生物量年龄为 11.70 龄。

4.7.4　遗传多样性研究

1. 线粒体 DNA

2012—2017 年在金沙江下游攀枝花、雅砻江、黑水河、西溪河、牛栏江等断面采集到齐口裂腹鱼 13 个群体，分别为金河 2012 年群体（JH2012）、巧家西溪河 2013 年群体（QJXX2013）、巧家西溪河 2014 年群体（QJXX2014）、巧家西溪河 2015 年群体（QJXX2015）、巧家西溪河 2016 年群体（QJXX2016）、绥江 2013 年群体（SJ2013）、巧家黑水河 2013 年群体（QJHS2013）、巧家黑水河 2014 年群体（QJHS2014）、巧家黑水河 2015 年群体（QJHS2015）、巧家黑水河 2016 年群体（QJHS2016）、巧家黑水河 2017 年群体（QJHS2017）、雅砻江 2014 年群体（YLJ2014）、牛栏江 2016（NLJ2016）年群体。对 13 个群体 357 个样本通过对线粒体 Cyt b 基因测序、比对校正后，序列长度为 1152bp，A、T、C、G 的平均含量分别为 A = 24.75%、T = 28.49%、C = 28.83%、G = 17.93%，表现出明显的反 G 偏倚。A+T 含量（53.24%）大于 G+C 含量（46.76%）。序列中无碱基的短缺或插入。在 357 条序列中共检测到 81 个变异位点，其中简约信息位点 51 个，单一突变位点 30 个（见表 4-54）。

表 4-54　基于线粒体 Cyt b 基因的齐口裂腹鱼遗传多样性

采样点	样本量	变异位点数	单倍型数	单倍型多样性（H_d）	核苷酸多样性（P_i）
QJXX2013	24	23	10	0.619 57	0.002 15
JH2012	22	36	18	0.978 35	0.004 47
SJ2013	29	16	2	0.502 46	0.008 39
QJHS2013	27	1	2	0.074 07	0.000 08
QJXX2014	30	9	8	0.781 61	0.001 76
QJHS2014	30	12	9	0.639 08	0.001 47
YLJ2014	27	10	5	0.595 44	0.001 46
QJHS2015	28	12	6	0.529 10	0.001 50
QJXX2015	31	7	6	0.492 47	0.001 01
QJHS2016	20	11	8	0.742 11	0.001 83
QJXX2016	27	9	8	0.712 25	0.001 51
NLJ2016	32	4	4	0.602 82	0.001 07
QJHS2017	30	3	4	0.250 57	0.000 27
总体	357	81	53	0.726 03	0.002 92

357 尾齐口裂腹鱼 Cyt b 基因序列中共检测到 53 个单倍型，编号 Hap_1 ～ Hap_53（见表 4-55），其中单倍型 Hap_1 出现频率最高，分布最广，没有发现共有单倍型。平均单倍型多样性指数为 0.726 03，核苷酸多样性指数为 0.002 92，表明齐口裂腹鱼群体具有较高的单倍型多样性和较低的核苷酸多样性。经过比较不同地理位置的群体，

齐口裂腹鱼巧家黑水河 2013 年和巧家黑水河 2017 年群体表现出较低的单倍型多样性和核苷酸多样性。

表 4-55　基于线粒体 Cyt b 基因的齐口裂腹鱼分子方差分析

变异来源	自由度	方差	变异组成	变异百分比（%）	固定指数
群体间	12	1 386.701	1 386.701 Va	30.29	
群体内	344	3 077.604	3 077.604 Vb	69.71	F_{st}: 0.302 89
总计	356	4 464.305	12.833 81		

分子方差（AMOVA）分析结果（见表 4-56）表明，齐口裂腹鱼 Cyt b 基因序列 F_{st} 为 0.302 89，群体间发生较明显的遗传分化。研究结果显示，不同群体间的变异占 30.29%，各群体内的变异占 69.71%。群体内的变异大于群体间的变异，变异主要来自群体内，但群体间存在显著遗传分化。群体间 N_m 为 0.57，表明群体间缺乏基因交流。

分化系数（F_{st}）是一个反应种群进化历史的理想参数，能揭示群体间基因流和遗传漂变的程度。研究结果显示：巧家黑水河 2013 年群体与绥江 2013 年群体之间的分化系数最高，为 0.854 9；巧家黑水河 2016 年群体与巧家西溪河 2014 年群体之间的分化系数最低，为 -0.033 9（见表 4-57）。绥江 2013 年群体、金河 2012 年群体与其他地理群体之间均存在较高的遗传分化。

采用 Network 5.0 软件，利用 Median Joining 方法构建齐口裂腹鱼 Cyt b 的单倍型网络结构图，发现缺失单倍型数为 10（见图 4-107 中 MV1-10），其中 Hap_1 和 Hap_14 位于图中最基础位置，推测其可能是原始单倍型，其他单倍型由上述 2 个单倍型经过一步或多步突变形成。

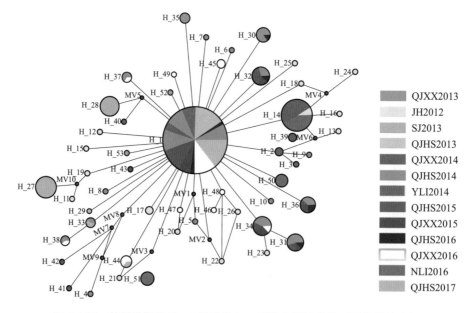

图 4-107　基于线粒体 Cyt b 基因的齐口裂腹鱼群体单倍型网络结构分析

表 4-56　基于线粒体 Cyt b 基因的齐口裂腹鱼单倍型在群体中的分布情况

Hap	QJXX 2013 (24)	JH2012 (22)	SJ 2013 (29)	QJHS 2013 (27)	QJXX 2014 (30)	QJHS 2014 (30)	YLJ 2014 (27)	QJHS 2015 (28)	QJXX 2015 (31)	QJHS 2016 (20)	QJXX 2016 (27)	NLJ 2016 (32)	QJHS 2017 (30)
Hap_1	15	3		26	13	18	7	19	22	10	4	19	26
Hap_2	1	1											
Hap_3	1												
Hap_4	1												
Hap_5	1												
Hap_6	1												
Hap_7	1												
Hap_8	1												
Hap_9	1												
Hap_10	1												
Hap_11		1											
Hap_12		1											
Hap_13		1											
Hap_14		2					16				14		
Hap_15		1											
Hap_16		1											
Hap_17		2											
Hap_18		1											
Hap_19		1											
Hap_20		1											
Hap_21		1											
Hap_22		1											

续表

Hap	QJXX 2013 (24)	JH2012 (22)	SJ 2013 (29)	QJHS 2013 (27)	QJXX 2014 (30)	QJHS 2014 (30)	YLJ 2014 (27)	QJHS 2015 (28)	QJXX 2015 (31)	QJHS 2016 (20)	QJXX 2016 (27)	NLJ 2016 (32)	QJHS 2017 (30)
Hap_23		1											
Hap_24		1											
Hap_25		1											
Hap_26		1											
Hap_27			17										
Hap_28			12										
Hap_29				1									
Hap_30					4	1				1			
Hap_31					3	2		2	1	1			
Hap_32					1	2		4	2	1			
Hap_33					1							2	
Hap_34					4	1	1		3	3			
Hap_35					2	1							
Hap_36					2	1		1	2	2			
Hap_37						2				1			
Hap_38						2				1			
Hap_39							2						
Hap_40							1	1					
Hap_41								1					
Hap_42													
Hap_43									1				
Hap_44											3		2
Hap_45											2		

续表

Hap	JH2012 (22)	QJXX 2013 (24)	SJ 2013 (29)	QJHS 2013 (27)	QJXX 2014 (30)	QJHS 2014 (30)	YLJ 2014 (27)	QJHS 2015 (28)	QJXX 2015 (31)	QJHS 2016 (20)	QJXX 2016 (27)	NLJ 2016 (32)	QJHS 2017 (30)
Hap_46											1		
Hap_47											1		
Hap_48											1		
Hap_49											1		
Hap_50												5	
Hap_51												6	
Hap_52													1
Hap_53													1

表 4-57　基于线粒体 Cyt b 基因的齐口裂腹鱼群体间的分化系数

采样点	QJXX2013	JH2012	SJ2013	QJHS2013	QJXX2014	QJHS2014	YLJ2014	QJHS2015	QJXX2015	QJHS2016	QJXX2016	NLJ2016
JH2012	0.180 2*											
SJ2013	0.565 5*	0.407 5*										
QJXX2013	0.108 8*	0.470 2*	0.854 9*									
QJXX2014	0.137 2*	0.186 7*	0.457 8*	0.437 7*								
QJHS2014	0.047 6	0.222 8*	0.557 4*	0.267 6	0.018 7							
YLJ2014	0.290 2*	0.089 9	0.561 8*	0.582 1*	0.306 0*	0.329 2*						
QJHS2015	0.023 3	0.252 3*	0.615 4*	0.192 5*	0.075 3	-0.019 7	0.357 5*					
QJXX2015	0.024 2	0.279 3*	0.639 0*	0.161 7*	0.101 5	-0.007 7	0.381 3*	-0.029 0				
QJHS2016	0.082 0	0.173 9*	0.505 3*	0.402 8*	-0.033 9	-0.022 7	0.296 2*	0.020 8	0.041 6			
QJXX2016	0.322 5*	0.073 4	0.496 3*	0.634 3*	0.268 6*	0.329 0*	0.006 9	0.373 8*	0.403 4*	0.276 2*		
NLJ2016	0.058 0	0.226 8*	0.561 6*	0.284 0*	0.032 4	-0.019 8	0.334 6*	-0.006 9	0.011 0	-0.006 3	0.331 4*	
QJHS2017	0.047 6	0.392 1*	0.774 4*	0.023 2	0.296 5*	0.126 8	0.497 5*	0.059 3	0.039 0	0.235 9*	0.541 7*	0.141 5*

注：经过 Bonferroni 校正后，* 表示 P<0.004。

2. 微卫星多样性

选用 10 个多态微卫星位点对 2012—2017 年采自攀枝花、雅砻江、巧家黑水河、巧家西溪河及牛栏江等断面的齐口裂腹鱼 10 个群体进行遗传多样性分析。结果显示，齐口裂腹鱼在 Spt-43b 位点出现的等位基因数最高（16 个），而在 Spt-23 位点出现的等位基因数最低（2 个）。在 10 个群体中，牛栏江 2016 年群体的等位基因平均数最高（7.0），巧家黑水河 2013 年群体的等位基因平均数最低（5.1）。经检测，平均期望杂合度为 0.615 ～ 0.712，平均观测杂合度为 0.603 ～ 0.787（见表 4-58）。就位点而言，各位点在各群体的观测杂合度都比较高，表明这 10 个群体近亲交配水平较低，遗传多样性水平较高。

哈迪 - 温伯格检测结果显示，除 Spt-52 和 Spt-68 这 2 个位点外，其他 8 个位点在 10 个群体中全部具有偏离 HWE 的位点，且偏离的位点大部分属于显著不平衡，特别是 Spt-2 这个位点，在 10 个群体中 5 个群体偏离 HWE 且多数极其显著。其他微卫星位点部分偏离 HWE（见表 4-58）。攀枝花 2015 年群体、巧家黑水河 2016 年群体及巧家黑水河 2017 年群体在 10 个 SSR 位点中全部不偏离（见表 4-58）。

表 4-58　齐口裂腹鱼各群体遗传多样性信息

群体	位点	A	H_o	H_e	I	P 值
YLJ2014	Spt-1	5	1	0.725	1.318 3	0.005
	Spt-2	6	0.333	0.668	1.300 3	0
	Spt-8	6	0.733	0.685	0.450 6	0.631
	Spt-23	2	0.333	0.310	2.438 4	0.563
	Spt-43b	15	0.600	0.914	1.692 4	0
	Spt-43a	9	0.793	0.784	1.016 2	0.684
	Spt-52	6	0.467	0.475	2.007 4	0.176
	Spt-62	10	0.900	0.854	0.916 2	0.283
	Spt-68	6	0.467	0.428	1.194 5	0.843
	Spt-87	4	0.767	0.699	1.369 3	0.068
平均值		6.9	0.639	0.654	1.318 3	
QJHS2013	Spt-1	8	0.967	0.842	1.634 7	0.331
	Spt-2	7	0.633	0.795	0.639 7	0.001
	Spt-8	3	0.167	0.393	0.596 1	0
	Spt-23	2	0.500	0.413	1.574 8	0.374
	Spt-43b	7	0.833	0.765	1.415 5	0.785
	Spt-43a	6	0.667	0.704	1.269 7	0.713
	Spt-52	5	0.800	0.690	1.506 8	0.220
	Spt-62	5	0.900	0.769	0.784 7	0.589
	Spt-68	4	0.433	0.398	1.105 9	0.870
	Spt-87	4	0.400	0.666	1.240 7	0.004
平均值		5.1	0.630	0.644	1.634 7	

续表

群体	位点	A	H_o	H_e	I	P 值
QJXX2014	Spt-1	7	1.000	0.825	2.015 5	0.066
	Spt-2	9	0.633	0.863	1.300 5	0.001
	Spt-8	5	0.900	0.699	0.636 5	0.016
	Spt-23	2	0.667	0.452	1.975 2	0.011
	Spt-43b	9	0.724	0.866	1.583 4	0.170
	Spt-43a	7	0.900	0.774	1.026 0	0.775
	Spt-52	5	0.533	0.572	2.140 2	0.847
	Spt-62	11	0.933	0.879	1.181 4	0.180
	Spt-68	5	0.733	0.620	0.902 9	0.518
	Spt-87	5	0.433	0.428	1.452 1	0.673
平均值		6.5	0.746	0.698	2.015 5	
QJHS2014	Spt-1	9	0.900	0.789	1.754 1	0.284
	Spt-2	9	0.600	0.801	1.091 5	0.006
	Spt-8	5	0.733	0.638	0.450 6	0.174
	Spt-23	2	0.333	0.310	2.169 4	0.562
	Spt-43b	12	0.500	0.89	1.799 3	0
	Spt-43a	8	0.867	0.827	1.165 3	0.048
	Spt-52	4	0.800	0.671	1.635 1	0.536
	Spt-62	8	0.333	0.768	0.426 2	0
	Spt-68	4	0.200	0.219	1.281 8	1.000
	Spt-87	5	0.767	0.702	1.343 2	0.665
平均值		6.4	0.603	0.662	1.754 1	
SJ2013	Spt-1	9	0.833	0.699	1.407 2	0.001
	Spt-2	7	0.533	0.725	1.248 2	0.019
	Spt-8	5	0.700	0.666	0.692 6	0.032
	Spt-23	2	0.967	0.508	2.341 0	0
	Spt-43b	12	0.900	0.913	1.791 0	0.580
	Spt-43a	11	0.900	0.786	1.063 5	0.871
	Spt-52	6	0.767	0.565	2.093 8	0.091
	Spt-62	11	0.800	0.863	1.434 2	0.868
	Spt-68	5	0.933	0.738	1.258 9	0.344
	Spt-87	5	0.533	0.660	1.464 7	0.024
平均值		6.9	0.787	0.712	1.407 2	

群体	位点	A	H_o	H_e	I	P 值
PZH2015	Spt-1	7	0.943	0.794	1.675 0	0.098
	Spt-2	5	0.657	0.680	1.216 2	0.865
	Spt-8	5	0.857	0.738	1.392 1	0.473
	Spt-23	2	0.543	0.422	0.584 7	0.040
	Spt-43b	8	0.657	0.849	1.862 7	0.012
	Spt-43a	5	0.800	0.748	1.451 8	0.525
	Spt-52	5	0.686	0.547	1.056 5	0.644
	Spt-62	10	0.829	0.879	2.113 8	0.013
	Spt-68	5	0.571	0.467	0.931 1	0.784
	Spt-87	4	0.543	0.625	1.084 8	0.346
平均值		5.6	0.709	0.675	1.336 9	
QJHS2016	Spt-1	6	0.828	0.717	1.430 4	0.227
	Spt-2	4	0.655	0.696	1.223 2	0.061
	Spt-8	4	0.897	0.724	1.310 6	0.422
	Spt-23	2	0.517	0.422	0.604 9	0.367
	Spt-43b	9	0.862	0.849	1.978 7	0.287
	Spt-43a	7	0.793	0.783	1.632 4	0.632
	Spt-52	8	0.655	0.620	1.281 6	0.893
	Spt-62	10	0.862	0.863	2.026 8	0.337
	Spt-68	5	0.483	0.440	0.860 9	1.000
	Spt-87	3	0.414	0.613	0.982 0	0.107
平均值		5.8	0.697	0.673	1.333 2	
QJXX2016	Spt-1	8	0.933	0.812	1.798 7	0.380
	Spt-2	4	0.467	0.698	1.213 6	0.004
	Spt-8	6	0.867	0.754	1.455 3	0.650
	Spt-23	3	0.800	0.533	0.787 7	0.001
	Spt-43b	15	0.733	0.926	2.543 1	0.003
	Spt-43a	6	1.000	0.789	1.583 1	0.001
	Spt-52	6	0.567	0.557	1.113 9	0.708
	Spt-62	9	0.900	0.873	2.045 2	0.829
	Spt-68	4	0.567	0.438	0.759 9	0.366
	Spt-87	6	0.633	0.688	1.286 1	0.920
平均值		6.7	0.747	0.707	1.458 7	

群体	位点	A	H_o	H_e	I	P 值
NLJ2016	Spt-1	6	0.906	0.714	1.294 4	0.133
	Spt-2	5	0.375	0.709	1.567 5	0
	Spt-8	9	0.844	0.720	0.654 5	0.778
	Spt-23	3	0.531	0.441	2.391 9	0.052
	Spt-43b	16	0.781	0.905	1.582 8	0.010
	Spt-43a	8	1.000	0.757	1.152 0	0
	Spt-52	6	0.688	0.610	1.621 8	0.073
	Spt-62	7	0.969	0.780	1.161 3	0.579
	Spt-68	5	0.75	0.603	1.391 4	0.529
	Spt-87	5	0.531	0.736	1.424 5	0.063
平均值		7.0	0.738	0.694	1.294 4	
QJHS2017	Spt-1	7	0.813	0.718	1.377 0	0.707
	Spt-2	3	0.563	0.563	0.882 0	1.000
	Spt-8	4	0.625	0.616	1.085 0	0.891
	Spt-23	2	0.531	0.448	0.633 0	0.425
	Spt-43b	11	0.767	0.845	2.082 0	0.036
	Spt-43a	5	0.548	0.672	1.265 0	0.424
	Spt-52	6	0.656	0.544	1.077 0	0.829
	Spt-62	6	0.719	0.710	1.374 0	0.458
	Spt-68	5	0.531	0.444	0.899 0	0.935
	Spt-87	5	0.375	0.59	1.089 0	0.012
平均值		5.4	0.613	0.615	1.176 0	

AMOVA 分析结果表明，遗传变异大多来自群体内部个体间，为 99.02%，只有 4.77% 的遗传变异来自群体间（见表 4-59）。基因流计算结果为 4.356 0，说明齐口裂腹鱼群体间有一定的基因交流。10 个齐口裂腹鱼群体各个位点的 F 统计量（statistics）分析结果及总的分化指数（F_{st}）为 0.047 7，表明齐口裂腹鱼群体存在遗传分化（P < 0.05）（当 F_{st} > 0.05 时表示存在群体分化，当 F_{st}=0.10 表示存在中等程度分化）。

表 4-59 齐口裂腹鱼分子方差分析

变异来源	自由度	方差	变异组成	变异百分比 (%)	固定指数
群体间	9	120.598	0.165 94 Va	4.77	F_{st}: 0.047 7
群体内	298	947.159	−0.131 69 Vb	−3.79	
个体间	308	1061.5	3.444 81 Vc	99.02	
总计	615	2 129.664	3.479 05		

PIC 最初用于连锁分析时对标记基因多态性的估计，现在常用来表示微卫星多态

性高低的程度。就位点而言，10 个微卫星位点在 10 个群体中的平均多态信息含量为 0.337 7 ~ 0.904 2，平均 0.659 0，所有群体在多数位点上的 *PIC* 值大于 0.5，表明齐口裂腹鱼群体有较高的遗传多样性（见表 4-60）。

表 4-60　齐口裂腹鱼群体遗传多样性信息

位点	F_{is}	F_{it}	F_{st}	N_m	*PIC*
Spt-1	−0.214 7	−0.158 8	0.046 1	5.176 3	0.759 4
Spt-2	0.224 8	0.278 1	0.068 7	3.388 4	0.712 1
Spt-8	−0.131 6	−0.059 3	0.063 9	3.664 6	0.640 1
Spt-23	−0.404 9	−0.351 3	0.038 1	6.312	0.337 7
Spt-43b	0.135 9	0.192 3	0.065 2	3.583 1	0.904 2
Spt-43a	−0.111 5	−0.051 8	0.053 7	4.406	0.757 1
Spt-52	−0.166 7	−0.106 1	0.052 0	4.559 2	0.557 9
Spt-62	−0.008 1	0.061 8	0.069 4	3.353 5	0.853 6
Spt-68	−0.220 7	−0.155 8	0.053 2	4.449 9	0.464 6
Spt-87	0.127 6	0.172 0	0.050 8	4.667 3	0.603 7
平均值	−0.769 9	−0.178 9	0.056 1	4.356 0	0.659 0

注：由 F_{st} 估算的基因流 $(N_m) = 0.25(1 − F_{st})/ F_{st}$。

10 个齐口裂腹鱼群体各个位点的 *F* 统计量（statistics）分析结果（见表 4-60）及总的分化指数（F_{st}）为 0.047 7，表明齐口裂腹鱼群体存在微弱遗传分化。通过表 4-61、表 4-62 发现，分化主要发生在不同的地理群体间，如绥江 2013 年群体、巧家黑水河 2014 年群体及雅砻江 2014 年群体等不同地理群体间有明显分化。

齐口裂腹鱼群体两两间的遗传分化指数（F_{st}）为 0.003 0 ~ 0.108 9（见表 4-61），其总分化指数（F_{st}）为 0.047 7。其中，巧家黑水河 2017 年群体和巧家黑水河 2014 年群体的遗传分化水平最高（0.108 9），而攀枝花 2015 年群体和巧家黑水河 2016 年群体的遗传分化水平最低（0.003 0）。齐口裂腹鱼群体间 Nei 氏遗传距离和遗传一致性分别为 0.022 0 ~ 0.259 5 和 0.771 4 ~ 0.978 3（见表 4-62）。其中，遗传距离以攀枝花 2015 年群体和巧家黑水河 2016 年群体最低（0.022 0），而巧家黑水河 2013 年群体和巧家黑水河 2014 年群体最高（0.259 5）；遗传一致性以巧家黑水河 2013 年群体和巧家黑水河 2014 年群最低（0.771 4），而以攀枝花 2015 年群体和巧家黑水河 2016 年群体最高（0.978 3）。

表 4-61　齐口裂腹鱼群体间分化系数分析

群体	YLJ 2014	QJHS 2013	QJXX 2014	QJHS 2014	SJ 2013	PZH 2015	QJHS 2016	QJXX 2016	NLJ 2016
QJHS2013	0.084 4*								
QJXX2014	0.053 1*	0.080 1*							
QJHS2014	0.060 0*	0.105 9*	0.069 6*						
SJ2013	0.058 5*	0.088 3*	0.027 4*	0.081 2*					
PZH2015	0.026 5*	0.067 6*	0.021 0*	0.057 7*	0.024 4*				

续表

群体	YLJ 2014	QJHS 2013	QJXX 2014	QJHS 2014	SJ 2013	PZH 2015	QJHS 2016	QJXX 2016	NLJ 2016
QJHS2016	0.022 3*	0.065 1*	0.024 6*	0.053 2*	0.024 6*	0.003 0			
QJXX2016	0.033 3*	0.074 4*	0.030 2*	0.058 9*	0.026 5*	0.008 3*	0.022 0*		
NLJ2016	0.024 7*	0.078 7*	0.044 6*	0.058 6*	0.035 4*	0.027 0*	0.019 9*	0.0216*	
QJHS2017	0.058 9*	0.074 0*	0.045 2*	0.108 9*	0.046 9*	0.020 6*	0.026 1*	0.0346*	0.0528*

注：经过 Bonferroni 校正后，* 表示 $P<0.005$。

表 4-62　基于 Nei (1978) 齐口裂腹鱼 10 个群体间遗传一致性（对角线上方）
和遗传距离（对角线下方）

群体	YLJ 2014	QJHS 2013	QJXX 2014	QJHS 2014	SJ2013	PZH 2015	QJHS 2016	QJXX 2016	NLJ 2016	QJHS 2017
YLJ2014		0.820 0	0.872 7	0.867 2	0.857 2	0.933 6	0.941 0	0.915 5	0.935 2	0.882 8
QJHS2013	0.198 5		0.815 7	0.771 4	0.790 7	0.850 1	0.854 3	0.826 3	0.818 3	0.856 3
QJXX2014	0.136 2	0.203 6		0.834	0.916 2	0.938 9	0.930 4	0.910 8	0.879 3	0.905 3
QJHS2014	0.142 5	0.259 5	0.181 6		0.800 8	0.867 7	0.877 1	0.857 2	0.860 3	0.781 4
SJ2013	0.154 1	0.234 9	0.087 5	0.222 2		0.930 3	0.928 8	0.917 1	0.898 2	0.900 0
PZH2015	0.068 7	0.162 4	0.063 0	0.142 0	0.072 3		0.978 3	0.966 5	0.926 7	0.952 1
QJHS2016	0.060 8	0.157 5	0.072 1	0.131 2	0.073 9	0.022		0.935 3	0.941 3	0.941 8
QJXX2016	0.088 3	0.190 8	0.093 4	0.154 1	0.086 6	0.034 1	0.066 9		0.932 7	0.923 8
NLJ2016	0.067 0	0.200 6	0.128 6	0.150 4	0.107 4	0.076 2	0.060 5	0.069 6		0.888 0
QJHS2017	0.124 7	0.155 1	0.099 5	0.246 6	0.105 4	0.049 0	0.060 0	0.079 2	0.118 8	

　　根据遗传距离对齐口裂腹鱼 10 个群体进行聚类分析，结果显示（见图 4-108），
巧家黑水河 2013 年群体和巧家黑水河 2017 群体聚为一支，巧家黑水河 2014 年群体
和雅砻江 2014 年群体聚为一支，巧家西溪河 2014 年群体、绥江 2013 年群体和巧家
黑水河 2016 群体这 3 个群体聚为一支，其他群体单独聚为一支。

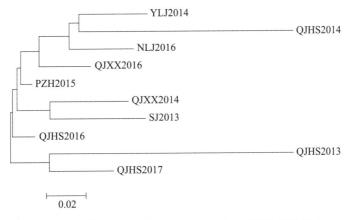

图 4-108　基于标准遗传距离的 10 个齐口裂腹鱼群体聚类

4.7.5 其他研究

1. 组织学

根据组织切片，齐口裂腹鱼的鳞片发育主要经历了五个阶段，即形态发生早期、形态发生晚期、分化早期、分化晚期和折叠期（见图 4-109）。在鳞片形态发生早期，胶原纤维致密层在表皮基质细胞层下迅速堆积形成真皮组织；成纤维样细胞开始侵入真皮组织中部，形成单独一层细胞结构；当大量成纤维样细胞在表皮－真皮交界处积累时，表皮基质细胞形成一层并列的连续细胞层。在鳞片形态发生晚期，表皮－真皮交界处积累的纤维样细胞变长，形成浓密的鳞片乳突，并向内凹进表皮基质。在鳞片分化早期，鳞片乳突继续增多，并分化成两层鳞片，形成细胞，两层细胞之间出现鳞片基质层，同时鳞囊也形成。随着基质的沉积，进入鳞片分化晚期。在折叠期，表皮开始在鳞片后端边缘折叠，鳞囊进一步扩大，相邻的鳞片发生重叠，形成成熟的鳞片（严太明等，2014）。

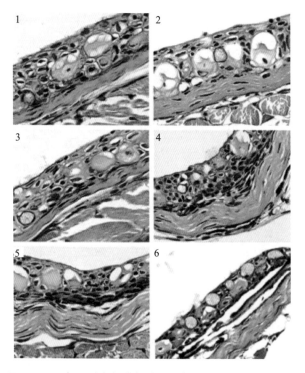

图 4-109　齐口裂腹鱼稚鱼鳞片发育的组织结构（×400）

2. 营养学

齐口裂腹鱼肌肉中的营养物质丰富且全面，氨基酸种类齐全，蛋白质、不饱和脂肪酸和必需氨基酸的含量较高，且必需氨基酸之间的比例比较符合人体的需要。此外，齐口裂腹鱼肌肉中的鲜味氨基酸含量也较高，总氨基酸含量仅次于黄鳝的，高于草鱼、鳙、鳜和月鳢等鱼类的，肉味鲜美，是一种很好的营养水产品（周兴华等，2004）。

3. 代谢

（1）温度对齐口裂腹鱼幼鱼呼吸代谢的影响。齐口裂腹鱼幼鱼的呼吸代谢率和单位体重呼吸代谢率都随着温度的升高而增加。在 11～23℃时，呼吸代谢率的变幅为 0.85～7.21mg/h，平均值为 3.58mg/h；单位体重呼吸代谢率的变幅为 350.81～1 858.16mg/（kg·h），平均值为 646.57mg/（kg·h）（韩京城等，2010）。

图 4-110 显示了齐口裂腹鱼幼鱼呼吸代谢率与体重和温度的关系。可以看出，呼吸代谢率随温度的升高和体重的增大而逐渐增加。而且经过多元回归分析，温度和体重的增加对呼吸代谢率的变化都有显著的影响（$P < 0.01$）。分析表明，回归方程 $MR = a \cdot m^b$ 能够较好地表达在一定温度下，呼吸代谢率与体重之间的关系，指数 b 随着温度的升高而降低。体重（m/g）和温度（T/℃）对呼吸代谢率的影响可通过以下模型模拟（韩京城等，2010）：

$$MR = 0.525m^{0.788} \cdot e^{0.033T}。$$

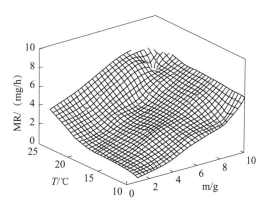

图 4-110　齐口裂腹鱼幼鱼呼吸代谢率（MR）与温度和体重的关系

（2）流水速度对齐口裂腹鱼幼鱼呼吸代谢的影响。韩京城等（2010）的研究表明，流水速度对齐口裂腹鱼幼鱼呼吸代谢的影响十分显著（$P = 0.001$）。体重范围为 1.16～2.33g，平均体重为 1.78g 的齐口裂腹鱼在 0m/s、0.1m/s、0.3m/s 和 0.5m/s 的 4 个流水速度下，其呼吸代谢率的波动范围为 0.59～2.35mg/h，单位体重呼吸代谢率的波动范围为 469.93～1281.56mg/（kg·h）。各流水速度下平均呼吸代谢率的大小顺序为 0.937（0.10 m/s）< 1.089（0.00m/s）< 1.104（0.30m/s）< 1.760（0.50m/s）。图 4-111 表示在齐口裂腹鱼呼吸代谢率不同流水速度下与体重之间的关系。可以看出，0.50m/s 流水速度下的呼吸代谢率随体重变化的程度明显高于其他流水速度组的，而 0.00m/s、0.10m/s 和 0.30m/s 流水速度下的变化趋势差别不明显。图 4-112 表示齐口裂腹鱼在不同流水速度下的单位体重呼吸代谢率。可以看出，单位体重呼吸代谢率的变化随流水速度的增加而增加（数据由平均值 ± 标准差表示）。在 0.50m/s 流水速度下，齐口裂腹鱼幼鱼的单位体重呼吸代谢率显著高于其他流水速度组的（$P < 0.01$，$n=6$）。

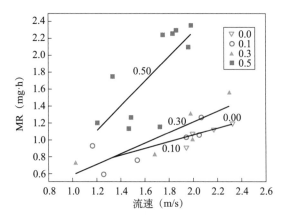

图 4-111　齐口裂腹鱼幼鱼呼吸代谢率（MR）在不同流水速度下与体重之间的关系

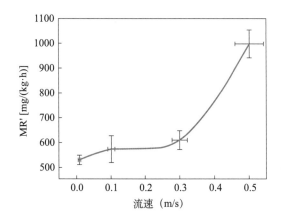

图 4-112　齐口裂腹鱼在不同流水速度下的单位体重呼吸代谢率

4.7.6　资源保护

1. 人工繁殖

张金平等（2015）用流水池塘培育齐口裂腹鱼，运用雌鱼尾柄粗糙程度判断雌鱼成熟度，选择成熟度好的雌雄亲鱼，用 LHRH-A2 和鲤脑垂体人工催产，有效催产剂量为 LHRH-A2（30～40）μg/kg ＋ 鱼类脑垂体（2.5～3.0）mg/kg，单用 LHRH-A2 的剂量为 60μg/kg。适时进行人工授精，受精卵在孵化箱内孵化。2010—2013 年共计催产 18 批次，结果为催产率 89.12%，受精率 90.11%，孵化率 88.32%。

2. 资源变化

将 2012—2013 年与 2014—2017 年的调查结果进行比较，发现一些变化特征（见表 4-63）：捕捞个体的平均体长变短，平均体重变轻，更多幼鱼个体被捕捞；渐进体长和渐进体重明显降低，其值分别从 2012—2013 年的 624.1mm 和 3 951.71g 下降到 2014—2017 年的 607.05mm 和 3 219.86g；生长系数 K 值从 2012—2013 年的 0.15 略微下降到 2014—2017 年的 0.14；调查区域繁殖季节性成熟个体比例明显下降，表明该

区域亲鱼数量在 2013 年后明显减少；雌雄性比的比值减少，其值从 2012—2013 年的
1.67∶1 下降到 2014—2017 年的 1.17∶1，表明调查区域雌性亲鱼数量明显减少；捕
捞死亡系数略有减少，但开发率略有增加，调查区域过度捕捞的状况在 2014—2017
年未有明显改变；年平均资源生物量和年平均资源尾数均有明显下降，其值分别从
2012—2013 年的 96.15t 和 221 237 尾下降到 2014—2017 年的 23.21t 和 92 024 尾，分
别减少了 75.86% 和 58.40%。

表 4-63　两个不同采样期间金沙江下游齐口裂腹鱼的资源特征比较

资源特征	2012—2013 年	2014—2017 年	变化趋势
体长范围（mm）	49 ～ 395（n=673 尾）	57 ～ 409（n=879 尾）	范围增加
平均体长（mm）	160（n=673 尾）	150（n=879 尾）	变短
体重范围（g）	2.1 ～ 926.8（n=673 尾）	1.5 ～ 1 023.5（n=879 尾）	范围增加
平均体重（g）	93.1（n=673 尾）	89.8（n=879 尾）	变轻
年龄组成（龄）	—	1 ～ 4（n=450 尾）	—
渐进体长（mm）	624.1（n=673 尾）	607.05（n=450 尾）	变短
渐进体重（g）	3 951.71（n=673 尾）	3 219.86（n=450 尾）	变轻
生长系数（/a）	0.15（n=673 尾）	0.14（n=450 尾）	下降
繁殖季节性成熟个体比例（%）	54.25%（n=120 尾）	24.46%（n=184 尾）	下降
雌雄性比	1.67∶1（n=120 尾）	1.17∶1（n=178 尾）	下降
捕捞死亡系数（/a）	1.09	1.00	下降
开发率（/a）	0.77	0.86	增加
年平均资源生物量（t）	96.15	23.21	下降
年平均资源尾数（尾）	221 237	92 024	下降

　　资源丰度的年际变化：齐口裂腹鱼在 2012—2017 年渔获物中的尾数百分比的变
动趋势（攀枝花河段）见图 4-113。2012—2017 年，齐口裂腹鱼在渔获物中的尾数百
分比从 2012 年的 3.75% 下降到 2017 年的 0.43%。

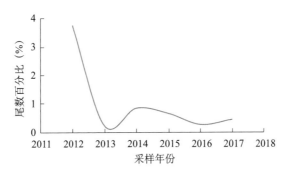

图 4-113　齐口裂腹鱼在 2012—2017 年渔获物中的尾数百分比的变动趋势（攀枝花段，n=879 尾）

金沙江下游鱼类生物学研究

齐口裂腹鱼在2012—2017年渔获物中的尾数百分比的变动趋势（巧家段）见图4-114。2012—2017年，齐口裂腹鱼在渔获物中的尾数百分比从2012年的4.91%逐渐下降到2017年的4.16%。

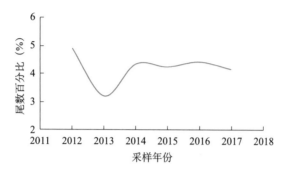

图4-114　齐口裂腹鱼在2012—2017年渔获物中的尾数百分比的变动趋势（巧家段，*n*=879尾）

齐口裂腹鱼在2012—2017年渔获物中的重量百分比的变动趋势（攀枝花段）见图4-115。2012—2017年，齐口裂腹鱼在渔获物中的重量百分比从2012年的16.47%逐渐下降到2017年的3.05%。

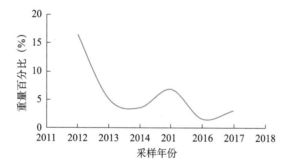

图4-115　齐口裂腹鱼在2012—2017年渔获物中的重量百分比的变动趋势（攀枝花段，*n*=879尾）

齐口裂腹鱼在2012—2017年渔获物中的重量百分比的变动趋势（巧家段）见图4-116。2012—2017年，齐口裂腹鱼在渔获物中的重量百分比从2012年的16.41%上升到2016年的49.84%，然后又下降到2017年的10.22%。

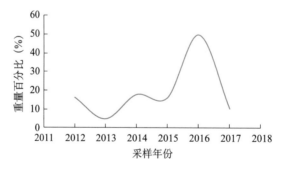

图4-116　齐口裂腹鱼在2012—2017年渔获物中的重量百分比的变动趋势（巧家段，*n*=879尾）

齐口裂腹鱼在 2012—2017 年攀枝花段的 CPUE 的变动趋势见图 4-117。2012—2017 年，齐口裂腹鱼在攀枝花段的 CPUE 从 2012 年的 3.63kg/（船·d）下降到 2017 年的 0.46kg/（船·d）。

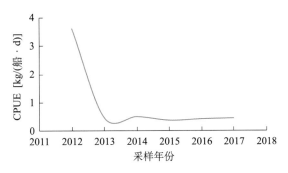

图 4-117　齐口裂腹鱼在 2012—2017 年攀枝花段的 CPUE 的变动趋势

齐口裂腹鱼在 2012—2017 年巧家段的 CPUE 的变动趋势见图 4-118。2012—2017 年，齐口裂腹鱼在巧家段的 CPUE 从 2012 年的 3.24kg/（船·d）逐渐下降到 2017 年的 1.12kg/（船·d）。

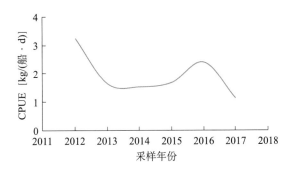

图 4-118　齐口裂腹鱼在 2012—2017 年巧家段的 CPUE 的变动趋势

4.8　细鳞裂腹鱼

4.8.1　概况

1. 分类地位

细鳞裂腹鱼［*Schizothorax*（*Schizothorax*）*chongi*（Fang），1936］隶属鲤形目（Cypriniformes）鲤科（Cyprinidae）裂腹鱼亚科（Schizothoracinae）裂腹鱼属（*Schizothorax*），俗称细甲鱼、细鳞鱼等（丁瑞华，1994）。细鳞裂腹鱼是长江上游特有鱼类，为省级重点保护鱼类。徐薇等（2013）对长江上游受威胁特有鱼类优先保护等级综合评估，细鳞裂腹鱼被评为三级优先保护鱼类（见图 4-119）。

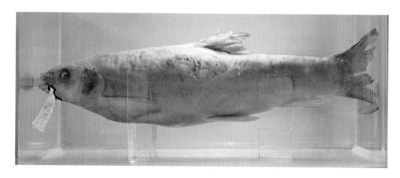

图 4-119　细鳞裂腹鱼（田华摄，2020）

2. 种群分布

据《四川鱼类志》记载，细鳞裂腹鱼分布于长江上游干流，金沙江下游（雷波、宜宾、巫山一带），雅砻江的洼里以下，安宁河的黄水塘以下，嘉陵江的合川以下、昭化以上。在 2011—2017 年开展金沙江下游鱼类资源调查期间，细鳞裂腹鱼在雅砻江、金沙江下游黑水河和双河等支流出现，仅少量出现在金沙江下游干流。

4.8.2　生物学研究

1. 渔获物结构

2012—2013 年在金沙江采集到的细鳞裂腹鱼样本的体长范围为 99 ～ 326mm，以 131 ～ 190mm 为主（占总采集尾数的 42.55%），体长 231 ～ 290mm 的也占一定比例（占总采集尾数的 28.72%）；体重范围为 10 ～ 750g，以 20 ～ 140g 为主（占总采集尾数的 52.13%），体重 250 ～ 500g 的也占一定比例（占总采集尾数的 25.53%）（见图 4-120）。

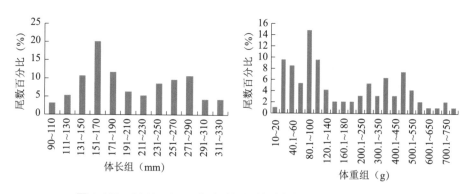

图 4-120　2012—2013 年金沙江细鳞裂腹鱼的体长和体重组成

2014—2017 年春夏季和秋冬季共采集细鳞裂腹鱼样本 82 尾，分别采自巧家及其支流黑水河下游河段（20 尾）和攀枝花河段（62 尾）。所有样本的体长范围为 91 ～ 430mm，平均体长 224mm，以 91 ～ 250mm 为主（占总采集尾数的 68.3%）；体重范围为 12.2 ～ 1 554.0g，平均体重 323.6g，以 12.2 ～ 250.0g 为主（占总采集尾数的 63.4%）（见图 4-121）。

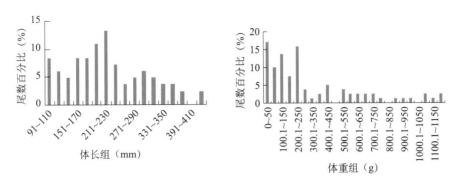

图 4-121　2014—2017 年金沙江细鳞裂腹鱼的体长和体重组成

2. 年龄与生长

（1）年龄结构。可采用臀鳞和耳石对细鳞裂腹鱼的年龄进行鉴定。两种材料均比较清晰，能够较好地鉴定细鳞裂腹鱼的年龄。其中，臀鳞的年轮特征主要表现为疏密型，表现为环片的疏密排布，一个生长年带临近结束时，下年的环片群和当年的环片群呈平行排列。而耳石上的一个年轮是由一个透明的增长带和一个暗色的间歇带组成，而且这两个带相互穿插渗透。在磨片的不同方向，其轮纹清晰程度不同（见图 4-122）。

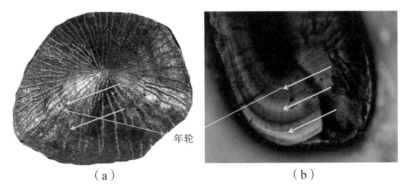

图 4-122　细鳞裂腹鱼的年轮特征
（a）臀鳞，2+龄；（b）耳石，3龄

采用臀鳞和耳石共鉴定了 82 尾细鳞裂腹鱼的年龄。年龄样本来自攀枝花、巧家和黑水河下游。所有鉴定样本中，以 1 ~ 3 龄个体最多，占鉴定样本总个体数的86.6%。在所有鉴定样本中，5 龄为最大年龄（见图 4-123）。

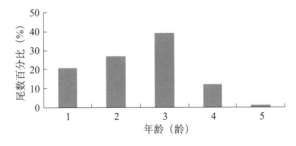

图 4-123　2014—2017 年金沙江下游河段细鳞裂腹鱼的年龄分布（*n*=82 尾）

（2）体长与体重的关系。2014—2017年采自金沙江下游攀枝花段、巧家段和黑水河下游段的短须裂腹鱼的体长（L）和体重（W）呈幂函数相关关系，其关系式 $W=1.0 \times 10^{-5} L^{3.1192}$，$R^2=0.9908$（见图4-124）。

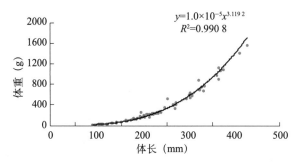

图4-124　2014—2017年金沙江下游细鳞裂腹鱼的体长与体重关系（n=82尾）

（3）生长特征。采用最小二乘法对2014—2017年采集到的细鳞裂腹鱼体长年龄数据进行拟合，得到生长参数：L_∞=774.74mm；k=0.13；t_0=-0.13龄；W_∞=10 276.74g。将各参数代入Von Bertalanfy方程得到细鳞裂腹鱼的体长和体重生长方程：L_t=774.74 $[1-e^{-0.13(t+0.13)}]$，W_t=10 276.74$[1-e^{-0.13(t+0.13)}]^{3.1192}$。

细鳞裂腹鱼的体长生长曲线没有拐点，逐渐趋向渐进体长。细鳞裂腹鱼的体重生长曲线与其他鱼类的体重生长曲线类似（见图4-125）。

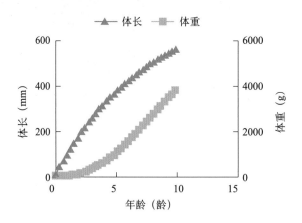

图4-125　2014—2017年金沙江下游细鳞裂腹鱼的体长和体重生长曲线

对体长生长方程求一阶导数和二阶导数，得到细鳞裂腹鱼的体长生长速度和体长生长加速度方程（见图4-126）：

dL/dt= 100.72 $\times e^{-0.13(t-0.02)}$；

d^2L/dt^2= -13.09 $\times e^{-0.13(t-0.02)}$。

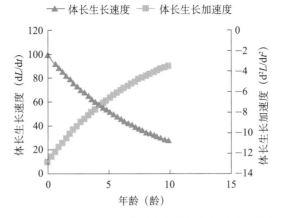

图 4-126　2014—2017 年金沙江下游细鳞裂腹鱼体长生长速度和体长生长加速度曲线

对体重生长方程求一阶导数和二阶导数，得到细鳞裂腹鱼的体重生长速度和体重生长加速度方程（见图 4-127）：

$$dW/dt = 4\ 167.18 \times [1-e^{-0.13(t-0.02)}]^{2.119\ 2} \times e^{-0.13(t-0.02)};$$

$$d^2W/dt^2 = 541.73 \times [1-e^{-0.13(t-0.02)}]^{1.119\ 2} \times e^{-0.13(t-0.02)} \times 3.119\ 2 \times [e^{-0.13(t-0.02)}-1]。$$

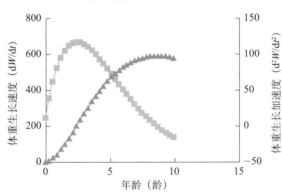

图 4-127　2014—2017 年金沙江下游细鳞裂腹鱼体重生长速度和体重生长加速度曲线

体重生长速度和体重生长加速度曲线均具有明显拐点，其拐点年龄为 t_i=8.62 龄，该拐点年龄对应的体长和体重分别是 L_t=526mm，W_t= 3 077.4g，其后加速度小于 0，进入种群体重增长递减阶段。

3. 食性特征

据《四川鱼类志》记载，细鳞裂腹鱼主要摄食植物性食物，以其下颌刮取着生在水下岩石上的藻类为摄食方式。

4. 繁殖特征

根据 2014—2017 年金沙江野外采样数据（采样时间分别为 11—12 月和 5—6 月），可知 12 月和次年 5 月均能采集到Ⅲ期及以上发育期个体，然而在其他月份（11 月和

6月）不能在调查区域采集到Ⅲ期及以上发育期个体，表明每年的 12 月至次年 5 月为金沙江下游调查区域细鳞裂腹鱼的繁殖季节（见图 4-128）。

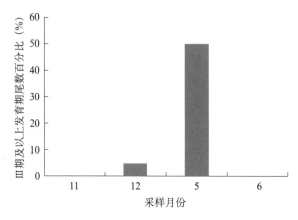

图 4-128　2014—2017 年金沙江下游细鳞裂腹鱼各月Ⅲ期及以上发育期个体数
占当月总抽样解剖个体数的比例（11—12 月以及 5—6 月）

在繁殖季节（12 月至次年 5 月），随机选取 23 尾细鳞裂腹鱼样本进行繁殖群体分析，其中，不辨雌雄 7 尾；雌性 9 尾，由 2 ～ 4 龄组成，体长 270 ～ 413mm，平均体长 336mm，体重 409.6 ～ 1 403.2g，平均体重 832.5g；雄性 7 尾，由 2 ～ 3 龄组成，体长 165 ～ 326mm，平均体长 279mm，体重 101.5 ～ 696.4g，平均体重 474.6g。性比为♀∶♂ =1.29∶1。

2014—2017 年，在金沙江下游调查区域采集到 1 尾已经性成熟的雌性个体（Ⅳ期）。对该个体卵巢内的受精卵进行显微测量，其成熟卵的平均卵径 0.235cm，波动范围为 0.135 ～ 0.310cm。从同一卵巢（Ⅳ期）卵径的变化趋势看，卵巢中卵粒的发育存在不同步现象（主要为 3、4 时相卵母细胞），但卵径分布呈单峰形，由此可以判断细鳞裂腹鱼为分批产卵型鱼类（见图 4-129）。对该卵巢的卵粒数进行统计，结果显示该尾细鳞裂腹鱼的绝对怀卵量 4280 粒 / 尾，相对怀卵量 5 粒 /g。

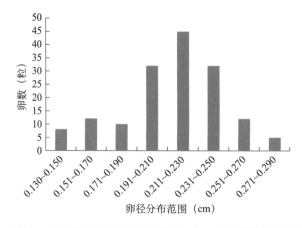

图 4-129　2014—2017 年金沙江下游细鳞裂腹鱼 1 个Ⅳ期卵巢卵粒的卵径分布

5. 胚胎发育和苗种培育

陈礼强等（2008）对人工繁殖的细鳞裂腹鱼胚胎和卵黄囊仔鱼的发育过程进行了连续观察。在水温（17±1）℃下，胚胎发育历时124h后孵出仔鱼，孵出9d后仔鱼鳔充气并开始平游；从受精卵到孵化出膜需要的平均积温为2108.00h·℃。根据对细鳞裂腹鱼胚胎发育外部形态及典型特征的观察与分析，其胚胎发育分为受精卵期、卵裂期、囊胚期、原肠胚期、神经胚期和器官形成期6个阶段，共34个发育期（见图4-130）。在裂腹鱼亚科中，细鳞裂腹鱼的胚胎和仔鱼发育速度较快，特别是在肌肉效应期以后更明显；心跳频率并不是由慢到快的线性增长，而是一个快慢相间的曲线变化过程；胚胎发育在各个时期对环境的敏感度不同，在原肠胚期时，对外界环境变化最敏感。

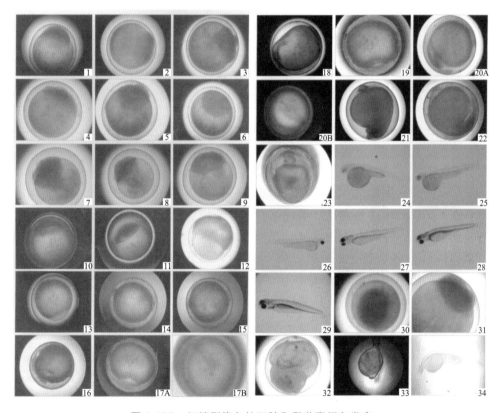

图 4-130　细鳞裂腹鱼的胚胎和卵黄囊仔鱼发育

1—胚盘隆起期，×40；2—2细胞期，×40；3—4细胞期，×40；4—8细胞期，×40；5—16细胞期，×40；6—32细胞期，×40；7—64细胞期，×40；8—多细胞期，×40；9—囊胚早期，×40；10—囊胚中期，×40；11—囊胚晚期，×40；12—原肠中期，×40；13—原肠晚期，×40；14—神经胚期，×40；15—胚孔封闭期，×40；16—体节出现期，×40；17—眼囊期，×40（17A侧面、17B背面）；18—尾芽期，×40；19—晶体形成期，×40；20—耳囊出现期，×40（20A侧面、20B背面）；21—肌肉效应期，×40；22—心跳期，×40；23—出膜前期，×40；24—出膜期，×5；25—孵出3d仔鱼，×5；26—孵出5d仔鱼，×5；27—孵出6d仔鱼，×5；28—孵出8d仔鱼，×5；29—孵出9d仔鱼，×5；30—多细胞期畸形，×40；31—囊胚初期畸形，×40；32—原肠期畸形，×40；33—初孵仔鱼卵黄囊畸形，×5；34—初孵仔鱼脊柱弯曲，×5

4.8.3 渔业资源

1. 死亡系数

（1）总死亡系数。将金沙江下游采集到的 82 尾标本作为估算资料，按体长 20mm 分组，根据体长变换渔获曲线法估算细鳞裂腹鱼的总死亡系数。选取其中部分数据点做线性回归，回归数据点的选择以未达完全补充年龄段（最高点左侧）和体长接近 L_∞ 的年龄段不能用作回归为原则，拟合的直线方程为：$\ln(N/\Delta t)=-0.68t+5.082$（$R^2=0.829\,4$）（见图 4-131）。方程的斜率为 -0.68，故估算细鳞裂腹鱼的总死亡系数 $Z=0.68/a$，其 95% 的置信区间为 $0.43/a \sim 0.94/a$。

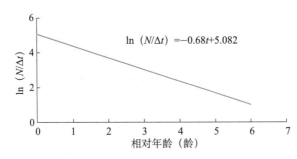

图 4-131　根据体长变换渔获曲线法估算细鳞裂腹鱼的总死亡系数

（2）自然死亡系数。按公式 $\lg M=-0.006\,6-0.279\lg L_\infty+0.654\,3\lg k+0.463\,4\lg T$ 计算，根据调查，2014—2017 年金沙江攀枝花以下平均水温 $T \approx 16.2℃$，生长参数：$k=0.13$，$L_\infty=94.07$cm，代入公式计算得到 $M=0.264\,9/a \approx 0.26/a$。

（3）捕捞死亡系数。总死亡系数（Z）为自然死亡系数（M）和捕捞死亡系数（F）之和，则细鳞裂腹鱼的捕捞死亡系数 $F=Z-M=0.68-0.26=0.42/a$。

（4）开发率估算。通过体长变换渔获曲线法估算出总死亡系数（Z）及捕捞死亡系数（F）得到调查区域的开发率 $E_{cur}=0.42/0.68 \approx 0.62$。

2. 捕捞群体量

（1）资源量。通过 FiSAT Ⅱ软件包中的 Length-structured VPA 子程序将样本数据按比例变换为渔获量数据，另输入相关参数：$k=0.13/a$，$L_\infty=774.74$ mm，$M=0.26/a$，$F=0.42/a$，进行实际种群分析。

实际种群分析结果显示，在当前渔业形势下，细鳞裂腹鱼体长超过 190mm 时，捕捞死亡系数明显增加，群体被捕捞的概率明显增大；当细鳞裂腹鱼体长达到 350mm 时，群体达到最大捕捞死亡系数。细鳞裂腹鱼的渔业资源群体主要分布在 $150 \sim 330$mm 和 $400 \sim 420$mm 之间。平衡资源生物量随体长的增加呈先升后降趋势，最低为 0.68t（体长组 $90 \sim 110$mm），最高为 5.25t（体长组 $290 \sim 310$mm）。最大捕捞死亡系数出现在体长组 $350 \sim 370$mm，为 0.89/a，此时平衡资源生物量为 3.95t（见图 4-132）。

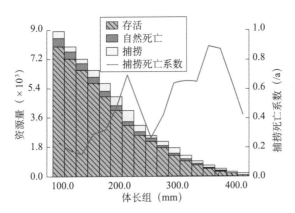

图 4-132　2014—2017 年金沙江下游调查区域细鳞裂腹鱼实际种群分析

经实际种群分析，估算得到 2014—2017 年金沙江下游调查区域细鳞裂腹鱼平衡资源生物量为 64.24t，对应平衡资源尾数为 58 935 尾。同时采用 Gulland 经验公式估算得到 2014—2017 年金沙江下游调查区域细鳞裂腹鱼的最大可持续产量（MSY）为 32.12t。

（2）资源动态。针对细鳞裂腹鱼的当前开发程度，根据相对单位补充渔获量（Y'/R）与开发率（E）关系曲线（见图 4-133）估算得到 $E_{max}=0.399$，$E_{0.1}=0.320$，$E_{0.5}=0.253$。相对单位补充渔获量等值曲线常被用作预测相对单位补充渔获量随开捕体长（L_c）和开发率（E）而变化的趋势（见图 4-134）。渔获量等值曲线通常以等值线平面圆点分为 A（左上区域）、B（左下区域）、C（右上区域）、D（右下区域）四象限，当前开发率（E）0.62 和 $L_c/L_\infty=0.119$ 位于等值曲线的 D 象限，意味着调查区域的细鳞裂腹鱼幼龄个体（补充群体）已面临严重的捕捞压力。为保护调查区域的细鳞裂腹鱼资源，需要将开发率（E）减少到 0.399 以下。

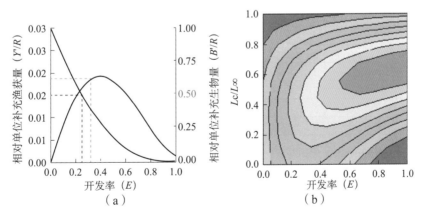

图 4-133　细鳞裂腹鱼相对单位补充渔获量、相对单位补充生物量与开发率的关系以及相对单位补充渔获量与开发率和开捕体长的关系

采用 Alverson 和 Carney 模型 $T_{maxb}=\dfrac{1}{k}\ln\left(\dfrac{M+3k}{M}\right)$ 得到细鳞裂腹鱼的最大生物量年龄为 12.38 龄。

4.8.4 遗传多样性研究

1. 线粒体 DNA

2013—2016 年在金沙江下游攀枝花、巧家等河段采集到细鳞裂腹鱼 4 个群体，分别为巧家 2013 年群体（QJ2013）、巧家 2015 年群体（QJ2015）、格里坪 2014 年群体（GLP2014）和格里坪 2016 年群体（GLP2016）（见表 4-64）。通过对 4 个群体 92 个样本进行 Cyt b 基因测序、比对校正后，序列长度为 1099bp，A、T、C、G 的平均含量分别为 A = 25.64%、T = 28.80%、C = 27.79%、G = 17.76%。$A+T$ 含量（54.44%）大于 $G+C$ 含量（45.55%）。序列中无碱基的短缺或插入。在 92 条序列中共检测到 60 个变异位点，其中简约信息位点 53 个，单一突变位点 7 个。

表 4-64　基于线粒体 Cyt b 基因的细鳞裂腹鱼遗传多样性

采样点	样本量	变异位点数	单倍型数	单倍型多样性（H_d）	核苷酸多样性（P_i）
QJ2013	27	8	2	0.074 07	0.000 54
QJ2015	15	1	2	0.247 62	0.000 23
GLP2014	30	47	13	0.926 44	0.010 71
GLP2016	20	42	10	0.868 42	0.014 34
总体	92	60	22	0.782 85	0.012 83

92 尾细鳞裂腹鱼 Cyt b 基因序列中共检测到 22 个单倍型（见表 4-65），编号 Hap_1 ～ Hap_22，其中单倍型 Hap_14 出现频率最高，分布最广，没有发现共有单倍型。平均单倍型多样性指数为 0.782 85，核苷酸多样性指数为 0.012 83，表明细鳞裂腹鱼群体有较高的单倍型多样性和较低的核苷酸多样性。通过比较不同地理位置的群体，细鳞裂腹鱼攀枝花格里坪群体表现出较高的单倍型多样性和核苷酸多样性。

表 4-65　基于线粒体 Cyt b 基因的细鳞裂腹鱼单倍型在群体中分布情况

编号	GLP2014 (30)	QJ2013 (27)	QJ2015 (15)	GLP2016 (20)
Hap_1	6			2
Hap_2	3			
Hap_3	3			2
Hap_4	3			
Hap_5	3			
Hap_6	3			
Hap_7	2			
Hap_8	1			
Hap_9	1			
Hap_10	1			
Hap_11	1			
Hap_12	2			7
Hap_13	1			
Hap_14		26	13	2
Hap_15		1		
Hap_16			2	

续表

编号	GLP2014 (30)	QJ2013 (27)	QJ2015 (15)	GLP2016 (20)
Hap_17				1
Hap_18				1
Hap_19				2
Hap_20				1
Hap_21				1
Hap_22				1

分化系数（F_{st}）是一个反应种群进化历史的理想参数，能够揭示群体间基因流和遗传漂变的程度。研究结果显示：巧家 2013 年群体与格里坪 2014 年群体间的分化系数最高，为 0.704 7；巧家 2013 年群体与巧家 2015 年群体间的分化系数为 0.009 0（见表 4-66）。巧家群体与攀枝花格里坪群体之间存在较高的遗传分化。

表 4-66　基于线粒体 Cyt b 基因的细鳞裂腹鱼群体间的分化系数

	GLP2014	QJ2013	QJ2015
QJ2013	0.704 7[*]		
QJ2015	0.662 6[*]	0.009 0	
GLP2016	0.057 8	0.570 7[*]	0.506 5[*]

注：经过 Bonferroni 校正后，* 表示 $P<0.012\ 5$。

采用 Network 5.0 软件，利用 Median Joining 方法构建细鳞裂腹鱼 Cyt b 的单倍型网络结构图，发现缺失单倍型数为 2（见图 4-134），其中 Hap_14 位于图中最基础位置，推测其可能是原始单倍型，其他单倍型由 Hap_14 经过一步或多步突变形成。

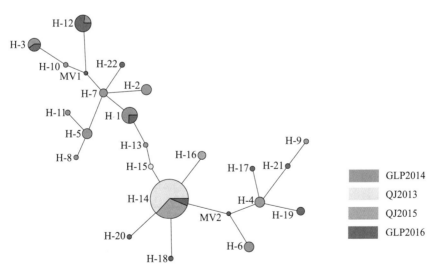

图 4-134　基于线粒体 Cyt b 基因的细鳞裂腹鱼群体单倍型网络结构分析

2. 微卫星多样性

选用 10 个多态性微卫星位点对 2013—2016 年采自金沙江下游攀枝花格里坪和巧家的细鳞裂腹鱼 4 个群体 96 尾样本进行分析。结果显示，细鳞裂腹鱼在 Spt-43b 位点的等位基因数最高（13 个），而在 Spt-23 位点的等位基因数最低（2 个）。在 4 个细鳞裂腹鱼群体中，攀枝花格里坪 2016 年群体的等位基因平均数最高（6.3），巧家 2013 年群体的等位基因平均数最低（4.9）。经检测，平均期望杂合度为 0.598～0.701，平均观测杂合度为 0.619～0.740（见表 4-67）。就位点而言，各位点在各群体的观测杂合度都比较高，表明这 3 个群体近亲交配水平较低，遗传多样性水平较高。哈迪－温伯格检测结果显示，除 Spt-1、Spt-52 和 Spt-87 这 3 个位点外，其他 7 个位点在 4 个群体中全部具有偏离 HWE 的位点。

表 4-67　细鳞裂腹鱼各群体遗传多样性信息

群体	位点	A	H_o	H_e	I	P 值	PIC
QJ2015	Spt-1	6	0.933	0.733	1.470 4	0.954	0.600 2
	Spt-2	6	0.600	0.738	1.440 5	0.118	0.410 2
	Spt-8	4	0.867	0.752	1.340 9	0.752	0.808 4
	Spt-23	2	0.600	0.508	0.684 2	0.615	0.441 6
	Spt-43b	9	0.800	0.883	2.031 4	0.643	0.663 2
	Spt-43a	5	0.800	0.729	1.395 4	0.013	0.833 9
	Spt-52	4	0.667	0.513	0.903 8	0.572	0.370 5
	Spt-62	10	1.000	0.857	1.985 8	0.917	0.677 4
	Spt-68	3	0.600	0.522	0.801 8	0.58	0.664
	Spt-87	5	0.533	0.676	1.234 8	0.376	0.673 6
平均值		5.4	0.740	0.691	1.328 9		0.614 3
GLP2014	Spt-1	6	0.900	0.792	1.651 4	0.753	0.346 8
	Spt-2	7	0.500	0.709	1.337 2	0.100	0.586 8
	Spt-8	5	0.600	0.705	1.248 0	0.497	0.499 2
	Spt-23	2	0.867	0.506	0.690 9	0	0.256 4
	Spt-43b	8	0.552	0.838	1.776 0	0	0.441 3
	Spt-43a	5	0.667	0.512	0.927 5	0.175	0.769 8
	Spt-52	5	0.267	0.302	0.595 1	0.509	0.373 9
	Spt-62	6	0.567	0.545	1.083 1	0.694	0.620 1
	Spt-68	6	0.867	0.655	1.214 8	0.003	0.623 9
	Spt-87	3	0.400	0.414	0.680 4	1.000	0.75
平均值		5.3	0.619	0.598	1.120 4		0.526 8
QJ2013	Spt-1	6	0.933	0.808	1.610 8	0.128	0.356 1
	Spt-2	3	0.367	0.675	1.077 6	0	0.491
	Spt-8	4	0.300	0.412	0.763 2	0.008	0.707 5
	Spt-23	2	0.333	0.31	0.450 6	0.562	0.632 3
	Spt-43b	7	0.900	0.774	1.597 6	0.540	0.724 6
	Spt-43a	7	0.655	0.77	1.601 1	0.346	0.724 7
	Spt-52	5	0.833	0.699	1.298 1	0.280	0.239 2

续表

群体	位点	A	H_o	H_e	I	P 值	PIC
QJ2013	Spt-62	5	0.800	0.757	1.485 9	0.651	0.368 2
	Spt-68	5	0.700	0.540	1.309 3	0.487	0.578 6
	Spt-87	5	0.433	0.379	0.801 1	1.000	0.753 1
平均值		4.9	0.626	0.612	1.172 5		0.557 5
GLP2016	Spt-1	8	0.952	0.833	1.846 2	0.016	0.648 9
	Spt-2	6	0.667	0.807	1.641 0	0.129	0.315 7
	Spt-8	5	0.381	0.667	1.196 9	0.014	0.718 9
	Spt-23	3	0.667	0.528	0.848 4	0.151	0.563 9
	Spt-43b	13	0.810	0.872	2.135 9	0.013	0.733 7
	Spt-43a	6	0.857	0.790	1.567 4	0.396	0.820 7
	Spt-52	5	0.667	0.613	1.208 4	0.359	0.437 6
	Spt-62	9	0.619	0.782	1.714 6	0.023	0.577 4
	Spt-68	4	0.381	0.379	0.693 0	1.000	0.754 8
	Spt-87	4	0.476	0.736	1.290 6	0.088	0.789 7
平均值		6.3	0.648	0.701	1.414 2		0.636 1

注：A 为等位基因数；H_0 为观测杂合度；H_e 为期望杂合度；I 为 shannon 信息指数。

分子方差（AMOVA）分析结果表明，遗传变异大多来自群体内，为 90.43%，而 9.57% 的遗传变异来自群体间（见表 4-68）。基因流计算结果为 2.863 4，说明细鳞裂腹鱼群体间有一定的基因交流。

表 4-68　细鳞裂腹鱼分子方差分析

变异来源	自由度	方差	变异组成	变异百分比（%）	固定指数
群体间	3	56.183	0.332 47 Va	9.57	
群体内	188	590.895	3.143 06 Vb	90.43	F_{st}：0.095 68
总计	191	647.078	3.475 53		

4 个细鳞裂腹鱼群体各个位点的 F 统计量（F-statistics）分析结果及群体总的分化指数（F_{st}）为 0.095 68，细鳞裂腹鱼群体两两间的遗传分化指数（F_{st}）为 0.032 3 ～ 0.136 3（见表 4-69）。其中，巧家 2013 年群体和格里坪 2014 年群体的遗传分化水平最高（0.136 3），而格里坪 2014 年群体和巧家 2015 年群体的遗传分化水平最低（0.032 3）。细鳞裂腹鱼各群体存在遗传分化（当 F_{st} > 0.05 时表示存在群体分化，当 F_{st}=0.10 时表示中等程度分化）。分化的发生主要与采样地理位置和采样时间间隔有关。

表 4-69　细鳞裂腹鱼群体间的分化系数分析

	QJ2015	GLP2014	QJ2013
GLP2014	0.032 3[*]		
QJ2013	0.080 1[*]	0.136 3[*]	
GLP2016	0.037 9[*]	0.114 2[*]	0.104 1[*]

注：经过 Bonferroni 校正后，* 表示 $P<0.012\,5$。

PIC 最初用于连锁分析时对标记基因多态性的估计，现在常用来表示微卫星多态性高低的程度。就位点而言，10 个微卫星位点在 4 个群体中的平均多态信息含量为 0.370 3 ～ 0.858 2，平均为 0.639 2，表明细鳞裂腹鱼群体有较高的遗传多样性（见表 4-70）。就群体而言，所有群体在多数位点上的 PIC 大于 0.5，说明本研究选用的 10 个位点具有较高的多态信息含量，适合进行细鳞裂腹鱼群体的遗传多样性分析。

表 4-70　细鳞裂腹鱼群体遗传多样性信息

位点	F_{is}	F_{it}	F_{st}	N_m^*	PIC
Spt-1	−0.204 4	−0.160 0	0.036 8	6.540 9	0.785 3
Spt-2	0.245 8	0.273 1	0.036 2	6.650 2	0.678 2
Spt-8	0.123 8	0.194 2	0.080 4	2.859 8	0.607 5
Spt-23	−0.383 8	−0.300 6	0.060 1	3.907 4	0.370 3
Spt-43b	0.057 3	0.132 3	0.079 5	2.893 4	0.858 2
Spt-43a	−0.089 6	0.045 1	0.123 6	1.772 4	0.752 1
Spt-52	−0.186 8	−0.050 2	0.115 1	1.922 4	0.550 3
Spt-62	−0.047 1	0.095 6	0.136 3	1.584 7	0.787 5
Spt-68	−0.294 7	−0.227 5	0.051 9	4.565 3	0.505 1
Spt-87	0.135 8	0.194 0	0.067 4	3.459 5	0.497 6
平均值	−0.049 6	0.034 7	0.080 3	2.863 4	0.639 2

注：由 F_{st} 估算的基因流（N_m）$= 0.25(1 - F_{st})/ F_{st}$。

细鳞裂腹鱼群体间 Nei 氏遗传距离和遗传一致性分别为 0.071 8 ～ 0.278 7 和 0.756 8 ～ 0.930 7（见表 4-71）。其中，遗传距离以巧家 2013 年群体和格里坪 2014 年群体最高（0.278 7），而以格里坪 2014 年群体和巧家 2015 年群体最低（0.071 8）；遗传一致性以巧家 2015 年群体和格里坪 2014 年群最高（0.930 7），而以格里坪 2014 年群体和巧家 2013 年群体最低（0.756 8）。

表 4-71　基于 Nei（1978）细鳞裂腹鱼遗传一致性（对角线上方）和
遗传距离（对角线下方）

	QJ2015	GLP2014	QJ2013	GLP2016
QJ2015		0.930 7	0.830 6	0.885 0
GLP2014	0.071 8		0.756 8	0.768 1
QJ2013	0.185 6	0.278 7		0.778 7
GLP2016	0.122 2	0.263 9	0.250 1	

根据遗传距离对细鳞裂腹鱼 4 个群体进行聚类分析，结果显示（见图 4-135），在 4 个细鳞裂腹鱼群体中，巧家 2015 年群体和格里坪 2014 群体聚为一支，巧家 2013 年群体和格里坪 2016 年群体聚为一支。

图 4-135　基于标准遗传距离的 4 个细鳞裂腹鱼群体聚类

4.8.5　其他研究

1. 组织学

段彪和刘鸿艳（2010）采用聚丙烯酰胺凝胶电泳法对细鳞裂腹鱼的 5 种组织（心脏、肝、脾、肌肉、脑）进行了 5 种同工酶（ADH、LDH、MDH、MEP、POD）的初步研究。结果表明，细鳞裂腹鱼的同工酶具有明显的组织特异性。ADH 同工酶表达为 3 条酶带，肝脏的 $Adh\text{-}A_2$ 为优势表达带；LDH 同工酶在组织中表达为 5 条酶带，$Ldh\text{-}B_4$ 在心脏中优势表达，$Ldh\text{-}A_4$ 在肌肉中优势表达；MDH 同工酶共有 4 条酶带，脾脏活性最强；测到的 MEP 共有 4 条酶带，以及表达不明显的是 2 条酶带（Mep_2 和 Mep_3），活性均较低；POD 同工酶在心脏中表达为 2 条酶带，其他组织均表达为 1 条酶带，在心脏和脾中优势表达。

陈礼强（2007）对性腺发育成熟过程中的肌肉、肝胰脏、性腺和血液中各项生理生化指标进行检测，水分在各时期各组织中的变化较小，肌糖原随性腺成熟变化小，而肝糖原和血糖则呈现剧烈变化。卵巢在发育早期对蛋白质的需求量较大，而对脂类物质的需求量不高，该期卵巢积累的蛋白质和脂类均来源于体内的其他组织。卵巢成熟后对蛋白质的需求量减少，但对脂类的需求量急剧增加，在此阶段脂质主要靠内源供应。

精巢中乳酸脱氢酶（LDH）活性与其精子成熟的代谢密切相关，并随精子成熟而升高；性腺中的脂肪酶（LPS）活性也随性腺发育成熟而逐渐升高；一氧化氮合酶（NOS）活性在性腺成熟前的各组织中均以"脉冲"的方式表达，可能是一种生殖信号（陈礼强，2007）。

细鳞裂腹鱼的精巢属于小叶型。精小叶边缘有各种非生殖细胞分布，包括支持细胞、边界细胞、成纤维细胞和间质细胞，各类生精细胞位于精小叶中部。初级精原细胞和次级精原细胞在精巢中的分布区域、细胞大小、细胞器种类和数量的分布方面有诸多不同。拟染色体在除精子外的各期生殖细胞中存在。核泡是在精子细胞形成的过程中产生的，并随精子成熟而消失。成熟精子头部无顶体，主要被核占据，尾部细长，主要由轴丝组成，呈"9+2"结构（陈礼强，2007）。

细鳞裂腹鱼的卵巢是由生殖脊包裹着生长发育的各级卵母细胞构成的。卵母细胞发育到第 3 时相末，卵黄开始在细胞核与细胞膜的中间部位积累，并围绕细胞核呈环状分布，随后逐渐往细胞核和细胞膜两边扩散。卵黄的形成经历了卵黄颗粒前体、卵黄颗粒中间体和卵黄颗粒等 4 个阶段。在卵母细胞发育成熟过程中，核仁数目呈波浪状起伏，到第 3 时相晚期达到最多，为（118±26）个，核仁颗粒在第 4 时相晚期达到最大，直径为（7.0±1.6）μm（陈礼强，2007）。

2. 血液学

刘国勇等（2011）研究水流速度对细鳞裂腹鱼血液学指标的影响，在急流（4.2～5.0m/s）和缓流（0.08～0.11m/s）条件下进行对比，观察生长的细鳞裂腹鱼血液中红细胞数（RBC）、白细胞数（WBC）等血液主要生化指标的变化。结果显示，在急流与缓流条件下，细鳞裂腹鱼血液的 RBC 和 WBC 没有显著差异（$P > 0.05$），急流组血红蛋白含量显著高于缓流组血红蛋白含量（$P < 0.01$）。缓流组细鳞裂腹鱼的总蛋白、球蛋白、白蛋白、总胆固醇、甘油三酯、血糖等指标显著或极显著高于急流组，而缓流组的谷草转氨酶活性和谷丙转氨酶活性显著低于急流组（$P < 0.01$）。这说明急流条件下细鳞裂腹鱼的营养水平明显低于缓流条件下的，急流条件可能导致细鳞裂腹鱼的心脏和肝组织损伤。

3. 行为学

袁喜等（2012）通过自制的密封鱼类游泳实验装置研究了水流速度对细鳞裂腹鱼游泳行为和能量消耗的影响。结果显示，细鳞裂腹鱼的摆尾频率随游泳速度的变化有明显的变化规律，摆尾频率随流水速度增加而显著增加，而摆尾幅度随流水速度增加而呈减小趋势，差异性不显著。结果还表明，在水温（26±1）℃条件，（10.60±0.54）cm 细鳞裂腹鱼的相对临界游泳速度为（11.5±0.5）bl/s，绝对临界游泳速度为（110.28±2.02）cm/s。测定的相对临界流水速度较其他鲤科鱼类的大，这是对生存水流环境（流水速度 0.5～1.5m/s）适应性的表现。这一结果表明鱼类的游泳能力是能够训练的。运动代谢率与相对流水速度的关系为 AMR = 93.08e（0.307v）+ 314.33，R^2=0.994；单位距离能耗与流水速度的指数关系为 COT=28e（1.03V）+6.05，R^2=0.998。流水速度达到 8bl/s 时，细鳞裂腹鱼的耗氧率开始下降，从流水速度 7bl/s，（1245.57±90.97）mg O_2/（kg·h）最大，下降到（978.78±189.38）mg O_2/（kg·h）。在 1～7bl/s 流水速度范围内，细鳞裂腹鱼单位时间内的耗氧率随游泳速度增加而增加，而且随游泳速度增加，单位距离能耗（COT）逐渐减少，最小能耗在 6 倍体长流水速度 0.68m/s 时，为（6.00±1.57）J/（kg·m），其能量利用效率最大。

Tu 等（2011）对细鳞裂腹鱼仔鱼的游泳行为和能量消耗进行了研究，运用高速摄像机记录不同游泳速度下的鱼类游泳行为，通过视频慢放功能分析鱼类的摆尾频率（TBF）和摆尾幅度（TBA），并计算了耗氧率（MO_2）和游泳速度（U）的关系。结果显示，估算的标准代谢率单位距离能耗与流水速度的关系为典型的逆钟形，当流水速度达到 5.5bl/s 时，COT_{min}=44.6J/(kg·m)。摆尾频率和流水速度呈典型的正向线性关系，相关系数为 0.33，相对大多数种类来说偏低，这说明细鳞裂腹鱼的游泳效率较高。摆尾幅度为 0.15～0.2bl 时，与流水速度不相关。

涂志英（2012）以细鳞裂腹鱼幼鱼为对象，测定了细鳞裂腹鱼的临界游泳速度、稳定游动状态下的有氧代谢特征，及摆尾频率和摆尾幅度随流水速度的变化规律。采用非线性拟合得到耗氧率和游泳速度的幂函数模型（$P < 0.05$）。由模型推导得到的标准代谢率（SMR）为 445.34mg O_2/(kg·h)，与实测值 431.5mg O_2/(kg·h) 相近。单位距离能耗与游泳速度的关系为开口向上的抛物线，在最适流水速度 U_{opt}=5.5bl/s（体长/

秒）时，得到 COT_{min}=44.6J/(kg·m)。TBF 与 U 呈显著线性关系（$P < 0.001$），直线斜率为 0.33，低于其他多数鲤科鱼类，表明细鳞裂腹鱼具有较高的游泳效率。TBA 的值与 U 无关，在 0.15 ~ 0.2bl 之间变化。游泳运动分析表明，细鳞裂腹鱼主要依靠尾鳍的摆动产生推进力，且随流水速度增加采用了 3 种游泳方式。在 25℃水温条件下，细鳞裂腹鱼的临界游泳速度达到 6.5bl/s（bl 9.5 ~ 13.2cm），表明其具有较强的游泳能力（Tu et al.，2011）。

4.8.6　资源保护

1. 人工繁殖

根据陈礼强（2007）对细鳞裂腹鱼人工繁殖的研究，精子在天然河水中快速运动时间为（43 ± 8）s，寿命为（180 ± 36）s。精子在不同浓度的氯化钠和葡萄糖溶液中快速运动时间和寿命的变化规律基本一致。在 0.6% 的氯化钠溶液和 0.4% 的葡萄糖溶液中，精子的活力最强，精子快速运动的平均时间分别为 54s 和 52s，平均寿命分别为 1508s 和 1760s。加入去离子水后，停止运动的精子又可被激活。

2005—2006 年分别用 4 种不同的催产剂组合对经人工驯养的 180 余尾性成熟的细鳞裂腹鱼进行了人工催产，共获得受精卵 50 余万粒，孵化出仔鱼 9 万余尾。可成功进行人工催产的水温范围为 13 ~ 18℃。催产效果较好的催产剂组合为 PG 与 HCG 联合二次注射，第一次注射剂量为（5mg+600IU）/kg 鱼体重，第二次注射剂量为（12mg+1000IU）/kg 鱼体重，在水温 13 ~ 18℃条件下，其效应时间为 85 ~ 98h（陈礼强，2007）。

2. 资源变化

将 2012—2013 年与 2014—2017 年的调查结果进行比较，发现一些变化特征（见表 4-72）：捕捞个体的最小体长更短、最小体重更轻；平均体长和平均体重增加；年龄结构无差异；渐进体长和渐进体重增加明显；生长系数 K 值从 2012—2013 年的 0.11 略微上升到 2014—2017 年 0.13；捕捞死亡系数和开发率比 2012—2013 年明显增加，表明 2013 年后调查区域捕捞强度增加；年平均资源生物量和年平均资源尾数均有明显下降，其值分别从 2012—2013 年的 39.10t 和 53 797 尾下降到 2014—2017 年的 16.04t 和 14 734 尾，分别减少了 58.98% 和 72.61%。

表 4-72　两个不同采样期间金沙江下游细鳞裂腹鱼的资源特征比较

资源特征	2012—2013 年	2014—2017 年	变化趋势
体长范围（mm）	99 ~ 326（n=94 尾）	92 ~ 430（n=82 尾）	范围增加
平均体长（mm）	205（n=94 尾）	224（n=82 尾）	变长
体重范围（g）	19.3 ~ 752.2（n=94 尾）	12.2 ~ 1 554.0（n=82 尾）	范围增加
平均体重（g）	227.8（n=94 尾）	323.6（n=82 尾）	变重
年龄组成（龄）	1 ~ 4（n=94 尾）	1 ~ 4（n=82 尾）	无差异
渐进体长（mm）	690.2（n=94 尾）	774.74（n=82 尾）	变长
渐进体重（g）	8717.16（n=94 尾）	10 276.74（n=82 尾）	变重

资源特征	2012—2013 年	2014—2017 年	变化趋势
生长系数（/a）	0.11（n=94 尾）	0.13（n=82 尾）	增加
繁殖季节性成熟个体比例（%）	0%（n=39 尾）	4.17%（n=24 尾）	——
雌雄性比	1.17∶1（n=39 尾）	1.29∶1（n=16 尾）	——
捕捞死亡系数（/a）	0.17	0.42	增加
开发率（/a）	0.41	0.62	增加
年平均资源生物量（t）	39.10	16.04	下降
年平均资源尾数（尾）	53 797	14 734	下降

资源丰度的年际变化：细鳞裂腹鱼在 2012—2017 年渔获物中的尾数百分比的变动趋势（攀枝花段）见图 4-136。2012—2017 年，细鳞裂腹鱼在渔获物中的尾数百分比从 2012 年的 2.65% 上升到 2014 年的 6.65%，然后逐渐下降到 2017 年的 0.49%。

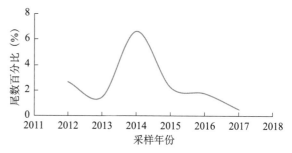

图 4-136　细鳞裂腹鱼在 2012—2017 年渔获物中的尾数百分比的变动趋势（攀枝花段，n=94 尾）

细鳞裂腹鱼在 2012—2017 年渔获物中的尾数百分比的变动趋势（巧家段）见图 4-137。2012—2017 年，细鳞裂腹鱼在渔获物中的尾数百分比从 2012 年的 1.24% 上升到 2013 年的 1.89%，然后逐渐下降到 2017 年的 0.00%。

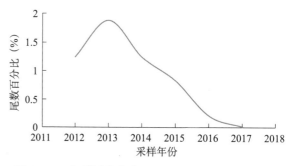

图 4-137　细鳞裂腹鱼在 2012—2017 年渔获物中的尾数百分比的变动趋势（巧家段，n=94 尾）

细鳞裂腹鱼在 2012—2017 年渔获物中的重量百分比的变动趋势（攀枝花段）见图 4-138。2012—2017 年，细鳞裂腹鱼在渔获物中的重量百分比从 2012 年的 17.98% 上升到 2014 年的 29.93%，然后逐渐下降到 2017 年的 3.85%。

细鳞裂腹鱼在 2012—2017 年渔获物中的重量百分比的变动趋势（巧家段）见图 4-139。2012—2017 年，细鳞裂腹鱼在渔获物中的重量百分比从 2012 年的 2.11% 上升到

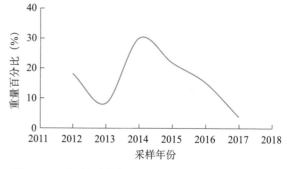

图 4-138　细鳞裂腹鱼在 2012—2017 年渔获物中的重量百分比的变动趋势（攀枝花段，n=94 尾）

2014 年的 5.71%，然后逐渐下降到 2017 年的 0.00%。

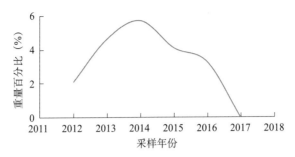

图 4-139　细鳞裂腹鱼在 2012—2017 年渔获物中的重量百分比的变动趋势（巧家段）

　　细鳞裂腹鱼在 2012—2017 年攀枝花段的 CPUE 的变动趋势见图 4-140。2012—2017 年，细鳞裂腹鱼在攀枝花段的 CPUE 从 2012 年的 4.95kg/（船·d）逐渐下降到 2017 年的 1.15kg/（船·d）。

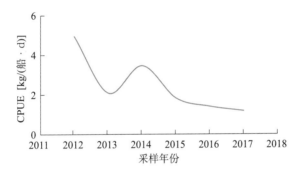

图 4-140　细鳞裂腹鱼在 2012—2017 年攀枝花段的 CPUE 的变动趋势

　　细鳞裂腹鱼在 2012—2017 年巧家段的 CPUE 的变动趋势见图 4-141。2012—2017 年，细鳞裂腹鱼在巧家段的 CPUE 从 2012 年的 0.29kg/（船·d）上升到 2013 年的 1.53kg/（船·d），然后逐渐下降到 2017 年的 0kg/（船·d）。

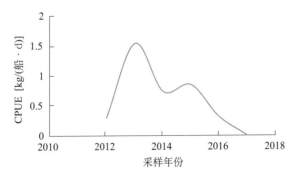

图 4-141　细鳞裂腹鱼在 2012—2017 年巧家段的 CPUE 的变动趋势

4.9　四川裂腹鱼

4.9.1　概况

1. 分类地位

四川裂腹鱼（*Schizothorax kozlovi* Nikolsky，1903）（见图 4-142）隶属鲤形目（Cypriniformes）鲤科（Cyprinidae）裂腹鱼亚科（Schizothoracinae）裂腹鱼属（*Schizothorax*）裂尻鱼亚属（*Racoma*），也被称作细甲鱼，是长江上游特有鱼类之一。

图 4-142　四川裂腹鱼（邵科摄，雅砻江，2017）

四川裂腹鱼鱼体较长，稍侧扁，头锥形，吻部稍突出。口下位，呈弧形或马蹄形。下颌内侧角质较发达，但没有形成锐利角质前缘。唇较发达，左右下唇叶相互接触，中叶小。须 2 对。体披细鳞，体背呈青灰色或黄灰色，腹部呈银白色，尾鳍呈红色（丁瑞华，1994）。

2. 种群分布

据《四川鱼类志》记载，四川裂腹鱼分布在金沙江和雅砻江的峡谷地带，而据张晓杰和代应贵（2011）以及近几年许多关于四川裂腹鱼的文献，乌江上游干支流分布有较多四川裂腹鱼。

3. 三场分布

陈永祥等（1990）对位于乌江上游的六冲河一段典型的产卵场进行了底质、水深及流水速度调查。该河滩宽约 30m，为卵石、泥沙混合底质，卵石直径为 3 ~ 80mm，大部分为 10 ~ 35mm，卵石上及卵石间为泥沙。河水最深处达 1m。在 0.25m 水深处表层水流速度为 0.5m/s，0.5m 水深处表层水流速度为 1.34m/s，1m 水深处表层水流速度为 2.56m/s。（陈永祥和罗泉笙，1996）

4.9.2　生物学研究

1. 年龄与生长

（1）年龄结构。根据李忠利等（2015）的研究，对采自乌江上游总稽河的四川裂腹鱼进行分析，4 种年龄材料（臀鳞、脊椎骨、主鳃盖骨和微耳石）可显示不同特征的轮纹（见图 4-143）。

臀鳞的年轮是典型的疏密型，有两种，一种为脊型的和脊外缘的年轮，另一种为环片环纹形的年轮。脊椎骨的年轮以凹面顶部为中心，相间排列成同心圆环状。主鳃盖骨骨片呈宽带与窄带相间的特点，但是年轮不太清楚。微耳石经过打磨处理后，形成以耳石中心为中心，外围为同心圆排列的年轮特征，呈现的宽窄带较清晰，可准确推测出年龄。

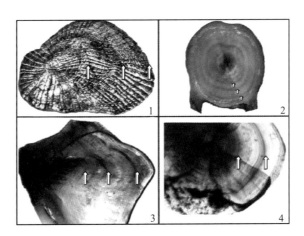

图 4-143　四川裂腹鱼的年轮特征

1—臀鳞；2—脊椎骨；3—主鳃盖骨；4—微耳石

（标尺 1mm，箭头表示年轮，引自李忠利等，2015）

根据李忠利等（2015）的研究，四川裂腹鱼标本由 1～4 龄组成，其中以 3 龄为主，占总采集样本数的 57.5%；其次为 2 龄，占总采集样本数的 26.5%（见图 4-144）。

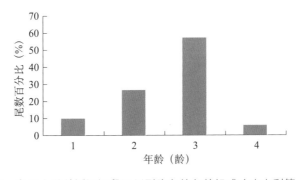

图 4-144　乌江上游总溪河河段四川裂腹鱼的年龄组成（李忠利等，2015）

（2）体长与体重的关系。根据李忠利等（2015）的研究，四川裂腹鱼体长（L）与体重（W）呈幂曲线相关关系，其关系式 $W = 0.000\ 02 \times 2.951\ 1L$（$R^2 = 0.954\ 3$，$n = 113$）。其生长参数为 $L_\infty = 598.39$mm，$k = 0.092\ 9$，$t_0 = -3.363\ 6$。由体重和体长关系式得到 $W_\infty = 313\ 4.65$g。将上述参数带入 Von Bertalanffy 生长方程得到四川裂腹鱼体长和体重生长方程 $L_t = 598.39\left[1-e^{-0.092\ 9(t+3.363\ 6)}\right]$；$W_t = 3\ 134.65\left[1-e^{-0.092\ 9(t+3.363\ 6)}\right]2.951\ 1$。

（3）生长特征。对体长和体重方程求一阶导数和二阶导数，得到体长和体重的生长速度和加速度方程：

体长：

$$dL/dt = 55.59e^{-0.0929(t+3.3636)}, \quad d^2L/dt^2 = -5.16e^{-0.0929(t+3.3636)};$$

体重：

$$dW/dt = 859.39e^{-0.0929(t+3.3636)}\left[1-e^{-0.0929(t+3.3636)}\right]^{1.9511};$$

$$d^2W/dt^2 = 79.84e^{-0.0929(t+3.3636)}\left[1-e^{-0.0929(t+3.3636)}\right]^{0.9511}\left[2.9511e^{-0.0929(t+3.3636)}-1\right];$$

拐点年龄为 $t_i = t_0 + \ln b/k = 8.3$，该拐点年龄对应的体长 $L_i = 395.62$mm，体重 $W_i = 924.39$g。

2. 食性特征

关于四川裂腹鱼食性方面的研究较少，仅张晓杰和代应贵（2011）做过少量研究，主要通过采集乌江上游的 190 尾四川裂腹鱼个体进行食性分析。结果表明，四川裂腹鱼主要食用水生昆虫、藻类、水生植物、原生动物、软体动物和环节动物等，总体属于底栖杂食性鱼类，水生昆虫和藻类这两类食物最常见（见表 4-73）。

表 4-73　四川裂腹鱼食物组成的季节变化
（张晓杰和代应贵，2011；W 为重量百分比，F 为出现率）

食物种类	春季（n=27 尾）		夏季（n=85 尾）		秋季（n=27 尾）		冬季（n=51 尾）	
	W（%）	F（%）	W（%）	F（%）	W（%）	F（%）	W（%）	F（%）
水生昆虫	64.83	100	85.34	98.50	39.01	66.70	2.89	43.90
藻类	31.40	100	0.08	98.80	0.01	66.70	95.91	100.00
水生植物	3.70	8.10	8.02	33.70	52.83	70.40	0.23	16.80
原生动物	0.03	17.9	1.65	36.00	5.53	66.70	0.22	25.00
软体动物	0.04	7.10	3.25	25.60	2.50	29.60	0.68	7.10
环节动物	0.02	50.00	0.89	43.00	0.01	63.00	0.03	57.10

3. 繁殖特征

（1）繁殖群体组成。裂腹鱼类因生活环境较差，生长缓慢，生殖期延迟，故其性成熟较晚，同时存在雄鱼较雌鱼早成熟的现象（曹文宣等，1962）。雄性最小成熟年龄为 3+ 龄，4+ 龄以上全部成熟；雌性最小成熟年龄为 5+ 龄，5+ 龄以上全部成熟。繁殖群体中，雄鱼以 3+ 龄和 4+ 龄个体为主，雌鱼以 5+ 龄、6+ 龄个体为主（陈永祥和罗泉笙，1997）。

（2）繁殖力。根据对 30 尾四川裂腹鱼的统计，其绝对繁殖力 2832～28 120 粒/尾，平均 8 681.4 粒/尾，相对繁殖力 3.351 5～14.325 1 粒/g，平均 7.928 6 粒/g。随着年龄的增长，繁殖力也增大，而且繁殖力随体重、净体重和卵巢的增大而增大（陈永祥和罗泉笙，1995）。

（3）繁殖时间。四川裂腹鱼的产卵期通常为 3 月上旬至 4 月上旬。3 月中下旬为繁殖旺盛期，至 4 月中旬，成熟个体的性腺均达到Ⅵ期，没有Ⅳ期和Ⅴ期的个体。

（4）繁殖习性。四川裂腹鱼通常在连续 30d 左右水温超过 13℃时产卵；喜夜间产卵，产卵前喜欢追逐，雄鱼有筑窝习性；受精卵附着于浅滩卵石泥沙等混合底质（陈永祥和罗泉笙，1997）。

4. 胚胎发育

关于四川裂腹鱼胚胎发育的研究很少，仅陈永祥和罗泉笙（1997）开展了其胚胎发育时序的观察与记录。参考胚胎发育的形态分期特征（曹文宣等，2008），可分为受精卵、卵裂、囊胚、原肠胚、神经胚、器官分化及出膜等 7 个发育阶段 21 个时期。

4.9.3　遗传多样性研究

关于四川裂腹鱼遗传多样性的研究较少，仅代应贵等（2010）和陈永祥（2013）开展了研究。代应贵等（2010）通过收集乌江 32 尾个体，开展了四川裂腹鱼线粒体控制区（D ～ loop）464bp 长度的序列分析，共发现有 9 种单倍型，构建的单倍型遗传距离发育树表明四川裂腹鱼乌江种群的遗传多样性较低。

陈永祥（2013）的研究方法与代应贵等（2010）的研究方法相同，他比较了乌江上游 2 个河段和金沙江攀枝花河段以及雅砻江上游河段 4 个群体共计 92 尾个体的遗传多样性水平。研究发现，核苷酸变异位点显示共计有 32 个单倍型，在 4 个群体中，羊街河群体具有最低的单倍型多样性和核苷酸多样性，攀枝花群体具有最高的单倍型多样性，雅砻江群体具有最高的核苷酸多样性，总体来说具有较丰富的遗传多样性。分子方差分析（AMOVA）显示，种群间和种群内的遗传变异比例几乎各占一半。不同种群间出现了较大分化，乌江群体与金沙江群体和雅砻江群体的分化较显著。

4.9.4　其他研究

1. 组织学

关于四川裂腹鱼的组织学研究很少，仅陈永祥等做过少量研究。他通过石蜡切片和显微摄影技术，对四川裂腹鱼的精巢组织和卵巢组织进行了观察。

四川裂腹鱼的精巢为一对延长的绳状结构，繁殖季节因充满精液而膨大。切片显示，起横切面呈新月形，肾为椭圆形。卵巢为一对延长状的囊状结构，后末端汇合成输卵管道连通至生殖孔（陈永祥和罗泉笙，1996）。

2. 能量代谢

（1）耗氧率。对 12 尾四川裂腹鱼进行耗氧率测定（胡思玉等，2009），结果表明，白天的平均耗氧率略高于夜间的，但是差异不明显。

（2）窒息点。对 66 尾四川裂腹鱼进行耗氧率测定，结果表明，四川裂腹鱼的窒息点为 0.395mg/L（范家佑等，2010）。

（3）微量元素。对 30 尾 1 ～ 7 龄四川裂腹鱼进行微量元素检测，结果表明，四川裂腹鱼肌肉以钙、磷、钾、钠和镁5种元素为常量元素，而铜、锌、铁、锰和硒为微量元素。含量较高的元素为铁，其次为铜、锌和锰，硒的含量最低（范家佑等，2010）。

3. 肌肉氨基酸

四川裂腹鱼的含肉率为67.72%（范家佑等，2010），结果表明，肌肉氨基酸总量（TAA）达干重的3/4以上，表明四川裂腹鱼营养非常丰富（陈永祥等，2009）。

4. 肌肉脂肪酸

对四川裂腹鱼肌肉中的脂肪酸组成与含量进行分析，结果表明，在检出的13种脂肪酸中，饱和脂肪酸（SFA）占比不到30%，其余均为不饱和脂肪酸。检测结果还表明，四川裂腹鱼的脂肪酸组成具有多样性（陈永祥等，2009）。

5. 病害与防治

水霉病和三代虫病是人工培育四川裂腹鱼中常见的两种病害。

患有水霉病时，鱼体表面有白色絮状霉丝，患鱼烦躁不安，病情加重后游泳速度很慢，最后死亡。防治方法是用二氧化氯消毒，配合食盐和小苏打合剂浸泡，再辅以内服土霉素饲料，从而有效抑制水霉病发展。

三代虫常寄生于四川裂腹鱼育苗头部和胸鳍，导致其食欲减退，身体瘦弱，呼吸困难。防治方法是用高锰酸钾浸泡鱼体。

4.9.5 资源保护

周礼敬等（2012）进行了三批四川裂腹鱼的人工繁殖试验，指出繁殖水温为14.5～17.5℃时，四川裂腹鱼的卵为沉性卵，具微黏性，吸水后可增大约0.8mm。出膜后，经过鸡蛋黄、水蚯蚓以及全价配合饵料的喂养，使其逐步生长。

4.10 小裂腹鱼

4.10.1 概况

1. 分类地位

小裂腹鱼（*Schizothorax parvus* Tsao，1964）隶属鲤形目（Cyprinifo-rmes）鲤科（Cyprinidae）裂腹鱼亚科（Schizothoracinae）裂腹鱼属（*Schizothorax*），俗称面鱼，是云南省珍稀鱼类之一。

2. 种群分布

小裂腹鱼主要分布在金沙江水系的漾弓江流域内。

4.10.2 生物学研究

1. 食性特征

（1）食物组成。小裂腹鱼摄食种类众多，喜食水生昆虫、硅藻、水绵等，较大个体的小裂腹鱼能吃小虾、小螺蛳等。在不同季节，小裂腹鱼肠含物中的主要种类不同，夏季为水生昆虫，春秋季为硅藻及浮游动物，而冬季则为水绵。

（2）摄食强度。根据对 71 尾样本的研究，小裂腹鱼的充塞度主要为 3 ～ 4 级。繁殖季节，性成熟个体的充塞度均为 1 ～ 2 级，腹腔的空间主要被卵粒或精巢占据。

2. 繁殖特性

根据徐伟毅等（2004）的研究，小裂腹鱼的繁殖季节为 2—4 月，繁殖盛期为 3 月底至 4 月初。通常，小裂腹鱼会在岩洞口内外附近区域、河道叠水深潭下方产卵，受精卵会附着于砾石、树枝和木桩上。

3. 胚胎发育

小裂腹鱼的胚胎发育分为受精卵、胚盘、卵裂、囊胚、原肠胚、神经胚和器官形成 7 个阶段（冷云等，2006）（见图 4-145）。

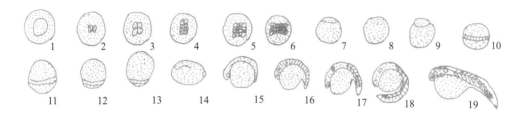

图 4-145　小裂腹鱼的胚胎发育过程

1—胚盘期；2—2 细胞期；3—4 细胞期；4—8 细胞期；5—16 细胞期；6—32 细胞期；7—囊胚早期；8—囊胚中期；9—囊胚晚期；10—原肠早期；11—原肠中期；12—原肠晚期；13—神经胚期；14—胚孔封闭期；15—眼囊期；16—耳囊期；17—尾鳍出现期；18—心跳期；19—出膜期

4.10.3　资源保护

徐伟毅等（2004）开展了野生小裂腹鱼的人工繁殖试验，在室内静水条件下对其孵化，最终获得鱼苗约 1800 尾。

4.11　中华金沙鳅

4.11.1　概况

1. 分类地位

中华金沙鳅［*Jinshaia sinensis*（Sauvage *et* Dabry），1874］隶属鲤形目（Cypriniformes）平鳍鳅科（Homalopteridae）爬鳅亚科（Balitorinae）金沙鳅属（*Jinshaia*），俗称石扒子、石爬子等，广泛分布于金沙江中下游及长江上游的干支流，为典型的激流型长江上游特有鱼类（见图 4-146）（乐佩琦，2000）。

图 4-146　中华金沙鳅（邵科摄，攀枝花市，2019）

2. 种群分布

据《四川鱼类志》记载，中华金沙鳅在长江上游干流、金沙江及其支流、雅砻江、岷江、沱江、嘉陵江、乌江和大宁河均有分布。（高少波等，2013；于晓东等，2005；蒋红等，2007；虞功亮等，1999）。

3. 三场分布

（1）产卵场。根据文献资料和实地调查，长江上游和金沙江干支流广泛分布有中华金沙鳅产卵场。吴金明等（2010）在 2007 年和 2008 年对赤水河中华金沙鳅产卵场的监测表明，产卵场位于贵州省元厚镇以上河段；唐锡良（2010）在长江干流重庆江津段的鱼类早期资源调查表明，长江干流宜宾至重庆江津段也分布有中华金沙鳅的产卵场；杨志等（内部资料）在金沙江下游 4 个早期资源断面采样调查的结果表明，金沙江中下游广泛分布有中华金沙鳅产卵场，即金沙江中游的金安桥河段至下游的宜宾河段；刘淑伟等（2013）对金沙江中游中华金沙鳅产卵场的监测表明，在金沙江梨园电站以上河段共存在 3 处产卵场，分别位于云南省玉龙县龙蟠镇、黎明乡和巨甸镇。

（2）索饵场。中华金沙鳅为底栖性鱼类，以偶鳍吸附在水底的石头上生存，其食物主要为周丛藻类、节肢动物和螺类，节肢动物中出现率最高的是摇蚊幼虫与石蝇，与长江上游底栖动物的出现率相近。此外，中华金沙鳅的肠胃内含物中出现大量沙粒，证明其索饵场存在大量沙粒，会在摄食过程中被带入到消化道中。贾砾（2013）的研究表明，节肢动物与螺类在卵石底质中种类丰富、生物量大；在沙质底质中，生物量较小，无法满足中华金沙鳅的索饵需求。故中华金沙鳅的索饵场应为水流较浅的以卵石底质为主兼有沙粒存在的河段。

4.11.2　生物学研究

1. 渔获物结构

2011—2013 年在金沙江下游采集到的中华金沙鳅样本的体长范围为 35 ～ 138mm，以 57 ～ 107mm 为主（占总采集尾数的 79.39%）；体重范围为 0.4 ～ 35.3g，以 10.1g 以下为主（占总采集尾数的 71.86%）（见图 4-147）。

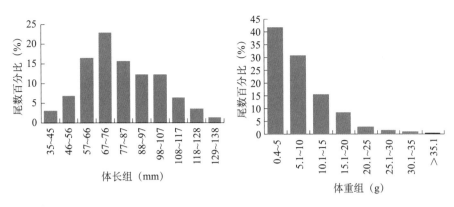

图 4-147 2011—2013 年金沙江下游中华金沙鳅体长和体重组成

2014—2017 年春夏季和秋冬季共统计了中华金沙鳅样本 898 尾，分别采自巧家及其支流黑水河下游段（457 尾）和攀枝花段（441 尾）。所有样本的体长范围为 26～152mm，平均体长 81mm，以 50～90mm 为主（占总采集尾数的 65.4%）；体重范围为 0.3～49.0g，平均体重 8.8g，以 0.3～9.0g 为主（占总采集尾数的 70.0%）（见图 4-148）。

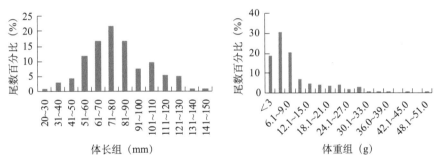

图 4-148 2014—2017 年金沙江下游中华金沙鳅体长和体重组成

2. 年龄与生长

（1）年龄结构。可采用脊椎骨和耳石对中华金沙鳅的年龄进行鉴定。年轮呈白色圈带，分布在脊椎骨的横截面上，其中心核区外缘通常形成较不明显的幼轮。在入射光下可以看到白色的宽带和暗黄色的窄带，以脊椎骨凹面顶部为中心，相间排列成同心圆环。在透射光下呈亮色的窄带和暗色的宽带。在脊椎骨上发现有副轮，主要是白色宽带中出现黑色的环片，但是不完全贯穿整个宽带，呈不连续性。此外，脊椎骨的椎节四面内部的中心有钙状沉积物质，影响第一个年轮的阅读。耳石呈不规则梨形，经打磨后，在显微镜下透光观察制片，耳石中心是一个核，核的中心是耳石原基，核外为同心圆排列的年轮。前区轮纹密集不易分辨，背、腹两侧轮纹较清晰，但边缘轮纹密集难以确认，且耳石的边缘部分较薄且脆，易在磨制中受损，从而影响读数。但总体来看，耳石上呈现的白色宽带和暗灰色窄带排列非常清晰，几乎没有其他副轮，可以比较准确地进行读数。磨片在显微镜下透光观察，纹路宽、沉积深的轮纹区组成暗带，纹路窄、沉积浅的轮纹区组成明带，明带和暗带相间排列（见图4-149）。

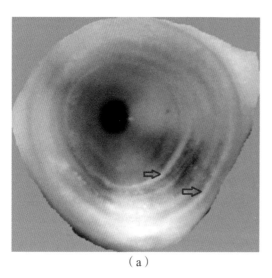
（a）

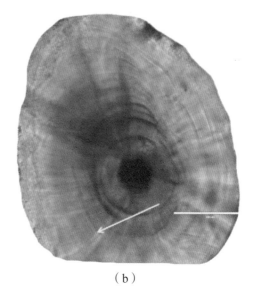
（b）

图4-149 中华金沙鳅的年轮特征
（a）脊椎骨，2+龄；（b）耳石，1+龄

采用脊椎骨和耳石共鉴定了437尾中华金沙鳅的年龄。年龄样本来自攀枝花、巧家和黑水河下游。所有鉴定样本中，以2～3龄个体最多，占鉴定样本总个体数的84.4%。在所有鉴定样本中，4龄为中华金沙鳅个体中的最大年龄（见图4-150）。

（2）体长与体重的关系。2014—2017年采自金沙江下游攀枝花、巧家和黑水河下游的中华金沙鳅的体长（L）和体重（W）呈幂函数相关关系，其关系式$W=1.0\times10^{-5}L^{3.0309}$，$R^2=0.9605$（见图4-151）。

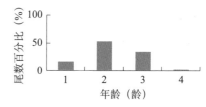

图4-150 2014—2017年金沙江下游中华金沙鳅的年龄分布（n=437尾）

（3）生长特征。采用最小二乘法对2014—2017年体长分组数据进行拟合，获得的生长参数L_∞=170.51mm；k=0.34；t_0=-0.21龄；W_∞=58.01g。将各参数代入Von Bertalanfy方程得到中华金沙鳅的体长和体重生长方程：L_t=170.51[1-$e^{-0.34(t+0.21)}$]，W_t=58.10[1-$e^{-0.34(t+0.21)}$]$^{3.0309}$。

中华金沙鳅的体长生长曲线没有拐点，逐渐趋向渐进体长（见图4-152）。体重生长曲线与其他鱼类的体重生长曲线类似。

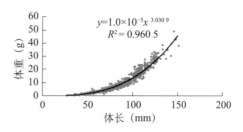

图4-151 2014—2017年金沙江下游中华金沙鳅的体长与体重关系（n=896尾）

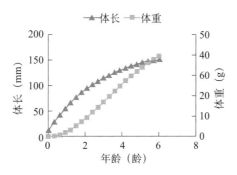

图 4-152　2014—2017 年金沙江下游中华金沙鳅体长生长曲线

对体长生长方程求一阶导数和二阶导数，得到中华金沙鳅的体长生长速度和体长生长加速度方程（见图 4-153）：

$$dL/dt = 57.97e^{-0.34(t-0.07)};$$
$$d^2L/dt^2 = -19.71e^{-0.34(t-0.07)}。$$

对体重生长方程求一阶导数和二阶导数，得到中华金沙鳅的体重生长速度和体重生长加速度方程（见图 4-154）：

$$dW/dt = 59.87[1-e^{-0.34(t-0.07)}]^{2.0309}e^{-0.34(t-0.07)};$$
$$d^2W/dt^2 = 20.36[1-e^{-0.34(t-0.07)}]^{1.0309}e^{-0.34(t-0.07)}$$
$$[3.0309e^{-0.34(t-0.07)}-1]。$$

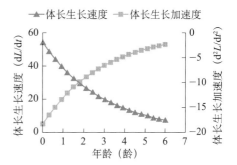

图 4-153　2014—2017 年金沙江下游中华金沙鳅体长生长速度和体长生长加速度曲线

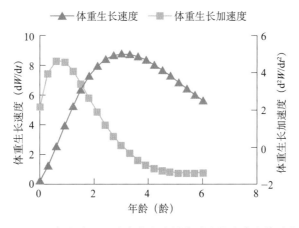

图 4-154　2014—2017 年金沙江下游中华金沙鳅体重生长速度和体重生长加速度曲线

从体重生长速度曲线以及体重生长加速度曲线可知，金沙江下游中华金沙鳅的拐点年龄为 t_i=3.05 龄，该拐点年龄对应的体长 L_i=114mm、体重 W_i=17.3g。

3. 食性特征

苗志国（1999）对金沙江下游中华金沙鳅的食性进行了初步研究，发现中华金沙鳅的食物组成较复杂（见表 4-74），包括藻类、高等植物碎片、水生昆虫和软体动物等。藻类主要为硅藻（舟形藻、鼓藻、异极藻直链藻、小环藻等）和绿藻（多为刚毛藻）；水生昆虫主要有摇蚊幼虫和石蚕；高等水生植物碎片多不能检视种类；软体动物很少出现。在检测的 55 尾样本中，消化道有食物的 47 尾，空肠率为 14.5%。在各类食物中，以硅藻的出现次数、出现率和出现次数百分比最高。如只统计肠胃充塞度在 3 级以上的样本，则硅藻的出现率为 100%，依次为刚毛藻（94.1%）、摇蚊幼虫（88.2%）和高等植物碎片（64.7%）。

表 4-74　中华金沙鳅的食物组成（苗志国，1999）

食物种类	硅藻	刚毛藻	高等植物碎片	摇蚊幼虫	昆虫成体	石蚕	软体动物	合计
出现次数	41	36	27	23	13	5	2	147
出现率（%）	87.2	76.6	57.4	48.9	27.7	10.6	4.3	—
出现次数百分比（%）	27.9	24.5	18.4	15.6	8.8	3.4	1.4	—

根据贾砾（2013）的研究（见表 4-75），宜宾河段中华金沙鳅的食物种类比较丰富，主要食物为藻类（硅藻、绿藻）、轮虫（水轮属、龟甲轮属及轮虫卵）、水生寡毛类及卵、螺类、节肢动物（摇蚊幼虫、石姆及鲜虫），另外还有少许水生高等植物碎片，除食物外，中华金沙鳅的肠胃内含物中还有大量沙粒。在各食物种类中，藻类的出现率最高，种类也最多，其次是节肢动物。但藻类在秋季样本中未出现，而节肢动物在各个季节样本中均保持较高的出现率。在藻类中，出现率最高的是硅藻门的变异直链藻，舟形藻和脆杆藻的出现率也较高，而绿藻门中主要是刚毛藻，其他种类很少出现。在节肢动物中，出现率最高的是摇蚊幼虫和石绳，蚌虫很少出现，但在刮取肠胃内含物的过程中发现，摄食蚌虫的样本，其肠道充塞度很高，且食物基本都是蚌虫，其他食物很少或没有。肠胃内的轮虫动物门种类丰富，出现率最高的是旋轮属，在各个季节的出现次数和出现率均较稳定，与高等水生植物出现率大致相同；水生寡毛类中仅见其刚毛和卵，未见完全的虫体；原生动物和软体动物（仅有螺类）为偶见种，仅在极少数样本中出现。在各个季节，冬季食物种类最丰富，以硅藻门为主；春季食物也以藻类为主，出现率最高的为硅藻门；秋季种类最少，基本为节肢动物。

表 4-75　中华金沙鳅食物组成的季节性变化（贾砾，2013）

季节	食物种类	藻类	原生动物	轮虫	环节动物	软体动物	节肢动物	水生高等植物碎片	合计
春季	种类数	36	1	5	2	0	3	1	48
	出现次数	34	14	17	27	0	29	23	144
	出现率（%）	83	34	41	66	0	71	56	—
	出现次数百分比（%）	24	10	12	19	0	20	16	100

季节	食物种类	藻类	原生动物	轮虫	环节动物	软体动物	节肢动物	水生高等植物碎片	合计
夏季	种类数	6	1	2	0	0	2	1	12
	出现次数	4	1	2	0	0	4	1	12
	出现率（%）	80	20	40	0	0	80	20	—
	出现次数百分比（%）	33	8	17	0	0	33	8	100
秋季	种类数	0	0	1	0	0	3	1	5
	出现次数	0	0	5	0	0	54	12	71
	出现率（%）	0	0	8	0	0	81	18	—
	出现次数百分比（%）	0	0	7	0	0	76	17	100
冬季	种类数	57	1	8	1	1	3	1	72
	出现次数	19	3	17	5	6	15	18	83
	出现率（%）	95	15	85	25	30	75	90	—
	出现次数百分比（%）	23	4	20	6	7	18	22	100

4. 繁殖特征

根据 2014—2017 年金沙江下游野外采样数据，可知每年 5—7 月采集到的Ⅲ期及以上发育期个体数占当月总抽样解剖个体数的比例明显高于其他月份（0%），其值分别为 75.00%、64.58% 和 18.18%，推测每年的 5—7 月为金沙江下游调查区域中华金沙鳅的繁殖季节（见图 4-155）。

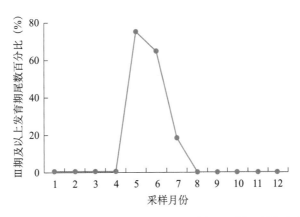

图 4-155　2014—2017 年金沙江下游中华金沙鳅各月Ⅲ期及以上发育期个体数占当月总抽样解剖个体数的比例

在繁殖季节，随机选取 155 尾中华金沙鳅样本进行繁殖群体分析。其中，不辨雌雄 19 尾；雌性 46 尾，由 2 ～ 4 龄组成，体长 78 ～ 150mm，平均体长 116mm，体重 6.4 ～ 49.0g，平均体重 25.7g；雄性 90 尾，由 2 ～ 4 龄组成，体长 57 ～ 134mm，平均体长 105mm，体重 2.9 ～ 32.8g，平均体重 18.7g。性比为♀:♂=0.51:1。2014—2017 年采集期间，金沙江下游中华金沙鳅雌性最小性成熟个体全长 130mm，体长 100mm，体重 13.3g，年龄 2 龄，卵巢Ⅴ期；雄性最小性成熟个体全长 86mm，体长 65mm，体重 5.8g，年龄 2 龄，精巢Ⅳ期。

按 10mm 组距划分体长组，统计各体长组性成熟个体百分比，繁殖期间首次 50% 个体均进入Ⅳ期性腺阶段的体长组为雌性 91 ～ 100mm，平均体长 98mm，平均年龄 2 龄；雄性 81 ～ 90mm，平均体长 84mm，平均年龄 2 龄。因此可认为 2 龄及以上个体是中华金沙鳅繁殖群体的主要组成部分，2 龄以下个体为繁殖群体的补充部分（见图 4-156）。

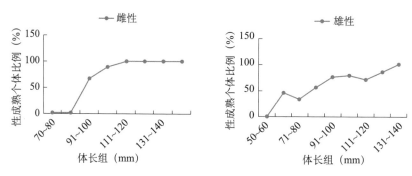

图 4-156　2014—2017 年金沙江下游中华金沙鳅性成熟个体比例与体长的关系

中华金沙鳅受精卵的卵黄颜色为枇杷黄，其在流水环境中吸水膨胀后，膜径为早期卵径的 3 倍左右，可达 5.0 ～ 5.5mm，此时鱼卵凭较大的卵周隙随水漂流。对采集到的 3 个中华金沙鳅Ⅴ期卵巢内的受精卵进行显微测量，其成熟卵的平均卵径为 0.159cm，波动范围为 0.113 ～ 0.245cm。从同一卵巢（Ⅴ期）卵径的变化趋势看，卵巢中卵粒的发育存在不同步现象（主要为 3、4 时相卵母细胞），但卵径分布呈单峰形，因此可以判断中华金沙鳅为分批产卵型鱼类（见图 4-157）。

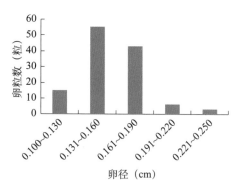

图 4-157　2014—2017 年金沙江下游 3 个中华金沙鳅Ⅴ期卵巢卵粒的卵径分布（n=120 粒）

对 36 个中华金沙鳅的Ⅳ和Ⅴ期卵巢的卵粒数进行统计，结果显示 2014—2017 年繁殖期间金沙江下游中华金沙鳅的平均绝对怀卵量 842（398 ～ 1 977）粒 / 尾，平均相对怀卵量 30（12 ～ 56）粒 /g。各个卵巢中，多数个体的绝对繁殖力 300 ～ 1500 粒 / 尾，共 34 尾，占总抽样样本数的 94.44%；相对繁殖力 10 ～ 50 粒 /g，共 35 尾，占总抽样样本数的 97.22%（见图 4-158）。

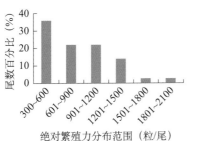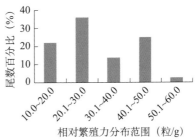

图 4-158　2014—2017 年金沙江下游中华金沙鳅的绝对繁殖力和相对繁殖力的分布情况（*n*=36 粒）

5. 胚胎发育

刘淑伟等（2013）研究了中华金沙鳅的胚胎发育过程（见图 4-159）。

卵和胚胎：漂流性卵。卵膜无色，薄且透明，富有弹性。出膜个体发育已相对完善，口两侧出现一对不明显的小疣状突起，为口须的原基；鳃弧亦出现；卵黄囊呈长梨形，其前端和胸鳍的前方有明显的黑色素。

出膜胚胎：出膜个体口两侧有 2 对口须，须上感觉有刚毛。胸鳍宽大，胸鳍平面与身体呈约 45° 夹角。沿背鳍褶基部分布有细小色素。有鳃丝，且鳃丝外露的长度大于口须的长度。身体直立，而非平卧。

仔鱼：鳔一室，腹鳍出现。卵黄吸尽时，背鳍出现，有 7 根鳍条。腹鳍很小。肝脏很大，分布有丰富的血管，血液呈红色。肠管弯曲。开始摄食。随后各鳍逐渐形成，全身披颗粒状黑色素细胞，胸鳍基本与腹面平行；腹鳍后缘呈锯齿状。尾鳍下叶大。

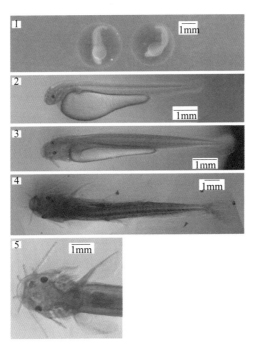

图 4-159　中华金沙鳅卵、胚胎及仔鱼形态（刘淑伟等，2013）

1—卵、胚胎；2—5 仔鱼

4.11.3 渔业资源

1. 死亡系数

（1）总死亡系数。根据体长变换渔获曲线法通过 FiSAT Ⅱ 软件包中的 Length-converted Catch Curve 子程序估算中华金沙鳅的总死亡系数（估算数据来自体长频数分析资料）。选取其中 8 个点（黑点）做线性回归（见图 4-160），回归数据点的选择以未达完全补充年龄段和体长接近 L_∞ 的年龄段不能用作回归为原则，拟合的直线方程：$\ln(N/\Delta t) = -1.355t + 8.794$（$R^2 = 0.957\,6$）。方程的斜率为 -1.355，故估算中华金沙鳅的总死亡系数 $Z = 1.36/a$，其 95% 的置信区间为 $1.07/a \sim 1.64/a$。

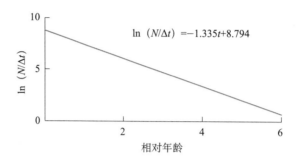

图 4-160　根据体长变换渔获曲线法估算中华金沙鳅的总死亡系数

（2）自然死亡系数。按公式 $\lg M = -0.006\,6 - 0.279\lg L_\infty + 0.654\,3\lg k + 0.4634\lg T$ 计算，根据调查，2014—2017 年金沙江攀枝花以下平均水温 $T \approx 16.2℃$，生长参数：$k = 0.34$，$L_\infty = 23.41\,cm$，代入公式计算得到 $M = 0.7325/a \approx 0.73/a$。

（3）捕捞死亡系数。总死亡系数（Z）为自然死亡系数（M）和捕捞死亡系数（F）之和，则中华金沙鳅的捕捞死亡系数 $F = Z - M = 1.36 - 0.73 = 0.63/a$。

（4）开发率估算。通过体长变换渔获曲线法估算出的总死亡系数（Z）及捕捞死亡系数（F）得到调查区域的开发率 $E_{cur} = F/Z = 0.46$。

2. 捕捞群体量

（1）资源量。2014—2017 年金沙江下游调查区域中华金沙鳅的年平均渔获量为 28.03t。通过 FiSAT Ⅱ 软件包中的 Length-structured VPA 子程序将样本数据按比例变换为渔获量数据，另输入相关参数 $k = 0.34/a$，$L_\infty = 170.51\,mm$，$M = 0.73/a$，$F = 0.63/a$，进行实际种群分析。

实际种群分析结果显示，在当前渔业形势下，中华金沙鳅体长超过 65mm 时，捕捞死亡系数明显增加，群体被捕捞的概率明显增大，但捕捞死亡系数在各个体长组均未在数值上超过自然死亡系数。中华金沙鳅的渔业资源群体主要分布在 50 ～ 140mm。平衡资源生物量随体长的增加呈先升后降趋势，最低为 0.06t（体长组 20 ～ 30mm），最高为 1.78t（体长组 130 ～ 140mm）。最大捕捞死亡系数出现在体长组 120 ～ 130mm，为 1.75/a，此时平衡资源生物量为 0.30t（见图 4-161）。

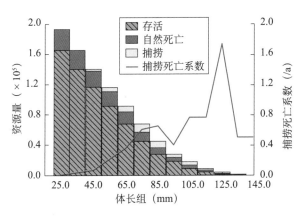

图 4-161　2014—2017 年金沙江下游调查区域中华金沙鳅实际种群分析

经实际种群分析，估算得到 2014—2017 年金沙江下游调查区域中华金沙鳅平衡资源生物量为 10.24t，对应平衡资源尾数为 823 502 尾。同时采用 Gulland 经验公式估算得到 2014—2017 年金沙江下游调查区域中华金沙鳅的最大可持续产量（MSY）为 5.06t。

（2）资源动态。针对中华金沙鳅的当前开发程度（开捕体长 L_c=48mm），根据相对单位补充渔获量（Y'/R）与开发率（E）关系曲线估算得到 E_{max}=0.518，$E_{0.1}$=0.414，$E_{0.5}$=0.295。相对单位补充渔获量等值曲线常被用作预测相对单位补充渔获量随开捕体长（L_c）和开发率（E）而变化的趋势 [见图 4-162（a）]。渔获量等值曲线通常以等值线平面圆点分 A（左上区域）、B（左下区域）、C（右上区域）、D（右下区域）四象限，当前开发率（E）为 0.46 和 L_c/L_∞=0.281 位于等值曲线的 B 象限，意味着中华金沙鳅幼龄个体（补充群体）已面临一定的捕捞压力，但实际情况是捕捞压力相对较小，这可能与其经济价值不高有关 [见图 4-162（b）]。

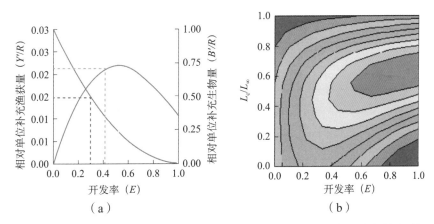

图 4-162　中华金沙鳅相对单位补充渔获量、相对单位补充生物量与开发率的关系以及相对单位补充渔获量与开发率和开捕体长的关系

根据 Froese 和 Binohlan 的经验公式 $\lg L_{opt}$=1.053 × $\lg L_m$-0.056 5 计算得到中华金沙鳅能获得最大相对单位渔获量的最适体长（L_{opt}）为 94mm。

采用 Alverson 和 Carney 模型 $T_{\max b} = \dfrac{1}{k}\ln\left(\dfrac{M+3k}{M}\right)$ 得到中华金沙鳅的最大生物量年龄为 4.82 龄。

4.11.4 遗传多样性研究

1. 线粒体 DNA

2011—2017 年在金沙江下游格里坪、巧家、宜宾段及支流牛栏江下游段和长江上游合江段采集到中华金沙鳅 10 个群体，分别为格里坪 2011 年群体（GLP2011）、格里坪 2012 年群体（GLP2012）、格里坪 2014 年群体（GLP2014）、格里坪 2015 年群体（GLP2015）、格里坪 2017 年群体（GLP2017）、巧家 2013 年群体（QJ2013）、巧家 2014 年群体（QJ2014）、宜宾 2015 年群体（YB2015）、牛栏江 2016 年群体（NLJ2016）和合江 2016 年群体（HJ2016）。将 10 个群体 242 个样本进行线粒体 Cyt b 基因测序、比对校正后，序列长度为 916bp，A、T、C、G 的平均含量分别为 A = 27.63%、T = 25.67%、C = 32.15%、G = 14.55%，$A+T$ 含量（53.30%）大于 $G+C$ 含量（46.70%）。在 242 条序列中共检测到 99 个变异位点，其中简约信息位点 46 个，单一突变位点 53 个（见表 4-76）。

表 4-76　基于线粒体 Cyt b 基因的中华金沙鳅遗传多样性

采样点	样本量	变异位点数	单倍型数	单倍型多样性（H_d）	核苷酸多样性（P_i）
GLP2014	29	12	10	0.778 33	0.003 18
QJ2014	30	14	13	0.779 31	0.002 56
GLP2015	33	18	17	0.931 82	0.003 87
NLJ2016	26	4	5	0.720 00	0.001 06
GLP2017	32	35	9	0.639 11	0.007 40
GLP2011	30	12	10	0.857 47	0.003 42
GLP2012	21	12	10	0.861 90	0.003 36
QJ2013	12	88	8	0.893 94	0.027 84
HJ2016	8	4	4	0.642 86	0.001 29
YB2015	21	5	6	0.685 71	0.000 98
总体	242	99	44	0.888 10	0.013 87

242 尾中华金沙鳅 Cyt b 基因序列中共检测到 44 个单倍型（见表 4-76），编号 Hap_1 ～ Hap_44，其中单倍型 Hap_1 出现频率最高（见表 4-77），分布最广，没有发现共有单倍型。平均单倍型多样性指数为 0.888 10，核苷酸多样性指数为 0.013 87，表明中华金沙鳅群体遗传多样性较高。通过比较不同地理位置的群体，中华金沙鳅牛栏江 2016 年群体、合江 2016 年群体和宜宾 2015 年群体表现出较低的单倍型多样性和核苷酸多样性，合江的群体遗传多样性较低的原因可能是样品数量少。

表 4-77　基于线粒体 Cyt b 基因的中华金沙鳅单倍型在群体中分布情况

编号	GLP 2014 (29)	QJ 2014 (30)	GLP 2015 (33)	NLJ 2016 (26)	GLP 2017 (32)	GLP 2011 (30)	GLP 2012 (21)	QJ 2013 (12)	HJ 2016 (8)	YB 2015 (21)
Hap_1	13	14	3		2	8	7	2	5	11
Hap_2	1									
Hap_3	1									
Hap_4	3	1	5			1	2			5
Hap_5	3	2	6			7	4	1		
Hap_6	1									
Hap_7	4	3	4		1	4	1			
Hap_8	1	2					1			
Hap_9	1	0	1			1	2			2
Hap_10	1	0								
Hap_11		1								
Hap_12		1								1
Hap_13		1								
Hap_14		1				1			1	
Hap_15		1	2			4				
Hap_16		1								
Hap_17		1							1	1
Hap_18		1	1						1	
Hap_19			1							
Hap_20			1		1					
Hap_21			1							
Hap_22			1							
Hap_23			2							
Hap_24			1							
Hap_25			1				1			
Hap_26			1							
Hap_27			1							
Hap_28			1					1		
Hap_29				10	19			1		
Hap_30				5	2					
Hap_31				9	4			4		
Hap_32				1						
Hap_33				1	1					

续表

编号	GLP 2014 (29)	QJ 2014 (30)	GLP 2015 (33)	NLJ 2016 (26)	GLP 2017 (32)	GLP 2011 (30)	GLP 2012 (21)	QJ 2013 (12)	HJ 2016 (8)	YB 2015 (21)
Hap_34				1						
Hap_35				1						
Hap_36						2	1			
Hap_37						1				
Hap_38						1				
Hap_39							1			
Hap_40							1			
Hap_41								1		
Hap_42								1		
Hap_43								1		
Hap_44										1

分化系数（F_{st}）是一个反应种群进化历史的理想参数，能够揭示群体间基因流和遗传漂变的程度。研究结果显示，牛栏江 2016 年群体与巧家 2014 年群体间的分化系数最高（0.939 2），合江 2016 年群体与宜宾 2015 年群体的分化系数最低（-0.033 6）（见表 4-78）。牛栏江 2016 年群体、格里坪 2017 年群体与其他地理群体之间均存在很高的遗传分化。

表 4-78　基于线粒体 Cyt b 基因的中华金沙鳅群体之间的分化系数

	GLP 2014	QJ 2014	GLP 2015	NLJ 2016	GLP 2017	GLP 2011	GLP 2012	QJ 2013	HJ 2016
QJ2014	-0.006 2								
GLP2015	-0.012 7	0.024 6							
NLJ2016	0.929 6*	0.939 2*	0.916 7*						
GLP2017	0.801 5*	0.811 9*	0.796 9*	0.077 9					
GLP2011	0.005 1	0.056 3	-0.001 7	0.925 8*	0.800 6*				
GLP2012	-0.027 5	0.005 2	-0.021 0	0.932 9*	0.789 9*	-0.016 5			
QJ2013	0.437 8*	0.458 1*	0.444 9*	0.413 9*	0.209 6	0.440 3*	0.391 4		
HJ2016	0.094 2	0.030 5	0.100 2	0.964 1*	0.781 2*	0.192 2	0.119 3	0.302 2*	
YB2015	0.139 1	0.075 9*	0.144 5*	0.966 8*	0.822 9*	0.246 2*	0.167 6*	0.452 5*	-0.033 6

注：经过 Bonferroni 校正后，* 表示 $P<0.005$。

采用 Network 5.0 软件，利用 Median Joining 方法构建中华金沙鳅 Cyt b 的单倍型网络结构图，发现缺失单倍型（见图 4-163），其中 Hap_1、Hap_4、Hap_5、Hap_7 和 Hap_29 位于图中最基础位置，推测其可能是原始单倍型，其他单倍型由上述单倍型经过一步或多步突变形成。

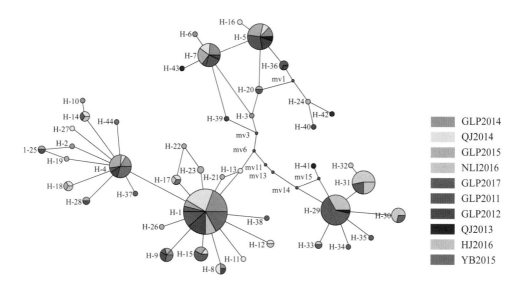

图 4-163　基于线粒体 Cyt *b* 基因的中华金沙鳅群体单倍型网络结构分析

2. 微卫星多样性

选用 10 个多态性微卫星位点对 2011—2017 年采自金沙江下游的 14 个中华金沙鳅群体进行遗传多样性分析，这些群体分别为二滩 2011 年群体（ET2011）、格里坪 2011 年群体（GLP2011）、格里坪 2014 年群体（GLP2014）、格里坪 2015 年群体（GLP2015）、攀枝花 2012 年群体（PZH2012）、攀枝花 2017 年群体（PZH2017）、巧家 2012 年群体（QJ2012）、巧家 2014 年群体（QJ2014）、宜宾 2014 年群体（YB2014）、宜宾 2015 年群体（YB2015）、宜宾 2016 年群体、合江 2016 年群体（HJ2016）、元谋 2016 年群体（YM2016）和牛栏江 2016 年群体（NLJ2016）。分析表明，中华金沙鳅在 JSI-9 位点出现的等位基因数最高（21 个），而在 JSI-2、JSI-4 和 JSI-5 位点出现的等位基因数最低（3 个）。在 14 个中华金沙鳅群体中，二滩 2011 年群体（ET2011）的等位基因平均数最高（14.7 个），牛栏江 2016 年 6 月群体（NLJ2016）的等位基因平均数最低（6.7 个）。经检测，平均期望杂合度为 0.553 2 ～ 0.881 0，平均观测杂合度为 0.476 9 ～ 0.793 8（见表 4-79）。就位点而言，各位点在各群体的观测杂合度都比较高，表明这 13 个群体近亲交配水平较低，遗传多样性水平较高。

表 4-79　中华金沙鳅各群体遗传多样性信息

群体	位点	*A*	*H*ₒ	*H*ₑ	*I*	*P* 值
ET2011	JSI-1	20	0.833 3	0.939 8	2.767 1	0.257 8
	JSI-2	13	0.861 1	0.880 7	2.174 5	0.262 2
	JSI-4	16	0.677 4	0.902 7	2.397 2	0.000 9
	JSI-5	11	0.750 0	0.876 4	2.082 4	0.037 7
	JSI-7	15	0.833 3	0.899 8	2.397 8	0.000 0
	JSI-8	9	0.828 6	0.735 4	1.628 5	0.146 1

群体	位点	A	H_o	H_e	I	P 值
ET2011	JSI-9	16	0.457 1	0.934 6	2.553 7	0.000 0
	JSI-10	17	0.805 6	0.884 6	2.394 5	0.007 5
	JSI-11	10	0.583 3	0.671 8	1.542 4	0.109 3
	JSI-13	20	0.939 4	0.925 4	2.679 1	0.289 6
平均值		14.7	0.756 9	0.865 1	2.261 7	
GLP2011	JSI-1	17	0.800 0	0.940 7	2.663 4	0.047 6
	JSI-2	10	0.800 0	0.836 7	1.981 6	0.157 1
	JSI-4	14	0.833 3	0.884 2	2.290 9	0.599 7
	JSI-5	13	0.866 7	0.885 9	2.236 1	0.747 8
	JSI-7	15	0.666 7	0.902 3	2.388 5	0.000 4
	JSI-8	10	0.866 7	0.836 2	1.934 4	0.268 8
	JSI-9	16	0.689 7	0.921 4	2.499 8	0.000 0
	JSI-10	8	0.600 0	0.670 1	1.406 5	0.330 1
	JSI-11	6	0.833 3	0.726 0	1.407 9	0.276 7
	JSI-13	14	0.966 7	0.895 5	2.324 6	0.600 9
平均值		12.3	0.792 3	0.849 9	2.113 4	
PZH2012	JSI-1	14	0.785 7	0.929 2	2.488 6	0.029 1
	JSI-2	12	0.714 3	0.861 0	2.057 7	0.064 0
	JSI-4	14	0.714 3	0.936 4	2.498 0	0.020 1
	JSI-5	10	0.785 7	0.849 4	1.972 4	0.076 4
	JSI-7	11	0.821 4	0.915 6	2.298 9	0.592 3
	JSI-8	12	0.750 0	0.852 6	2.057 8	0.010 7
	JSI-9	14	0.500 0	0.917 5	2.366 8	0.000 0
	JSI-10	9	0.642 9	0.629 2	1.415 8	0.764 1
	JSI-11	7	0.892 9	0.733 1	1.483 0	0.000 4
	JSI-13	11	0.888 9	0.849 8	1.997 5	0.531 6
平均值		11.4	0.749 6	0.847 4	2.063 6	
QJ2012	JSI-1	12	0.750 0	0.870 5	2.179 1	0.063 8
	JSI-2	7	0.300 0	0.603 9	1.233 0	0.000 0
	JSI-4	9	0.250 0	0.544 9	1.204 6	0.000 0
	JSI-5	8	0.333 3	0.623 8	1.320 2	0.000 0
	JSI-7	6	0.450 0	0.596 2	1.183 6	0.050 7
	JSI-8	14	0.736 8	0.927 5	2.426 8	0.013 5
	JSI-9	8	0.600 0	0.785 9	1.690 5	0.012 8
	JSI-10	11	0.850 0	0.853 9	2.010 6	0.462 6
	JSI-11	7	0.650 0	0.762 8	1.494 3	0.174 3
	JSI-13	10	0.833 3	0.873 0	2.050 7	0.602 4
平均值		9.2	0.575 4	0.744 2	1.679 3	

群体	位点	A	H_o	H_e	I	P 值
GLP2014	JSI-1	14	0.633 3	0.915 3	2.404 8	0.000 0
	JSI-2	11	0.833 3	0.781 4	1.828 5	0.902 2
	JSI-4	13	0.766 7	0.887 6	2.254 7	0.133 7
	JSI-5	11	0.833 3	0.857 6	2.085 3	0.228 2
	JSI-7	12	0.633 3	0.882 5	2.227 8	0.000 0
	JSI-8	11	0.866 7	0.834 5	1.953 3	0.394 5
	JSI-9	15	0.466 7	0.924 3	2.478 2	0.000 0
	JSI-10	8	0.800 0	0.746 9	1.599 9	0.052 7
	JSI-11	9	0.666 7	0.772 3	1.642 3	0.041 8
	JSI-13	13	0.733 3	0.875 7	2.228 5	0.044 0
平均值		11.7	0.723 3	0.847 8	2.070 3	
QJ2014	JSI-1	18	0.733 3	0.919 8	2.511 8	0.023 1
	JSI-2	12	0.700 0	0.854 2	2.057 2	0.028 4
	JSI-4	13	0.633 3	0.897 2	2.270 3	0.000 0
	JSI-5	13	0.733 3	0.814 7	1.945 7	0.133 7
	JSI-7	12	0.900 0	0.878 0	2.189 5	0.453 8
	JSI-8	13	0.766 7	0.903 4	2.305 7	0.014 0
	JSI-9	17	0.433 3	0.933 9	2.531 3	0.000 0
	JSI-10	8	0.800 0	0.735 0	1.571 2	0.905 8
	JSI-11	10	0.800 0	0.827 1	1.914 2	0.486 0
	JSI-13	16	0.766 7	0.897 2	2.355 0	0.000 0
平均值		13.2	0.726 7	0.866 0	2.165 2	
YB2014	JSI-1	15	0.700 0	0.894 9	2.368 4	0.061 2
	JSI-2	10	0.633 3	0.790 4	1.850 0	0.018 3
	JSI-4	10	0.400 0	0.484 2	1.190 9	0.055 8
	JSI-5	12	0.733 3	0.840 1	1.963 5	0.102 3
	JSI-7	12	0.600 0	0.904 5	2.255 0	0.000 0
	JSI-8	12	0.533 3	0.787 0	1.904 2	0.004 3
	JSI-9	12	0.533 3	0.866 1	2.153 9	0.000 0
	JSI-10	11	0.566 7	0.854 8	2.012 4	0.000 1
	JSI-11	6	0.733 3	0.693 2	1.370 9	0.003 9
	JSI-13	13	0.500 0	0.905 1	2.338 2	0.000 0
平均值		11.3	0.593 3	0.802 0	1.940 7	
YB2015	JSI-1	18	0.771 4	0.933 3	2.624 0	0.000 0
	JSI-2	12	0.942 9	0.781 8	1.881 9	0.520 1
	JSI-4	12	0.588 2	0.724 8	1.776 1	0.036 1
	JSI-5	13	0.742 9	0.794 2	1.920 4	0.150 9
	JSI-7	14	0.742 9	0.901 5	2.349 5	0.097 8
	JSI-8	12	0.542 9	0.860 0	2.036 8	0.000 0

群体	位点	A	H_o	H_e	I	P 值
YB2015	JSI-9	14	0.457 1	0.908 5	2.337 5	0.000 0
	JSI-10	12	0.828 6	0.861 3	2.101 3	0.235 9
	JSI-11	10	0.657 1	0.782 6	1.759 2	0.019 3
	JSI-13	15	0.794 1	0.897 3	2.370 5	0.012 7
平均值		13.2	0.706 8	0.844 5	2.115 7	
GLP2015	JSI-1	17	0.971 4	0.920 1	2.549 3	0.935 9
	JSI-2	9	0.800 0	0.782 2	1.711 2	0.285 4
	JSI-4	18	0.771 4	0.905 6	2.471 0	0.309 7
	JSI-5	13	0.714 3	0.800 0	2.014 1	0.214 6
	JSI-7	15	0.657 1	0.924 6	2.472 9	0.000 0
	JSI-8	11	0.714 3	0.810 8	1.846 5	0.014 0
	JSI-9	21	0.714 3	0.950 3	2.823 5	0.000 0
	JSI-10	7	0.628 6	0.672 9	1.379 6	0.895 8
	JSI-11	5	0.657 1	0.672 9	1.264 2	0.731 1
	JSI-13	15	0.800 0	0.879 1	2.289 5	0.024 5
平均值		13.1	0.742 9	0.831 8	2.082 2	
YM2016	JSI-1	15	0.875 0	0.927 4	2.472 1	0.173 0
	JSI-2	11	0.875 0	0.856 9	1.977 0	0.807 1
	JSI-4	13	0.750 0	0.901 2	2.233 4	0.057 3
	JSI-5	10	0.875 0	0.838 7	1.948 9	0.534 7
	JSI-7	12	0.750 0	0.909 3	2.295 7	0.004 9
	JSI-8	10	0.750 0	0.856 9	1.981 0	0.031 0
	JSI-9	9	0.625 0	0.907 3	2.100 7	0.067 6
	JSI-10	9	0.750 0	0.792 3	1.781 4	0.491 8
	JSI-11	10	0.875 0	0.889 1	2.105 2	0.297 4
	JSI-13	14	0.812 5	0.931 5	2.428 7	0.147 3
平均值		11.3	0.793 8	0.881 0	2.132 4	
HJ2016	JSI-1	19	0.903 2	0.926 5	2.664 1	0.195 5
	JSI-2	13	0.935 5	0.860 4	2.204 9	0.455 0
	JSI-4	13	0.419 4	0.652 6	1.632 5	0.003 6
	JSI-5	8	0.516 1	0.812 8	1.729 2	0.000 0
	JSI-7	13	0.677 4	0.867 3	2.133 6	0.033 7
	JSI-8	15	0.709 7	0.858 3	2.208 2	0.168 3
	JSI-9	17	0.483 9	0.895 8	2.395 0	0.000 0
	JSI-10	11	0.741 9	0.859 9	2.060 5	0.205 3
	JSI-11	6	0.483 9	0.610 8	1.129 1	0.080 5
	JSI-13	10	0.548 4	0.855 6	1.961 7	0.000 0
平均值		12.5	0.641 9	0.820 0	2.011 9	

群体	位点	A	H_o	H_e	I	P 值
NLJ2016	JSI-1	11	0.718 8	0.814 5	1.912 5	0.159 6
	JSI-2	3	0.062 5	0.150 8	0.268 9	0.096 9
	JSI-4	3	0.125 0	0.149 8	0.268 9	1.000 0
	JSI-5	3	0.281 3	0.324 4	0.540 3	0.030 2
	JSI-7	4	0.406 3	0.353 7	0.704 6	1.000 0
	JSI-8	7	0.375 0	0.792 2	1.613 3	0.000 0
	JSI-9	6	0.468 8	0.550 1	1.103 6	0.050 2
	JSI-10	10	0.937 5	0.809 0	1.886 9	0.891 2
	JSI-11	13	0.612 9	0.842 9	2.105 4	0.002 0
	JSI-13	7	0.781 3	0.744 5	1.503 2	0.864 2
平均值		6.7	0.476 9	0.553 2	1.190 8	
YB2016	JSI-1	15	0.750 0	0.929 6	2.529 1	0.003 2
	JSI-2	13	0.718 8	0.795 1	1.948 0	0.478 2
	JSI-4	15	0.468 8	0.925 6	2.429 6	0.000 0
	JSI-5	8	0.781 3	0.800 1	1.772 1	0.120 6
	JSI-7	14	0.806 5	0.909 6	2.382 4	0.338 6
	JSI-8	13	0.718 8	0.903 8	2.252 3	0.019 0
	JSI-9	18	0.677 4	0.935 5	2.578 5	0.000 0
	JSI-10	11	0.687 5	0.788 7	1.895 0	0.017 8
	JSI-11	8	0.687 5	0.796 6	1.715 2	0.262 6
	JSI-13	9	0.968 8	0.743 6	1.605 6	0.000 0
平均值		12.4	0.726 5	0.852 8	2.110 8	
PZH2017	JSI-1	15	0.781 3	0.879 5	2.306 6	0.112 3
	JSI-2	8	0.187 5	0.410 2	0.907 7	0.000 0
	JSI-4	5	0.187 5	0.234 1	0.484 9	0.115 1
	JSI-5	8	0.343 8	0.464 3	0.950 0	0.000 2
	JSI-7	7	0.343 8	0.402 3	0.821 0	0.092 4
	JSI-8	11	0.607 1	0.841 6	1.942 9	0.027 5
	JSI-9	10	0.437 5	0.662 2	1.494 2	0.000 0
	JSI-10	9	0.968 8	0.838 3	1.923 5	0.026 2
	JSI-11	20	0.593 8	0.905 3	2.570 2	0.000 0
	JSI-13	7	0.750 0	0.728 2	1.486 4	0.182 2
平均值		10.0	0.520 1	0.636 6	1.488 7	

注：A 为等位基因数；H_0 为观测杂合度；H_e 为期望杂合度；I 为 shannon 信息指数。

经过 Bonferroni 校正后，对各群体在各微卫星位点的哈迪－温伯格平衡检测，所有位点在不同群体中表现出偏离 HWE，特别是 JSI-9 这个位点，13 个群体中的 9 个群体偏离 HWE 且极其显著。所有位点仅在元谋 2016 年群体中全部不偏离，其他 12 个群体各有 2～4 个偏离 HWE 的位点（见表 4-79）。

表 4-80　中华金沙鳅分子方差分析

变异来源	自由度	方差	变异组成	变异百分比（%）	固定指数
群体间	13	406.200	0.450 41 Va	10.29	
群体内个体间	403	1 805.723	0.552 70 Vb	12.62	F_{st}: 0.102 87
个体间	417	1 407.500	3.375 30 Vc	77.09	
总计	833	3 619.423	4.378 41	—	

分子方差（AMOVA）分析结果表明，遗传变异大部分来自个体间，为 77.09%，10.29% 的遗传变异来自群体间（见表 4-80）。基因流计算结果为 1.960 1（见表 4-81），说明中华金沙鳅群体间尚有一定的基因交流。13 个中华金沙鳅群体各个位点的 F 统计量（F-statistics）分析结果及总的分化指数（F_{st}）为 0.102 87，表明不同地理群体间的中华金沙鳅存在遗传分化（当 $F_{st} > 0.05$ 时表示存在群体分化，当 $F_{st}=0.10$ 时表示存在中等程度分化）。

表 4-81　中华金沙鳅群体遗传多样性信息

位点	A	F_{is}	F_{it}	F_{st}	N_m	PIC	I
JSI-1	24	0.116 0	0.153 6	0.042 5	5.626 8	0.924 7	2.817 3
JSI-2	18	0.055 2	0.226 1	0.180 8	1.132 6	0.847 6	2.233 2
JSI-4	27	0.217 4	0.391 7	0.222 7	0.872 4	0.876 6	2.541 1
JSI-5	19	0.094 9	0.241 0	0.161 4	1.298 8	0.859 0	2.313 1
JSI-7	20	0.150 3	0.247 4	0.114 3	1.936 9	0.870 7	2.408 2
JSI-8	27	0.152 2	0.210 8	0.069 1	3.368 9	0.872 2	2.500 6
JSI-9	25	0.354 0	0.406 0	0.080 5	2.857 5	0.900 3	2.679 7
JSI-10	20	0.013 0	0.090 8	0.078 8	2.922 0	0.818 4	2.163 4
JSI-11	26	0.064 2	0.193 0	0.137 6	1.566 9	0.843 9	2.368 4
JSI-13	27	0.055 6	0.101 4	0.048 4	4.911 9	0.869 0	2.426 3
平均值	23.3	0.128 6	0.227 2	0.113 1	1.960 1	0.868 2	2.445 1

PIC 最初用于连锁分析时对标记基因多态性的估计，现在常用来表示微卫星多态性高低的程度。就位点而言，10 个微卫星位点在 13 个群体中的平均多态信息含量为 0.818 4～0.924 7，平均 0.868 2，表明中华金沙鳅群体有丰富的遗传多样性（见表 4-81）。所有群体在 10 个位点上的 PIC 均大于 0.5，说明本研究选用的 10 个位点具有较高的多态信息含量，中华金沙鳅群体具有较高的遗传多样性。

13 个中华金沙鳅群体两两间的遗传分化指数（F_{st}）为 -0.003 1～0.302 2（见表 4-82），其总分化指数（F_{st}）为 0.102 87。其中巧家 2014 年群体和元谋 2016 年群体的遗传分化水平最低（-0.003 1），而牛栏江 2016 年群体和巧家黑水 2012 年群体的遗传分化水平最高（0.302 2）。中华金沙鳅群体间 Nei 氏遗传距离和遗传一致性分别为 0.033 4～1.815 1 和 0.202 4～0.967 2（见表 4-83）。其中，遗传距离以牛栏江 2016

表 4-82　基于微卫星（STR）数据中华金沙鳅群体间分化系数分析

群体	ET2011	GLP2011	PZH2012	QJ2012	GLP2014	QJ2014	YB2014	YB2015	GLP2015	YM2016	HJ2016	NLJ2016	YB2016
GLP2011	0.025 0*												
PZH2012	0.023 3*	0.002 0											
QJ2012	0.132 2*	0.136 5*	0.135 9*										
GLP2014	0.041 1*	0.036 2*	0.035 8*	0.143 2*									
QJ2014	0.036 2*	0.036 9*	0.028 4*	0.137 9	0.003 2								
YB2014	0.082 4*	0.084 1*	0.074 6*	0.177 2*	0.060 7*	0.044 0*							
YB2015	0.047 5*	0.058 8*	0.047 8*	0.143 5*	0.024 1*	0.012 8*	0.018 7*						
GLP2015	0.049 6*	0.048 5*	0.042 9*	0.162 5*	0.005 3	0.008 7	0.073 1*	0.032 4*					
YM2016	0.027 7*	0.033 8*	0.022 5*	0.132 9*	0.009 7	-0.003 1	0.049 0*	0.014 3	0.019 1*				
HJ2016	0.070 1*	0.073 7*	0.063 4*	0.168 2*	0.052 4*	0.036 9*	0.005 9	0.014 4	0.066 9*	0.041 3			
NLJ2016	0.244 3*	0.234 6*	0.240 6*	0.302 2*	0.256 9*	0.247 1*	0.271 5*	0.248 8*	0.280 1*	0.260 2*	0.269 4*		
YB2016	0.045 8*	0.045 3*	0.047 9*	0.138 7	0.035 4*	0.030 3*	0.065 1*	0.039 9*	0.050 8*	0.025 5*	0.050 2*	0.223 7*	
PZH2017	0.202 4*	0.190 1*	0.198 0*	0.258 2*	0.210 4*	0.202 8*	0.230 1*	0.209 0*	0.233 1*	0.211 8*	0.226 4*	0.010 6*	0.182 1*

注：经过 Bonferroni 校正后，* 表示 $P < 0.000\,1$。

表 4-83　基于微卫星（STR）数据中华金沙鳅遗传一致性（对角线上方）和遗传距离（对角线下方）

群体	ET2011	GLP2011	PZH2012	QJ2012	GLP2013	QJ2014	YB2014	YB2015	GLP2015	YM2016	HJ2016	NLJ2016	YB2016	PZH2017
ET2011		0.778 6	0.789 2	0.402 3	0.687 4	0.698 3	0.536 7	0.659 6	0.666 7	0.706 1	0.573 1	0.296 1	0.663 6	0.314 0
GLP2011	0.250 3		0.904 1	0.394 4	0.728 3	0.711 2	0.544 8	0.612 6	0.685 3	0.687 4	0.571 0	0.349 3	0.681 7	0.377 1
PZH2012	0.236 7	0.100 8		0.406 0	0.732 2	0.760 7	0.595 9	0.677 1	0.716 6	0.753 1	0.628 1	0.335 5	0.668 9	0.351 3
QJ2012	0.910 5	0.930 5	0.901 3		0.362 5	0.362 4	0.294 4	0.367 0	0.295 7	0.376 6	0.300 6	0.293 3	0.385 3	0.303 2
GLP2014	0.374 9	0.317 0	0.311 7	1.014 7		0.896 2	0.660 2	0.798 8	0.902 2	0.821 6	0.680 0	0.251 0	0.734 4	0.285 3
QJ2014	0.359 1	0.340 8	0.273 5	1.015 1	0.109 6		0.732 6	0.851 7	0.882 7	0.883 0	0.748 6	0.272 9	0.751 1	0.298 1
YB2014	0.622 3	0.607 3	0.517 6	1.222 7	0.415 1	0.311 2		0.862 3	0.620 1	0.675 9	0.914 8	0.269 1	0.641 1	0.281 7
YB2015	0.416 1	0.490 0	0.389 9	1.002 3	0.224 7	0.160 5	0.148 2		0.774 2	0.805 0	0.870 9	0.283 3	0.717 5	0.294 0
GLP2015	0.405 4	0.377 9	0.333 3	1.218 5	0.103 0	0.124 8	0.477 8	0.255 9		0.791 7	0.628 3	0.162 8	0.675 0	0.202 4
YM2016	0.348	0.374 8	0.283 5	0.976 5	0.196 6	0.124 5	0.391 8	0.216 9	0.233 6		0.690 8	0.254 5	0.737 5	0.273 0
HJ2016	0.556 6	0.560 4	0.465 0	1.202 1	0.385 6	0.289 6	0.089 1	0.138 2	0.464 8	0.369 8		0.247 3	0.693 8	0.266 2
NLJ2016	1.217 1	1.051 9	1.092 1	1.226 4	1.382 2	1.298 6	1.312 5	1.261 1	1.815 1	1.368 5	1.397 3		0.392 3	0.967 5
YB2016	0.410 1	0.383 2	0.402 1	0.953 8	0.308 7	0.286 2	0.444 5	0.332 0	0.393 1	0.304 5	0.365 5	0.935 6		0.409 1
PZH2017	1.158 4	0.975 2	1.046 0	1.193 2	1.254 1	1.210 2	1.266 8	1.224 1	1.597 3	1.298 4	1.323 6	0.033 4	0.893 9	

年群体和攀枝花 2017 年群体最低（0.033 4），而以牛栏江 2016 年群体和格里坪 2015 年群体最高（1.815 1）；遗传相似度与遗传距离呈负相关关系，遗传一致性以牛栏江 2016 年群体和攀枝花 2017 年群体最高（0.967 2），以攀枝花 2017 年群体和格里坪 2015 年群体最低（0.202 4）。

　　根据遗传距离对中华金沙鳅 14 个群体进行聚类分析，结果显示（见图 4-164），在 14 个中华金沙鳅群体中，格里坪 2014 年群体、格里坪 2015 年群体、巧家 2014 年群体、元谋 2016 年群体、宜宾 2015 年群体、宜宾 2014 年群体、合江 2016 年群体、二滩 2011 年群体、格里坪 2011 年群体、攀枝花 2012 年群体、宜宾 2016 年群体和巧家 2012 年群体这 12 个群体聚为一支，而攀枝花 2017 年群体和牛栏江 2016 年群体聚为一支。

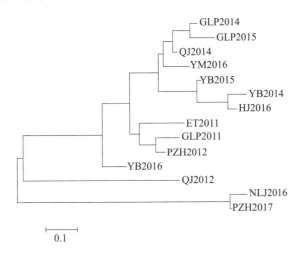

图 4-164　基于标准遗传距离的 14 个中华金沙鳅群体聚类

4.11.5　其他研究

1. 摄食器官

　　中华金沙鳅的头部呈扁平状，眼位于头部背面，吻前端呈钝圆形，口下位，较宽阔，口裂方向与体轴垂直，微呈弧形，平均口裂宽 0.8cm，为头宽的 53%。下颌角质化，上颌连续分布有乳突，一直到口角，有口角须 1 对，口咽腔平滑而无齿，亦无舌，口咽腔平均长 1.5cm。鳃 5 对，鳃耙柔软而稀疏，第一对鳃弓仅内列着生鳃耙，鳃耙为 36 ～ 40 枚，第二、三、四对鳃弓内外列皆着生鳃耙，外列鳃耙和前一对鳃弓内列上的鳃耙可镶嵌，鳃耙数最多，内列分别为 50 ～ 55 枚、55 ～ 60 枚和 45 ～ 50 枚，第五对鳃弓内外皆有鳃耙，鳃耙数 40 ～ 45 枚（贾砾，2013）。

2. 消化道

　　中华金沙鳅的食管很短，平均长 0.4cm，连接在胃的贲门部，与胃贲门部有明显区别。胃在与食管连接的贲门部骤然增大，然后弯曲呈 U 形，胃壁较厚，有弹性，平均胃重 0.04g，在胃体部达到最大，之后直径逐渐缩小，到与肠连接的幽门部达到最细，与之后膨大的前肠形成鲜明对比，无幽门盲囊。肠道在幽门部之后与胃连接，在腹腔内卷曲6次，呈倒三角形，前端卷曲将胃部包裹在其中，后端后肠从卷曲中伸出，直达肛门。肠管在与胃的连接处较粗大，之后逐渐变小，到第一个卷曲处时肠管直径达到最小（贾砾，2013）（见图4-165，左）。

3. 消化腺

中华金沙鳅的消化腺主要是肝脏。肝脏分为三叶：一叶在腹面，呈J形，卷曲在前肠的盘曲中，覆盖在胃的表面；另外两叶在背面，呈长条状，连接在肠上，在肠卷曲中分布（见图4-165，中）。未见单独的胰腺，胰腺呈细线状，散布在肝脏中，颜色较肝脏深，故中华金少鳅的肝脏应为肝胰脏。胆囊较大（见图4-165，右），胆汁呈绿色。

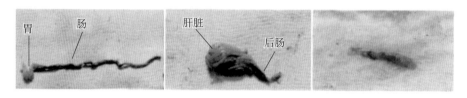

图4-165　中华金沙鳅的胃和肠的形态（左）、消化系统整体观（中）和胆囊（右）

4.11.6　资源保护

通过对中华金沙鳅2012—2013年与2014—2017年调查比较，可以看到一些变化特征（见表4-84）：捕捞个体的最小体长更短、最小体重更轻；平均体长变短，平均体重变轻，更多幼鱼个体被捕捞；年龄结构进一步简化，年龄组成从2012—2013年的1～6龄变为2014—2017年的1～4龄；渐进体长略有增长，但渐进体重明显下降，鱼类个体变得更长，但体重更轻；生长系数K值从2012—2013年的0.20迅速上升到2014—2017年的0.34，反映鱼类为了避免高强度的捕捞而采取的生活史策略；雌雄性的比值继续下降，其值从2012—2013年的0.80∶1下降到2014—2017年的0.51∶1，表明调查区域雌性个体的数量在2013年后明显减少；捕捞死亡系数和开发率较2012—2013年明显增加，表明2013年后调查区域的捕捞强度增加；年平均资源生物量和年平均资源尾数均有明显下降，其值分别从2012—2013年的12.68t和669 456尾下降到2014—2017年的2.56t和205 876尾，分别减少了79.81%和69.25%。

表4-84　两个不同采样期间金沙江下游中华金沙鳅的资源特征比较

资源特征	2012—2013年	2014—2017年	变化趋势
体长范围（mm）	35～138 (n=757尾)	26～152 (n=898尾)	范围增加
平均体长（mm）	84 (n=757尾)	81 (n=898尾)	变短
体重范围（g）	0.4～35.3 (n=757尾)	0.3～49.0 (n=898尾)	范围增加
平均体重（g）	9.2 (n=757尾)	8.8 (n=898尾)	变轻
年龄组成（龄）	1～6 (n=175尾)	1～4 (n=437尾)	变小
渐进体长（mm）	167.45 (n=175尾)	170.51 (n=437尾)	变长
渐进体重（g）	74.73 (n=175尾)	58.01 (n=437尾)	变轻

资源特征	2012—2013 年	2014—2017 年	变化趋势
生长系数（/a）	0.20（n=175 尾）	0.34（n=437 尾）	增加
雌雄性比	0.80:1（n=88 尾）	0.51:1（n=155 尾）	下降
捕捞死亡系数（/a）	0.26	0.63	增加
开发率（/a）	0.33	0.46	增加
年平均资源生物量（t）	12.68	2.56	下降
年平均资源尾数（尾）	669 456	205 876	下降

资源丰度的年际变化：中华金沙鳅在 2012—2017 年渔获物中的尾数百分比的变动趋势（攀枝花段）见图 4-166。2012—2017 年，中华金沙鳅在渔获物中的尾数百分比从 2012 年的 5.04% 上升到 2013 年的 15.38%，然后逐渐下降到 2017 年的 3.19%。

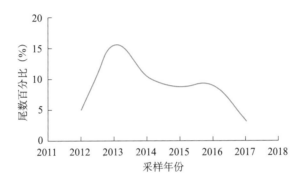

图 4-166　中华金沙鳅在 2012—2017 年渔获物中的尾数百分比的变动趋势（攀枝花段）

中华金沙鳅在 2012—2017 年渔获物中的尾数百分比的变动趋势（巧家段）见图 4-167。2012—2017 年，中华金沙鳅在渔获物中的尾数百分比从 2012 年的 2.25% 上升到 2013 年的 17.46%，然后逐渐下降到 2017 年的 3.27%，其中 2015 年为最低值。

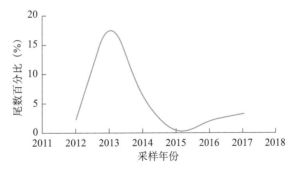

图 4-167　中华金沙鳅在 2012—2017 年渔获物中的尾数百分比的变动趋势（巧家段）

中华金沙鳅在 2012—2017 年渔获物中的重量百分比的变动趋势（攀枝花段）见图 4-168。2012—2017 年，中华金沙鳅在渔获物中的重量百分比从 2012 年的 0.64% 上升到 2013 年的 14.87%，然后逐渐下降到 2017 年的 1.05%。

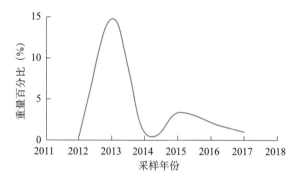

图 4-168　中华金沙鳅在 2012—2017 年渔获物中的重量百分比的变动趋势（攀枝花段）

中华金沙鳅在 2012—2017 年渔获物中的重量百分比的变动趋势（巧家段）见图 4-169。2012—2017 年，中华金沙鳅在渔获物中的重量百分比从 2012 年的 0.90% 上升到 2013 年的 4.36%，然后逐渐下降到 2017 年的 1.45%。

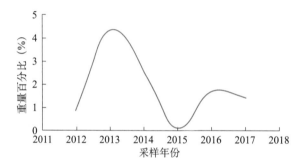

图 4-169　中华金沙鳅在 2012—2017 年渔获物中的重量百分比的变动趋势（巧家段）

中华金沙鳅在 2012—2017 年攀枝花段的 CPUE 的变动趋势见图 4-170。2012—2017 年，中华金沙鳅在攀枝花段的 CPUE 从 2012 年的 0.14kg/（船·d）上升到 2013 年的 0.23kg/（船·d），然后逐渐下降到 2017 年的 0.13kg/（船·d）。

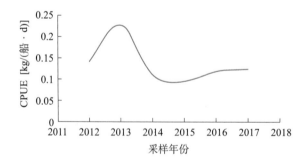

图 4-170　中华金沙鳅在 2012—2017 年攀枝花段的 CPUE 的变动趋势

中华金沙鳅在 2012—2017 年巧家段的 CPUE 的变动趋势见图 4-171。2012—2017 年，中华金沙鳅在巧家段的 CPUE 从 2012 年的 0.07kg/（船·d）上升到 2013 年的 0.58kg/（船·d），然后逐渐下降到 2017 年的 0.10kg/（船·d）。

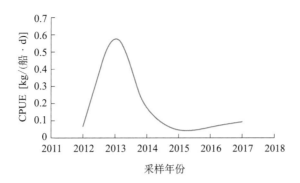

图 4-171　中华金沙鳅在 2012—2017 年巧家段的 CPUE 的变动趋势

4.12　中华鮡

4.12.1　概况

1. 分类地位

中华鮡〔*Pareuchiloglanis sinensis*（Hora *et* Silas），1951〕属鲇形目（Siluriformes）鮡科（Sisoridae）鮡属（*Pareuchiloglanis*）（丁瑞华，1994）。

中华鮡与前臀鮡的外部形态相似，在以往的描述中，其差异仅存于可量性状（Hora and Silas，1951；方树淼等，1984），一直被当作两个独立的物种（褚新洛等，1990；丁瑞华等，1994；朱松泉，1995；褚新洛等，1999）。姚景龙等（2006）采用主成分分析方法研究中华鮡与前臀鮡物种的有效性问题，并利用主成分分析结果中起主要作用的性状作差异性的统计分析，为分类性状的相关性提供了数学依据。结果表明：①中华鮡与前臀鮡的主要鉴别特征为前者臀鳍起点至尾鳍基的距离小于至腹鳍起点的距离，后者反之；②前者尾柄高大于前鼻孔至眼前缘距离，后者反之；③前者脂鳍基末端至尾鳍背侧起点的距离小于尾柄高，后者反之。根据主成分分析及显著性 *t* 值检验结果，中华鮡与前臀鮡应是两个不同的物种。两个物种形态上的差异主要表现在与游泳等行为有关的性状特征上，是它们对不同小生境长期适应的结果。

近年来，一些分子研究结果却对这两个物种的划分提出了疑问，如中华鮡与前臀鮡的 16S rRNA 基因片段变异位点不超过 2 个，平均遗传距离为 0.139%（Guo et al.，2004），中华鮡与前臀鮡的线粒体细胞色素 b 基因的遗传距离为 0（Peng et al.，2004）。黄燕（2014）通过对中华鮡 14 尾、前臀鮡 1 尾的研究，NJ 树拓扑结构显示，两个物种未聚为种的单系支，无法将两个物种区分开，且中华鮡和前臀鮡的种间平均遗传距离很小，为 0.80%。因此研究结果认为前臀鮡是中华鮡的同物异名种，但还需通过加大前臀鮡样本量的研究以待进一步确认。

2. 种群分布
中华鮡主要分布于金沙江、大渡河、青衣江等水系中（丁瑞华，1994）。

4.12.2　遗传多样性研究

1. 转录组

马秀慧（2015）选取在不同海拔高度分布的 3 个鳅鮱（黑斑原鮡、中华鮡和大孔鮡，鲇形目）以及非高原分布的 3 个物种（黄颡鱼、鲇鱼和真鳍岐须鮠），开展鳅鮱鱼类的比较转录组研究青藏高原鱼类的适应进化，结果显示，3 个高原分布的鳅鮱自从与黄颡鱼分化之后快速进化，以便适应高原环境，与裂腹鱼相似（Yang et al.，2015）。其中，中华鮡的进化速率最高，其次是黑斑原鮡和大孔鮡。黑斑原鮡为鳅鮱鱼类的基部类群，广泛分布于布拉马普水系。基于 12 个线粒体蛋白编码基因对分化时间的估算结果，黑斑原鮡起源于晚中新世时期（c. 8.2 Ma），而分布于金沙江（长江上游）的大孔鮡起源于大约 105 万年前，中华鮡最年轻，起源于晚更新世时期（c. 0.018 Ma）。地质运动影响西藏北部的动物区系，例如鱼类和鼠兔（Ruber et al.，2004；Yu et al.，2000），鳅鮱鱼类的物种形成与青藏高原的隆升有密切关系，随着青藏高原第三次隆升，鳅鮱鱼类物种急速形成，同时中华鮡加快进化速率以适应金沙江流域复杂的环境。

2. 线粒体 DNA

研究认为，鳅鮱鱼类的祖先在中新世晚期（c. 9 Ma）广泛分布于东喜马拉雅及西藏地区的布拉马普水系。西藏北部的造山运动直接影响动物的区系组成。而后鳅鮱鱼类扩散进入西藏东部流域并且进化出一系列适应流水生活的特征，比如头和四肢呈扁平状、鳃孔变小、羽状偶鳍出现（胸鳍和腹鳍）、齿形和摄食方式改变（尖形齿：摄食鱼和节肢动物；铲形齿：摄食藻类；凿形齿：摄食藻类和节肢动物）。青藏高原的快速隆升发生在 360 万年前，同时金沙江、怒江、澜沧江和元江也在这一时期形成。特化的鳅鮱类，如鮡属、异鮡属、异齿鰋属及拟鰋属都在这一时期出现。进而扩散到怒江、澜沧江、雅鲁藏布江和伊洛瓦底江的下游，形成现有的分布格局。中国的鳅鮱鱼类扩散和隔离过程伴随着西藏高原的隆升以及河流系统的形成（马秀慧，2015）。

中国的鮡科鱼类起源于中新世时期（c. 15.23 Ma），之后大约在 13 590 百万年前，鳅鮱鱼类的基部类群黑斑原鮡和凿齿鮡出现。到上新世时期，特化的鳅鮱类群开始出现，如鮡属。而从晚上新世到第四纪时期，鳅鮱鱼类呈物种大爆发的趋势，很多特化的鳅鮱类群均在这一时期出现，如鮡属、拟鰋属、异齿鰋属和异鮡属。

4.13　黄石爬鮡

4.13.1　概况

1. 分类地位

黄石爬鮡（*Euchiloglanis kishinouyei* Kimura，1934）隶属鲇形目（Siluriformes）鮡科（Sisoridae）石爬鮡属（*Euchiloglanis*）（张春光等，2019），又称石斑鮡、

石爬子、大嘴巴、娃娃鱼（青海玉树）。黄石爬鳅的头宽且扁平，背鳍之前的躯体平扁，至背鳍逐渐隆起，背缘弧度平缓，背鳍之后的躯体和尾柄侧扁，背鳍起点处为身体最高处。口宽大，下位，略呈弧形。上下颌具齿带，下颌齿带两侧向后延伸且细。须 4 对。眼小，位于头顶部。腹部无吸着器。侧身平直。体无鳞。新鲜样本体色呈黄绿色或绿褐色，腹部为黄色。黄石爬鳅个体比较小，常见个体体长 15 ～ 20cm 以内，体重 50 ～ 150g（见图 4-172）。

图 4-172　黄石爬鳅（邵科摄，雅砻江支流道孚，2018）

2. 种群分布

黄石爬鳅分布于长江流域的岷江水系和金沙江水系，为长江上游特有鱼类。在青海主要分布于班玛县玛柯河和多柯河、玉树的通天河。黄石爬鳅为中小型底栖鱼类，多生活在水流湍急、河床为砾石的水域。主要以水生昆虫及幼虫为食，兼食水蚯蚓、水生植物的碎片等（唐文家，2011）。

4.13.2　生物学研究

1. 渔获物结构

王永明（2016）于 2012 年 7 月和 2013 年 6 月从大渡河支流脚木足河采集到 383 尾黄石爬鳅，用脊椎骨鉴定年龄，对其年龄结构和生长特性进行了研究。黄石爬鳅体长 92 ～ 190mm，其中 110 ～ 140mm 个体占渔获物总量的 74.41%；体重 14.70 ～ 119.80g，其中 20 ～ 60g 个体占渔获物总量的 84.86%；由 3 ～ 13 龄组成，5 ～ 8 龄个体占渔获物总量的 84.07%；种群雌雄性比为 1 ∶ 1.06。黄石爬鳅为等速生长型鱼类，雌雄个体体长和体重生长无显著差异。黄石爬鳅属于生长缓慢、生命周期较长的鱼类。生长拐点年龄为 10.87，落后于性成熟年龄（♀ 6 龄，♂ 5 龄），属于性成熟后生长仍然较快的类型。产卵群体主要以补充群体（5 龄、6 龄）和低龄剩余群体（7 龄、8 龄）为主。黄石爬鳅现已受到严重威胁，需加大力度保护。

2. 生长方程

Zhang 等（2014）描述了雅砻江 3 种鱼类的体长（L）与体重（W）关系，其中黄石爬鳅 $W=0.014\ 3L^{2.925\ 3}$（$R^2 = 0.853\ 8$）。Li 等（2015）描述了长江上游 5 种鱼类的体长

与体重关系，其中黄石爬鳅 $W=0.007\ 9L^{3.081}$（$R^2=0.998$）。

3. 繁殖特征

（1）两性系统。雌鱼的卵巢为单个，呈椭圆形囊状；雄鱼具有特殊的交配器官，表现为发达的延伸于体内并可伸缩的生殖乳突，运用的是体内授精方式，成熟卵的受精和产出是非同步的（黄寄夔，2003）。

（2）繁殖行为。黄石爬鳅在通天河的繁殖期为每年的 7 月份前后，在玛柯河的繁殖期为每年的 7—9 月。个体怀卵量少，常见的是 200～400 粒。卵呈黄色，直径为 3～4mm。产卵场位于有水流的石缝中。为整体产出，俗称"卵袋""卵块"，卵粒之间常成片地黏附在石块和砂粒上，但"卵袋"无黏性，卵沉性。雌雄个体易区分，生殖期腹部突出较高的为雌性，在非生殖期肛门后面具有生殖乳突的为雄性。黄石爬鳅有硬骨鱼纲鱼类中比较罕见的繁殖现象。雌鱼卵巢并非成对而是单个，是淡水硬骨鱼类中特殊的一种（唐文家，2011）。

（3）繁殖生境。黄石爬鳅属于急流产卵鱼类，其产卵生境的主要生态学参数为气温 18～35℃，水温 15～18℃，流水速度 3.0～5.7m/s，透明度可达 5m 以上，溶解氧 10～18.5mg/L，pH 7.2～8.5（黄寄夔，2003）。

4.13.3 遗传多样性研究

石爬鳅属鱼类的青石爬鳅和黄石爬鳅的物种界线一直不清楚，郭宪光（2004）采用形态判别和线粒体 16S rRNA 基因序列分析结合的方法，分别研究了青石爬鳅和黄石爬鳅的物种划分、地理分化及遗传多态性。结果表明：①区别青石爬鳅和黄石爬鳅的重要特征，腹鳍起点至臀鳍起点的距离是否大于至鳃孔下角的距离，腹鳍相对位置，头部相对大小与上颌须的须状延长部分等相互之间有一定的相关性，但是在研究的样本中没有明显的界线，而是有较多重叠，难以区分；②从地理分布看，金沙江不同支流的样本在上述特征方面有一定的区别，但是没有发现青衣江的样本与其他支流的样本有明显的界线和地理变化规律；③在 548bp 序列中，检测出 2 个多态位点，多态位点的比例为 0.365%；④青石爬鳅和黄石爬鳅间的遗传差异极小，平均遗传距离仅为 0.075%；⑤石爬鳅属鱼类个体间也无明显差异，遗传距离为 0～0.381%，平均为 0.069%。由此可以推断，石爬鳅属鱼类划分为一个种更客观，也就是说，黄石爬鳅为青石爬鳅的同物异名。

区别青石爬鳅和黄石爬鳅的重要特征：头部相对大小、上颌须的须状延长部分相对长短、腹鳍相对位置等相互之间有一定的相关性，但是没有明确的界线，而是有很多重叠，难以区分。从地理分布看，青衣江的样本在上述特征方面有较大的相关性，但和大渡河、岷江、青衣江、雅砻江的样本之间没有明确的界线。对于石爬鳅鱼类目前的分类而言，如果分为两个种，则这两个种同域分布。但是从特征的区别看，虽然一些特征在区分个体上有一定的倾向，但重叠较多，难以截然分开，因此作为一个种处理更客观。

根据线粒体 16S rRNA 基因片段，石爬鳅属鱼类个体间 16S rRNA 基因片段差异极小，遗传距离为 0 ～ 0.381%，平均 0.069%，表明不同个体间无明显差异；种间的遗传差异很小，平均差异仅为 0.075%，不支持青石爬鮡和黄石爬鮡是 2 个物种的说法。同时表明 mtDNA16S rRNA 序列的变异性不适合该属鱼类的多样性研究，进一步选择更分化的遗传标记进行测序、分析多样性，结果将更可信。

根据综合形态数据和分子数据的分析，石爬鮡属鱼类应该只划分为一个种。在时间上，模式种青石爬鮡 *E. davidi*（Sauvage）比一度移放归于 *Coraglanis* 属的黄石爬鮡 *kishinouyei* 早，故黄石爬鮡是青石爬鮡的同物异名（郭宪光，2004）。

鮡科是全球最大、最多样化的亚洲鲇鱼家族之一，大多数物种出现在青藏高原和东喜马拉雅山水系。迄今为止，公布的关于鮡科的形态学和系统学发育假说部分一致，在一些区域，相对属间的关系存在显著分歧。Guo 等（2005）采用隔离分化分析和加权分散生物地理假说与古地理数据结合区域分析及分子时钟校准方法，以线粒体细胞色素 b 和 16S rRNA 基因序列分析来澄清系统发育空白和测试冲突的变化和生物地理学分散假设。鮡科鱼类形成两大分支，一支包括黑鮡属、鮡属、纹胸鮡属；另一支包括褶鮡属和鳅鮡鱼类。而鳅鮡鱼类并未形成单系群，加上褶鮡属时才形成单系群。在这一支里，石爬鮡属、鮡属和拟鳅属构成单系群。褶鮡属和凿齿鮡属形成单系群。鮡属并没有形成单系，扁头鮡与拟鳅构成姊妹群。黑鮡属、鮡属、纹胸鮡属构成单系群。

杨成（2010）对采集于青海省玛柯河的 6 尾黄石爬鮡和四川省都江堰的 1 尾青石爬鮡的线粒体 Cyt b 基因进行了 PCR 扩增并进行序列测定，结果表明，黄石爬鮡 6 个个体均属同一单倍型。在 Cyt b 基因全长 1140bp 中，2 种鱼类存在 29 个变异位点（2.54%），其中 23 个（79.3%）突变位点为转换，6 个（20.7%）突变位点为颠换。2 种鱼类序列差异偏低，提示分化较晚，致使物种间在 Cyt b 基因上未能积累丰富的碱基变异。黄石爬鮡的遗传多样性较低，可能与其栖息环境的改变有关。

将黄石爬鮡和青石爬鮡 Cyt b 基因全序列（GenBank 接收号 GQ175878 和 GQ175879）进行比较，两者基于 Kimura 双参数（Kimura 2-parameter）的序列差异为 2.6%，两者与其他鮡科鱼类的序列差异超过 7.0%。根据 Cyt b 基因序列差异，利用 Mega 3.1 构建基于 Kimura 双参数的 NJ 分子系统树。

分子系统树显示，中华鮡和前臀鮡具有较近的亲缘关系，聚在同一进化枝中，而黄石爬鮡和青石爬鮡聚在一起，说明它们之间有很近的亲缘关系，共同组成由中华鮡和前臀鮡组成的进化枝的姊妹群（见图 4-173）。

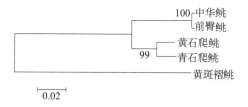

图 4-173　利用邻接法 Cyt b（NJ）构建的黄石爬鮡和青石爬鮡的系统发育关系（杨成，2010）

石爬鮡属 2 种鱼之间的基因序列差异只有 2.6%。石爬鮡属种间明显偏低的序列差异可能暗示黄石爬鮡和青石爬鮡的分化较晚，即本属物种的形成时间不够长，致使物种间在 Cyt b 基因上未能积累丰富的碱基变异。

衡量种群遗传多样性的 2 个重要指标是单倍型多样性和核苷酸多样性，虽然本研究采集到的黄石爬鮡样本量较少，但是从 6 个个体同属一个单倍型的事实可以推测，黄石爬鮡种群单倍型多样性和核苷酸多样性均较低，这可能与近年来受人类影响致使其生境破坏和数量下降有关，建议有关部门对黄石爬鮡给予优先保护（杨成，2010）。

Li 等（2014）从黄石爬鮡基因组文库中分离了 16 个新的多态微卫星标记位点，进一步在含 40 个样本的野生种群中观察其特征。结果表明，从 16 个微卫星位点观察到 3 ～ 17 个等位基因，观测杂合度和期望杂合度范围分别是 0.030 ～ 0.950 和 0.163 ～ 0.980。所有位点的平均多态性信息含量（PIC）为 0.450。

4.13.4 其他研究

1. 组织学

采用解剖和光镜技术详细观察黄石爬鮡消化系统的组织结构。结果显示，黄石爬鮡的消化系统由消化道和消化腺组成：①消化道包括口咽腔、食管、胃、肠及肛门，肠道系数（肠道长度与鱼体全长的比值）为 0.52±0.05，为典型的肉食性鱼类；口咽腔及食管黏膜层上皮为复层扁平上皮，内含杯状细胞、棒状细胞及味蕾；胃呈 V 形，黏膜层上皮为单层柱状上皮，无杯状细胞，胃腺在贲门部及盲囊部丰富，而在幽门部缺失；肠由前肠、中肠和后肠 3 部分组成，黏膜皱褶数量在肠道中由前向后依次减少，黏膜皱褶及黏膜上皮柱状细胞高度依次降低，杯状细胞数量逐渐增多，肌肉层逐渐增厚。②消化腺由肝胰脏和胆囊组成，肝脏分两叶，胰腺散布于肝脏和肠系膜上，胆囊呈椭圆形，体积较大。黄石爬鮡消化系统的组织结构特点与其消化、吸收作用密切相关。肠道系数常作为判断鱼类食性的一种依据。黄石爬鮡肠道系数为 0.52±0.05，小于草食性野生鲻鱼肠道系数（王永明，2015）。

2. 血液学

通过生化分析仪测定红细胞数及血红蛋白含量，黄石爬鮡的红细胞数为（0.55±0.06）×1012 个 /L，血红蛋白含量为（73.00±5.57）g/L；血细胞中红细胞占 98.03%，且其细胞体积较大，白细胞中血栓细胞占比最多，为 37.06%，异嗜性粒细胞最少，为 9.64%，异嗜性粒细胞分为Ⅰ型、Ⅱ型和Ⅲ型。通过细胞化学染色显示，红细胞均呈阴性，白细胞存在染色特性差异，其中白细胞过碘酸雪夫（PAS）染色均为阳性，过氧化物（POX）染色除Ⅰ型和Ⅲ型异嗜性粒细胞外，均为阴性（杨淞，2015）。

3. 营养学

潘艳云等（2009）对四川雅安购得的市售 57 尾野生石爬鮡进行了含肉率及肌肉营养成分分析，结果表明，石爬鮡的含肉率高于黑尾近红鲌 70.74%、黄颡鱼 67.53%、

182

鳜鱼 67.62%、尼罗罗非鱼 67.18%、荷包红鲤鱼 53.4%，低于南方大口鲇 79.84%、鲇 79.71%。这可能是由物种的特异性以及环境不同引起的。根据对 10 个体长组的石爬鲱的肌肉分析，水分、蛋白质、总能及 E/P 比值含量差异不大，而脂肪、灰分和无氮浸出物含量差异较大。蛋白质、脂肪和无氮浸出物含量决定能值大小。E/P 比值表示能值与蛋白质含量的比值。能值及 E/P 比值低，表明石爬鲱的蛋白质含量相对较高。以干物质计石爬鲱肌肉，蛋白质含量高达 76.45%，脂肪含量只有 7.6%，这说明它是一种高蛋白、低脂肪的鱼类。营养学中认为食品中干物质含量越高，其总养分含量越高。本试验研究得出石爬鲱的水分含量为 80.09%，低于黄颡鱼、南方大口鲇和鲇。石爬鲱的氨基酸总量、必需氨基酸量以及必需氨基酸指数都较高，氨基酸总量和必需氨基酸量分别为鲜样的 18.09% 和 8.54%，必需氨基酸指数为 84.56，均高于鳜鱼、黄颡鱼、金鳟、鲫鱼，低于梭鲈。石爬鲱肌肉中鲜味氨基酸含量为 7.04%，低于鲤鱼和梭鲈，而高于金鳟、斑点叉尾鮰、黄颡鱼和鲶鱼。缬氨酸、苏氨酸和异亮氨酸为限制性氨基酸。石爬肌肉的脂肪酸中的 DHA 含量占脂肪酸总量的 3.2%，低于鲢、鳙肌肉的 DHA 含量，但高于草鱼和鲫鱼肌肉的 DHA 含量。单不饱和脂肪酸总量和多不饱和脂肪酸总量相当，均高于饱和脂肪酸总量。这些研究数据表明，石爬鲱肌肉中的脂肪具有一定的营养价值。

通过对野生石爬鲱鱼类肉质的全面分析，表明石爬鲱含肉率较高，氨基酸和脂肪酸组成较好，是富有营养和具有独特风味的人类动物性食品。对于这种我国本土冷水性小型经济鱼类应予以保护和利用。其相关数据对石爬鲱的人工养殖也具有一定的指导意义和应用价值。

4.13.5　资源保护

1. 致危因素

唐文家（2011）分析了黄石爬鲱的致危因素。

（1）自身生物学因素。黄石爬鲱肉质鲜美，是岷江流域重要的经济鱼类。由于酷捕，黄石爬鲱的天然资源量急剧减少，衰退趋势明显，已处于濒危状态，需要采取有效措施加以保护。

黄石爬鲱绝对怀卵量少，仅数百粒，有的甚至不足 100 粒，这与鲟鱼 40 万～ 120 万粒的怀卵量相比非常少。目前，黄石爬鲱的人工繁殖技术尚未解决，天然资源的恢复只能依靠自然繁殖，其怀卵量低的特性制约了种群的自然恢复，繁殖群体和补充群体一旦遭到破坏，短期内难以恢复。虽然鳗鲡的人工繁殖技术也没有完全解决，但鳗鲡依靠自身的 700 万～ 1300 万粒的繁殖力自然增殖，能够支撑目前商品化养殖对苗种的需求。当黄石爬鲱补充群体和繁殖群体数量出现严重不足时，将影响其种群的发展和安全。

（2）酷捕。黄石爬鲱在市场上有广泛需求。在玛柯河地区，其价格不断攀升，2004 年为 60 ～ 80 元 /kg、2006 年为 160 ～ 180 元 /kg、2007 年为 220 ～ 260 元 /kg，在其主要消费地成都及都江堰地区的价格已高达 400 ～ 600 元 /kg，在云南金沙江的价格则高达 900 元 /kg。2010 年 3 月，在成都双流区四川省农产品批发市场，体长

4～6cm 的石爬鲱批发价格为 90 元 /kg，且规格较整齐。体长 10～15cm 的黄石爬鲱数量很少，价格为 1080～1200 元 /kg。其价格远远超出了鲟类和海珍品的价格，反映出黄石爬鲱市场供不应求，巨大的利润空间刺激了偷捕行为。

（3）环境污染。黄石爬鲱属底栖鱼类，没有洄游现象。在班玛县城下游附近和壤塘县城下游附近已多年不见黄石爬鲱，在这些县城的上游也只能偶尔捕获。在澜沧江流域的囊谦县下游水域分布有另外一种鲱科的鱼类——细尾鲱，当地人对体型较大的裂腹鱼类感兴趣，而几乎不会捕捉体型相对较小的细尾鲱，只是一些常钓鱼的人在 20 世纪 90 年代以前经常在钓裂腹鱼时钓到细尾鲱，但近年来，细尾鲱很难钓到。这从另外一个方面反映出该类鱼对水体环境状况变化比较敏感。环境污染是不可忽视的因素。

2. 保护措施

目前，我国有关鱼类多样性的保护策略主要集中在濒危物种和经济鱼类上。物种保护的最佳途径是保持原有生境，维护自然生态系统的完整性。保护鱼类生态环境的核心就是保护水域环境。完整的、良好的、原始的自然状态下的水域可以成为珍稀濒危鱼类的最好避难所。

2001 年修订的《青海省实施〈中华人民共和国渔业法〉办法》规定玛柯河及其支流为常年禁渔区；2003 年，黄石爬鲱被列入《青海省重点保护水生野生动物名录（第一批）》；2004 年，黄石爬鲱被列入《中国物种红色名录》，为濒危物种；2005 年，青海省渔业环境监测站在玛柯河地区设立大型宣传警示牌，并在川陕哲罗鲑保护中心开展了黄石爬鲱的亲鱼繁育研究；2008 年，农业农村部批准在玛柯河建立玛柯河重口裂腹鱼水产种质资源保护区，重点保护重口裂腹鱼、川陕哲罗鲑、黄石爬鲱、齐口裂腹鱼等鱼类。

唐文家（2011）对黄石爬鲱的保护提出了建议。

（1）实施就地保护。由于黄石爬鲱的人工繁殖技术尚未完全解决，因此自然种群衰退趋势仍在继续。实施原地保护就是保护生态环境，保护繁殖群体和补充群体，最大限度地实现自然繁殖，也为今后开展人工繁殖研究提供种源。

（2）继续加大宣传力度，严厉打击非法破坏渔业资源的行为。2004—2005 年的毒鱼事件发生后，青海省各有关部门高度关注玛柯河的鱼类保护。青海省渔业环境监测站在玛柯河建立了川陕哲罗鲑保护中心，并与当地农业、林业、公安等有关部门共同开展宣传工作，发放通告，召开座谈会，发动群众，提高警惕，防范外来人员破坏渔业资源，尤其每年冬春季节是防范的重点时期。要根据相关法律法规，对破坏渔业资源的行为予以严惩。

（3）加大投入力度，开展黄石爬鲱的人工繁殖保护研究。黄石爬鲱的高价格反映了其具有市场开发前景，是一个良好的鱼类品种。由于其特殊的繁殖性，对黄石爬鲱进行人工繁殖存在很大的风险和不确定因素，短期内很难获得效益，因此需要政府加大投入力度，为保护黄石爬鲱研究工作提供支持。

4.14　青石爬鮡

4.14.1　概况

1. 分类地位

青石爬鮡（*Chimarrichthys davidi* Sawage, 1934）隶属鲇形目（Siluriformes）鮡科（Sisoridae）石爬鮡属（Chimarrichthys），是在我国西南部高山峡谷、陡坡激流、枯洪流量悬殊的环境中底栖生活的本土小型稀有冷水性淡水鱼。

2. 种群分布

青石爬鮡是鳅鮡鱼类中除原鮡外最原始的种类，主要分布于青海、四川、云南、西藏的金沙江、岷江水系干支流的海拔 1800 ～ 3600m 处，常栖息于山涧溪河多砾石的激流滩上，以扁平的腹部和口胸的腹面附着于石上，用匍匐的方式移动。

4.14.2　生物学研究

1. 形态学研究

罗泉笙（1990）对青衣江上游的青石爬鮡的头骨形态作了描述，其头骨不仅具有鳅形目鱼类的共有特征，而且具有一些高度特化的特征，如头骨极平扁，鳄骨、领骨特化并高度发达，鳃弓的基一下鳃区骨化程度很低，大部分为结缔组织。这些特征是与其生存环境相适应的。

Zhou 等（2011）通过形态学对青石爬鮡和黄石爬鮡的区别进行了描述。黄石爬鮡和青石爬鮡的区别：①黄石爬鮡前颌骨齿带无缩进；②黄石爬鮡胸鳍长度为胸鳍和腹鳍之间距离的 75.5% ～ 89.6%；③黄石爬鮡腹鳍到肛门的距离为胸鳍到腹鳍距离的 81.5% ～ 97.5%。

2. 繁殖生物学研究

蒋红霞等（2012）从基于统计学 Tennant 法、7Q10 法等简单估算发展到综合运用水文学、水动力学、环境水力学和生态学进行成因和机理方面的分析。本书运用物理栖息地模拟模型计算西南山区二台子引水式电站减水河段的鱼类生态需水量。以省级保护性鱼类青石爬鮡为目标鱼类，考虑流水速度、水深、水温、断面形态等主要影响鱼类适宜生境的因素对鱼类产卵期、育幼期、成年期等不同生命时期的需水要求进行分析。计算结果表明，青石爬鮡产卵期需水流量 3.68m³/s、育幼期需水流量 4.25m³/s、成年期需水流量 3.26m³/s，分别占坝址处多年平均流量的 38.33%、44.27% 和 33.96%。

3. 食性特征

青石爬鮡属于以动物性食物为主的杂食性鱼类，食物中以水生昆虫和幼虫为主，其次为水生植物的碎片及有机腐屑。该鱼肉质细嫩，味道鲜美，是产区主要的小型经济鱼类之一。

4.14.3　其他研究

冯健等（2009）对40尾野生青石爬鮡进行了血液生化指标和血细胞分类的研究。测得血浆的总蛋白为（48.35±3.60）g/L，白蛋白为（8.73±0.54）g/L，球蛋白为（39.63±3.10）g/L，血浆白蛋白与球蛋白比为0.22±0.01，甘油三酯为（5.05±2.14）mmol/L，总胆固醇为（16.66±3.64）mmol/L，极低密度脂蛋白为（1.01±0.43）mmol/L，葡萄糖为（5.27±2.43）mmol/L。血液生化指标检测结果表明，青石爬鮡血浆中总蛋白与球蛋白、甘油三酯与胆固醇较高，葡萄糖较低，具有活动量较大和冷水性鱼类的特点，主要利用脂肪和蛋白质作为能量。细胞学显示其外周血液包含红细胞、核影、淋巴细胞、血栓细胞、嗜中性粒细胞和单核细胞。血涂片计数为红细胞96.58%，其中，成熟红细胞占65.92%，幼稚红细胞占30.66%。白细胞为3.42%，其中，嗜中性粒细胞占0.14%，单核细胞占0.07%，淋巴细胞占2.37%，血栓细胞占0.85%。白细胞中淋巴细胞和血栓细胞数量较多。原始血细胞主要集中在中肾和头肾中，部分在脾脏中，肝脏和外周血液中未见。中肾和头肾是青石爬鮡的主要造血器官，其中红细胞主要由头肾产生，白细胞主要由中肾产生。脾脏亦产生少量白细胞。

4.15　西昌白鱼

4.15.1　概况

1. 分类地位

西昌白鱼（*Anabarilius liui* Chang，1944）隶属鲤形目（Cypriniformes）鲤科（Cyprinidae）鲌亚科（Cultrinae）白鱼属（*Anabarilius*），分布于金沙江的支流（褚新洛等，1989）。西昌白鱼是白鱼属中亚种分化比较大的一个种（见图4-174）。迄今为止，西昌白鱼已有4个亚种记载，即西昌白鱼指名亚种（*A. liui*，Chang，1944）、西昌白鱼程海亚种（*A. liui chenghaiensis* He，1984）、西昌白鱼宜良亚种（*A. liui yiliangensis* He et Liu，1983）和西昌白鱼雅砻亚种（*A. liui yalongensis* subsp. nov.）（刘振华等，1983；褚新洛等，1989；李操等，2003）。

图4-174　西昌白鱼（邵科摄，雅砻江李庄，2021）

刘振华和何纪昌（1983）将采自云南禄劝掌鸿河的样本定为禄劝亚种，它与西昌白鱼指名亚种的差异甚微，况且该指名亚种仅有 1 尾标本，它们的主要鉴别特征是一致的。经查对采自禄劝和富民两地的样本，其性状相同，都属于西昌白鱼指名亚种，所以禄劝白鱼与西昌白鱼是同种异名（陈银瑞，1986）。

西昌白鱼被列入川府发〔1990〕39 号文件《四川省重点保护野生动物名录》中，在 2016 年的《中国脊椎动物红色名录》中的 IUCN 等级被列为濒危（EN）（蒋志刚等，2016）。

西昌白鱼全长 147 ～ 225mm，体长 120 ～ 203mm，体细长，侧扁，背部较平直，腹缘呈浅弧形，吻端尖。侧线鳞 65 ～ 74，围尾柄鳞 20 ～ 22。臀鳍条 3，12 ～ 15。鳃耙 12 ～ 14。口端位。背鳍具硬刺，体侧部分鳞片边缘呈黑色。尾柄长为其高的 2.0（1.8 ～ 2.2）倍（陈银瑞，1986；褚新洛等，1989）。

2. 种群分布

西昌白鱼指名亚种分布于西昌境内安宁河、云南普渡河和云南绿劝县掌鸿河；西昌白鱼程海亚种分布于云南程海；西昌白鱼宜良亚种分布于云南南盘江；西昌白鱼雅砻亚种分布于四川雅砻江干流及其支流（刘振华等，1983；李操等，2003）。郑璐等（2012）在 2011—2012 年对邛海湖的调查中未发现西昌白鱼。邓其祥等（2000）在 1996—1998 年对二滩水库（未建成）河段及相邻河段的调查中发现西昌白鱼在库区广泛分布。

4.15.2　生物学研究

1. 食性特征

西昌白鱼雅砻亚种为水体中上层鱼类，喜在水面宽阔的地带活动，主要以水生昆虫和落水的陆生昆虫为食（李操等，2003）。

2. 繁殖特征

西昌白鱼雅砻亚种繁殖期为 11 月至次年 3 月。繁殖期喜成群活动，在水流较平缓、河床为沙砾石质的河湾处产卵繁殖（李操等，2003）。

4.15.3　其他研究

杨君兴和褚新洛（1987）构建了白鱼属的种间系统发育关系，显示出类群Ⅰ和类群Ⅱ两个群：类群Ⅰ包括邛海白鱼、西昌白鱼、多鳞白鱼和银白鱼；类群Ⅱ包括阳宗白鱼、宜良白鱼、斑白鱼、崇明白鱼、大鳞白鱼、大白鱼、星云白鱼、杞麓白鱼和鱇浪白鱼。从地理分布上看，类群Ⅰ仅分布于金沙江水系，类群Ⅱ除嵩明白鱼外，都分布于南盘江水系。这表明两个群的分化与水系的分流有很大关系。宜良白鱼以往作为西昌白鱼的一个亚种看待。从性状分析上看，它与西昌白鱼的关系甚远，应是一个独立的种，而不是一个亚种。它和西昌白鱼在外部分类性状如鳃耙数和侧线鳞数等方面相似，可能是因食性和生活环境相似造成的。

4.16 嵩明白鱼

4.16.1 概况

1. 分类地位

嵩明白鱼（*Anabarilius songmingensis* Chen *et* Chu，1980 年）隶属鲤形目（Cypriniformes）鲤科（Cyprinidae）鲌亚科（Cultrinae）白鱼属（*Anabarilius*）（褚新洛等，1989）。

嵩明白鱼在 2016 年的《中国脊椎动物红色名录》中的 IUCN 等级被列为近危（NT）（蒋志刚等，2016）。

2. 种群分布

嵩明白鱼栖息于水体的中上层，分布于牛栏江上游（褚新洛等，1989）。陈量等（2007）在 2005 年对牛栏江贵州段及支流玉龙河的调查中发现有嵩明白鱼分布。彭军等（2015）在 2012 年的调查中发现嵩明县葛根塘水库尚存有一定数量的嵩明白鱼。

4.16.2 生物学研究

嵩明白鱼性成熟年龄为 3 龄，产卵期是 5—6 月。卵为黏性，附着在离水面尺许的护坡石块上（褚新洛等，1989；彭军等，2015）。

4.16.3 资源保护

为了恢复嵩明白鱼群体的数量，保护并开发利用云南土著鱼类资源，昆明市水产科学研究所等单位联合开展了嵩明白鱼的人工繁殖、孵化、鱼苗培育等技术的研究，分别采用不同的催产药物和剂量对嵩明白鱼进行人工催产试验，结果发现，采用促黄体素释放激素类似物（LHRH-A$_2$）加马来酸地欧酮（DOM）催产效果好，效应时间为 21h，人工采卵流畅，催产率为 100%。采用绒毛膜促性腺激素（HCG）催产效果较差，只有 6 尾雌鱼产卵，人工采卵不流畅，催产率为 50%。在水温 16℃条件下，受精卵的孵化时间为 96h，孵化积温为 1536℃·h。试验共孵化出嵩明白鱼水花鱼苗 4 万尾（彭军等，2015）。

4.17 寻甸白鱼

1. 分类地位

寻甸白鱼（*Anabarilius xundianensis* He，1984）隶属鲤形目（Cypriniformes）鲤科（Cyprinidae）鲌亚科（Cultrinae）白鱼属（*Anabarilius*）（褚新洛等，1989）。

寻甸白鱼在 2016 年的《中国脊椎动物红色名录》中的 IUCN 等级被列为近危（NT）（蒋志刚等，2016）。

2. 种群分布

寻甸白鱼栖息于水体中上层，个体较大，分布在附属于金沙江水系的寻甸清水海（褚新洛等，1989）。

4.18　短臀白鱼

1. 分类地位

短臀白鱼（*Anabarilius brevianalis* Zhou *et* Cui，1992）隶属鲤形目（Cypriniformes）鲤科（Cyprinidae）鲌亚科（Cultrinae）白鱼属（*Anabarilius*）（Zhou and Cui，1992）。

短臀白鱼在2016年的《中国脊椎动物红色名录》中的IUCN等级被列为易危（VU）（蒋志刚等，2016）。

2. 种群分布

短臀白鱼分布于金沙江下游流域（于晓东等，2005）。张雄等（2014）于2010年5—6月和2011年5月对金沙江下游各支流进行了两次鱼类资源流动调查，在鲹鱼河发现有短臀白鱼。

4.19　钝吻棒花鱼

4.19.1　概况

1. 分类地位

钝吻棒花鱼（*Abbottina obtusirostris* Wu *et* Wang，1931）隶属鲤形目（Cypriniformes）鲤科（Cyprinidae）鮈亚科（Gobioninae）棒花鱼属（*Abbottina*），别名乌嘴，是一种小型鱼类，主要生活在水的底层（丁瑞华，1994）。

2. 种群分布

钝吻棒花鱼为小型鱼类，主要分布于长江上游、金沙江下游及其支流、岷江和沱江（丁瑞华，1994；高少波等，2013）。2011—2013年在金沙江下游攀枝花至宜宾河段调查期间，仅在攀枝花至巧家河段监测到钝吻棒花鱼2尾，资源数量较少。

4.19.2　生物学研究

钝吻棒花鱼的食物主要是底栖无脊椎动物，如端足类、蚤类以及水生昆虫，也食植物碎屑。1冬龄鱼可达性成熟。繁殖时间为每年的3—4月。

4.20　长须鮠

1. 分类地位

长须鮠（*Leiocassis longibarbus* Cui，1990）隶属鲇形目（Siluriformes）鲿科（Bagridae）鮠属（*Leiocassis*），仅分布于金沙江支流宾居河，数量极少，为金沙江中

游珍稀特有鱼类。

2. 种群分布

据《云南鱼类志》记载，仅在 1981 年云南宾川县的宾居河（金沙江水系）采集到长须鲍标本 1 尾，此后再无发现长须鲍的渔获信息（褚新洛，1990）。梁翔等通过 2012 年 6 月及 2013 年 9 月两次野外调查，均未发现该物种。Zhang 等（2015）通过对长江上游 64 种特有鱼类的灭绝风险分析，认为长须鲍已经由极危物种（CR）变为灭绝物种（EX）。

4.21 中臀拟鲿

4.21.1 概况

1. 分类地位

中臀拟鲿（*Pseudobagrus medianalis* Regan，1904）隶属鲇形目（Siluriformes）鲿科（Bagridae）拟鲿属（*Pseudobagrus*），俗称湾丝，为云南特有种（褚新洛等，1989）。

2. 种群分布

中臀拟鲿为底层小型肉食性鱼类，仅分布于金沙江南侧支流普渡河水系禄劝掌鸠河、滇池。过去中臀拟鲿为滇池及其下游的常见鱼类，是滇池的经济鱼类之一。自 20 世纪 50 年代始以来，由于滇池水体富营养化，生态环境恶化，导致中臀拟鲿的种群数量剧减。2003 年在《中国脊椎动物红色名录》中的 IUCN 等级中，中臀拟鲿被列为濒危（EN），而在 2008 年更改为极危（CR）。

严晖等（2012）于 2007—2011 年进行了中臀拟鲿的资源调查，结果表明，中臀拟鲿目前已经在滇池湖区绝迹，仅在周边的涌泉、龙潭、溪流等水体中零星分布，种群数量较少，需要加强保护（见表 4-85）。

表 4-85 中臀拟鲿的栖息地及种群数量

区域	龙潭及流域名称	种群数量
呈贡区	白龙潭、黑龙潭、洛龙河、东大河	±
	小海晏村泉水洞、大渔乡大湾村饮水洞、捞鱼河	±
安宁市	普渡河水系禄劝掌鸠河、鸣矣河、螳螂川	+

注：± 表示种群数量很少，+ 表示种群数量少。

3. 三场分布

（1）索饵场。中臀拟鲿生活在清澈的流水环境中，栖息于河流缓流区水草茂盛的石砾底质水域，底栖生活。白天在水较深的乱石或卵石间栖息、活动，夜间游至浅水域摄食，在弱暗光条件下摄食和活动（严晖等，2012）。

（2）越冬场。秋季末至冬季水温低，中臀拟鲿多在水深的河流、河床石缝、岩洞中越冬；仲春开始离开越冬场所，到附近的乱石浅滩近岸摄食和活动。

4.21.2 生物学研究

1. 年龄与生长

根据严晖等（2012）的研究，中臀拟鲿生长 1 年体长可达 90 ～ 100mm，体重为 7 ～ 15g；生长 2 年体长达到 140 ～ 160mm，体重为 40 ～ 50g；体长达到 100mm 以上时，体重增长较快，2 年可达到性成熟，性成熟的体重为 50 ～ 70g（见表 4-86）。

表 4-86 中臀拟鲿体长与体重的关系

项目	体长 (mm)					
	70 ～ 80	90 ～ 100	110 ～ 130	140 ～ 160	170 ～ 180	190 ～ 200
体重 (g)	4 ～ 5	6 ～ 14	15 ～ 20	40 ～ 50	70 ～ 80	90 ～ 100
年龄（龄）	1	1	1	2	3	4

2. 食性特征

严晖等（2012）通过对 18 尾全长 104 ～ 140mm 中臀拟鲿标本的胃肠内含物进行观察，发现动物性食物 3 门 11 种，其中环节动物 2 种，节肢动物 6 种，脊椎动物（鱼类）3 种。其中，底栖动物占 30%，小鱼虾约占 20%，水生昆虫约占 45%，其余占 5%。个体大小不同，其食性也有显著差异。全长为 30 ～ 50mm 的个体主要食物是枝角类、桡足类、蚊类幼虫和水蚯蚓等；全长为 100mm 以上的个体主要食物是摇蚊幼虫、蜻蜓目幼虫，毛翅目、双翅目、蜉蝣目等的幼虫和成虫，其他水生昆虫、鱼卵、小鱼虾、蝌蚪等。中臀拟鲿是以底栖动物、小鱼虾和水生昆虫为主要食物的偏肉食性的杂食性鱼类。

中臀拟鲿的消化道为直管状，占鱼体全长的 70% ～ 80%。食管短，其后为胃，胃部明显，呈 U 形，胃壁较厚，紧接肠道（见图 4-175）。

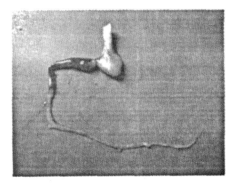

图 4-175 中臀拟鲿的消化道

3. 繁殖特征

（1）繁殖群体组成。根据严晖等（2012）的研究，中臀拟鲿在未达到性成熟之前，从外部观察，雌鱼与雄鱼并无明显差异，不易区别，而性成熟的雌鱼和雄鱼差异较大，容易区分。性成熟的雄鱼明显大于雌鱼，体色呈浅黄色，身体细长，腹部狭瘦，臀鳍前肛门后面之间有 5 ～ 6mm 长的泌尿生殖窦，呈圆锥形，有明显突起，泄殖孔在生殖窦的顶端，繁殖季节生殖窦充血发红，因精巢为树枝状，轻压腹部不能挤出精液。雌鱼比雄鱼体小而较短粗，体色呈灰黑色，腹部膨大且较柔软，生殖窦为圆柱状，生殖孔与泌尿孔是分开的，生殖孔呈圆形且红肿，位于生殖窦顶部。

（2）繁殖时间。中臀拟鲿一般在 2 龄时达到性成熟，成熟个体全长 140mm 以上，性成熟个体的雄性体形大于雌性体形。对中臀拟鲿进行解剖后发现，每年 5 月下旬至 7 月下旬为中臀拟鲿的繁殖时间。

（3）产卵类型。中臀拟鲿为产黏性卵鱼类，卵呈淡黄色，卵径 2.5mm 左右，通常产卵于石砾卵石的流水河底或水草上，雄鱼有筑巢的习性。

（4）繁殖力。全长 175mm、体重 64.7g 的中臀拟鲿的绝对怀卵量为 2900 粒 / 尾，相对怀卵量为 70 ～ 80 粒 /g。

4.21.3 遗传学研究

关于中臀拟鲿的遗传学研究，目前仅有其线粒体全长序列的研究，没有遗传结构和遗传多样性方面的相关研究。中臀拟鲿的线粒体基因组全长 16 647bp，由 13 个蛋白编码基因、2 个核糖体 RNA、22 个转运 RNA 以及 2 个非编码区组成（Liang et al，2016）。

4.22 前臀鮡

4.22.1 概况

1. 分类地位

前臀鮡（*Pareuchiloglanis anteanalis* Fang, Xu *et* Cui, 1984）属鲇形目（Siluriformes）鮡科（Sisoridae）鮡属（*Pareuchiloglanis*）（丁瑞华，1994）（见图 4-176）。

图 4-176 前臀鮡（邵科摄，雅砻江里庄，2020）

2. 种群分布

前臀鮡主要分布于金沙江、大渡河（丁瑞华，1994），也见于甘肃白龙江、岷江（褚新洛等，1999；李旭，2006）。

4.22.2 遗传多样性研究

线粒体 DNA。根据马秀慧（2015）研究，中国的鮡科鱼类和鲱鮡鱼类均构成一个单系类群，且获得较高的支持率（PP=1.00，BP=95%）。粗尾褶鮡位于鮡科鱼类的基部，鲱鮡鱼类和非鲱鮡鱼类构成姐妹群。藏鲱的系统发育位置一直颇具争议（Guo et al.，2005；Peng et al.，2006），研究结果支持它与其他鲱鮡鱼类一起与黑斑原鮡构成姐妹群，黑斑原鮡为鳅鮡鱼类的基部类群。其中，与 Beast 的结果有一些不同，Beast 的结果支持藏鳅为鳅鮡鱼类的基部类群。鳅鮡鱼类的特化类群分为 3 个主要的谱系：第一个谱系包括黄石爬鮡和金沙江流域的鮡属（中华鮡和前臀鮡）；第二个谱系包含怒江的异鮡属、细尾鮡和拟鳅属；第三个谱系为异齿鳅属、长尾鮡和大孔鮡。后两个谱系构成姐妹群，并与金沙江流域的鳅鮡隔离。鮡属不是一个单系类群。

第5章
金沙江下游鱼类保护与管理

分布于金沙江下游的长江上游珍稀特有鱼类，是长期适应上游水体的生态环境，特别是水文和食物条件，而逐渐形成的物种，受人类活动影响显著，资源衰退趋势明显，濒危程度日益加剧。根据 2016 年发布的《中国脊椎动物红色名录》，圆口铜鱼被列为极危物种（CR），其他特有鱼类中，鲈鲤、细鳞裂腹鱼、小裂腹鱼、中华鮡、黄石爬鮡、青石爬鮡、西昌白鱼、长须鮠、中臀拟鲿被列为濒危物种（EN），长丝裂腹鱼、齐口裂腹鱼、四川裂腹鱼、短臀白鱼被列为易危物种（VU），前臀鮠、嵩明白鱼、寻甸白鱼被列为近危物种（NT）。为加大保护力度，2020 年调整的《国家重点保护野生动物名录》将圆口铜鱼、鲈鲤、细鳞裂腹鱼、青石爬鮡等特有鱼类列为国家二级保护野生动物。因此，下一步必须采取更严格有效的措施来合理保护与管理这些特有鱼类资源。

5.1 全面禁止捕捞

酷渔滥捕是导致鱼类资源衰退的最直接、最主要的原因（曹文宣，2011）。圆口铜鱼、鲈鲤、裂腹鱼类、石爬鮡类和鮠属鱼类由于肉质鲜美、经济价值高而成为金沙江下游重要的渔获对象，通常情况下，捕捞人员等不及其再生便捕获殆尽。尽管目前在金沙江下游主要鱼类繁殖期的每年 3—6 月实施了禁捕措施，以保护鱼类的正常繁衍，但受非法捕捞、非法渔具等因素影响，许多幼鱼个体未等到成熟繁殖已被捕获，无法对渔业资源形成补充。全面禁渔、恢复鱼类资源的有效性已经得到证实，赤水河作为长江流域首条全面禁渔的试点河流，自 2017 年 1 月全面禁渔以来，根据相关监测结果，鱼类资源已经得到了一定程度的恢复（刘飞等，2019）。根据《国务院办公厅关于切实做好长江流域禁捕有关工作的通知》（国办发明电〔2020〕21号），自 2021 年 1 月 1 日起，长江流域实行暂定为期 10 年的常年禁捕，推动渔民转产上岸，其间禁止天然渔业资源的生产性捕捞，严格执行禁捕管理，以保障鱼类资源自然增殖。相信经过长时间的休渔期，金沙江下游部分特有鱼类资源将得到较好地恢复。

5.2 栖息地保护与修复

栖息地保护是鱼类就地保护的基础。为减缓金沙江下游梯级开发对特有鱼类的影响，2005年4月国务院办公厅批准了农业农村部和国家环境保护局提出的"长江合江—雷波段珍稀鱼类国家级自然保护区"调整方案，同意将原"长江合江—雷波段珍稀鱼类国家级自然保护区"调整为"长江上游珍稀、特有鱼类国家级自然保护区"，其范围包括横江口至重庆马桑溪间干流河段、赤水河干流和部分支流、岷江下游和越溪河支流，以及南广河、长宁河、沱江和永宁河河口区等河段共计1162.6km。但是根据实际监测，在保护区内采集到的特有鱼类仅40种左右，而且某些物种是偶见，在渔获物中占有一定比例的种类不到20种。前鳍高原鳅、西昌白鱼、嵩明白鱼、寻甸白鱼、短臀白鱼、短须裂腹鱼、长丝裂腹鱼、小裂腹鱼、四川裂腹鱼、鲈鲤、长须鳅、中臀拟鲿、中华鲱和前臀鲱等长江上游特有鱼类多分布于金沙江下游水域，而且种群规模很小；圆口铜鱼、青石爬鲱等特有鱼类的产卵场多分布于金沙江下游，因此对于这些特有鱼类的保护应以金沙江下游水域的就地保护为主。

在目前金沙江一期工程已基本建成的背景下，选择自然生态环境保持良好、微生境层次丰富的支流建立专门的鱼类自然保护区，禁止一切开发，保持河流生态系统的完整性和连续性，并通过泄放生态流量、微生境修复和生态调度等措施，为部分喜流水性特有鱼类繁殖提供适宜的产卵场。例如，在金沙江下游支流雅砻江河口江段、支流黑水河等开展栖息地保护措施，以减少金沙江下游水电开发对分布于此的长江上游珍稀特有鱼类带来的影响。其中，黑水河鱼类栖息地生态修复工程已于2018年正式开工建设，该项工程干流全长75km，建设内容包括连通性恢复、生态流量控制、栖息地生境修复、增殖放流、现场试验监测等，是国务院批复的《长江经济带生态环境保护规划》中明确需实施的生态修复示范项目，旨在发挥黑水河流水生境对长江上游特有鱼类的保护作用，并为白鹤滩库区喜缓流和静水生境但需流水刺激产卵的鱼类提供适宜的水生生境，是金沙江下游水电站梯级开发生态保护的重要举措。

5.3 人工增殖放流

人工增殖放流是国内外用来保护珍稀、濒危物种的比较普遍的方法，日本、美国、挪威、法国等国家均把人工增殖放流作为资源养护和生态修复的主要措施。在金沙江下游区域，人工增殖放流主要是针对人类活动导致的长江上游珍稀、特有鱼类自然繁殖条件得不到满足，种群难以自我更新等问题，采取的资源补充措施。人工增殖放流应该根据不同种类受影响的程度、濒危状况及实际情况来分步实施。对一些受金沙江下游水利工程建设影响、濒危程度较高的种类，如圆口铜鱼，应该就其亲鱼驯养、人工繁殖、放流及效果评估等问题重点开展研究。目前，圆口铜鱼的人工繁殖技术已取得较大突破，鲈鲤、多种裂腹鱼和石爬鲱类的人工繁殖和放流技术已逐渐成熟，相关水电开发企业也已在金沙江下游干支流水域开展了多次放流活动。尽管目前在特有鱼类人工增殖放流方面已取得了一定的成效，但是由于人工增殖放流通常是由少量亲本人工繁殖培育出的大量子代个体，因此如果忽略遗传多样性的维持，人工增殖放流经过若干世代后，可能导致该物种的自然种群遗传多样性丧失、遗传性状衰退。现有的金沙江下游珍稀、特有鱼类人工增殖多是在没有考虑其物种遗传背景的情况下进行的，尤其在亲鱼的选择和配对繁殖过程中，具有较大的盲目性和随意性，缺乏技术监管措施，未对亲本来源进行遗传背景的监控，甚至出现子一代和子二代等亲缘关系极近的个体配对繁殖用于放流的情况。因此，为保障鱼类增殖放流效果，需开展繁殖群体的遗传管理，加强主要放流对象人工繁殖亲鱼群体的遗传背景和遗传多样性研究，同时开展放流效果评估，建立完善的相关标准，形成技术体系。

5.4　水库生态调度

生态调度技术是缓解大坝水库对鱼类自然繁殖影响的重要措施之一。金沙江下游分布的圆口铜鱼、中华金沙鳅等鱼类为典型的产漂流性卵鱼类，鲈鲤、短须裂腹鱼、长丝裂腹鱼、齐口裂腹鱼、细鳞裂腹鱼、四川裂腹鱼等裂腹鱼类及中华鮡、前臀鮡、黄石爬鮡和青石爬鮡等鱼类为产黏沉性卵鱼类。这些鱼类的繁殖活动对流水生境具有极高的依赖性，其中产漂流性卵鱼类的繁殖过程多需要洪水过程刺激，产黏沉性卵鱼类的繁殖则多在具有砾石底质的流水生境中完成。通过调整三峡水库调度方式，下泄满足四大家鱼自然繁殖的流量过程，明显促进了四大家鱼的自然繁殖。国内外成功的生态调度实践表明，水库调度充分考虑生态系统的多目标需求，可为缓解水库调度运行的生态影响，保护河流水生生物多样性等提供有效途径和措施。因此，在充分研究繁殖期等关键生活史阶段生态水文需求的基础上，结合水库发电、供水、防洪调度，合理利用水库的调蓄库容，充分考虑重要物种产卵、繁殖、生长需求，通过分层取水、下泄生态流量、人造洪峰的方式，科学制定生态调度方案。

参 考 文 献

曹文宣, 2008. 有关长江流域鱼类资源保护的几个问题 [J]. 长江流域资源与环境, 17(2): 163-164.

曹文宣, 2011. 长江鱼类资源的现状与保护对策 [J]. 江西水产科技, (2): 1-4.

曹文宣, 伍献文, 1962. 四川西部甘孜阿坝地区各类生物学及其渔业问题 [J]. 水生生物学集刊, (2): 79-110.

晁珊珊, 张倡珲, 海蕾, 等, 2013. 长丝裂腹鱼 MyoD1 基因的克隆及序列分析 [J]. 安徽农业科学, 4(11): 4750-4752, 4779.

陈礼强, 2007. 细鳞裂腹鱼生殖生物学研究 [D]. 重庆: 西南大学.

陈礼强, 吴青, 郑曙明, 等, 2008. 细鳞裂腹鱼胚胎和卵黄囊仔鱼的发育 [J]. 中国水产科学, 15(6): 927-934.

陈量, 李正友, 卢宗民, 等, 2007. 象鼻岭水电站库区江段鱼类资源现状及评价 [J]. 水利渔业, 27(2): 69-81.

陈银瑞, 1986. 白鱼属鱼类的分类整理 (鲤形目 : 鲤科)[J]. 动物分类学报, 11(4): 429-438.

陈永祥, 2013. 四川裂腹鱼 (Schizothorax kozlovi Nikolsky) 种质特征及其遗传多样性研究 [D]. 四川雅安 : 四川农业大学.

陈永祥, 胡思玉, 赵海涛, 等, 2009. 乌江上游四川裂腹鱼和昆明裂腹鱼肌肉营养成分的分析 [J]. 毕节学院学报 : 综合版, 27(8): 67-71.

陈永祥, 罗泉笙, 1995. 乌江上游四川裂腹鱼繁殖力的研究 [J]. 动物学研究, 16(4): 324-342.

陈永祥, 罗泉笙, 1996. 四川裂腹鱼繁殖生态生物学研究Ⅳ - 性腺组织学及性腺发育 [J]. 毕节学院学报 : 综合版, (1): 1-7.

陈永祥, 罗泉笙, 1997. 乌江上游四川裂腹鱼的胚胎发育 [J]. 四川动物, 16(4): 163-167.

陈玉龙, 董建彬, 邓玉江, 等, 2009. 嘉陵江下游短体副鳅个体生殖力的研究 [J]. 安徽农业科学, 37(10): 4525-4526, 4529.

程鹏, 2008. 长江上游圆口铜鱼的生物学习性 [D]. 武汉 : 华中农业大学.

程尊兰, 朱平一, 刘雷激, 1997. 金沙江下游地区水文特征 [J]. 山地学报, 15(3): 201-204.

褚新洛, 1990. 云南鱼类志 (下册)[M]. 北京 : 科学出版社.

褚新洛, 1999. 中国动物志 : 硬骨鱼纲, 鲇形目 [M]. 北京 : 科学出版社.

褚新洛, 陈银瑞, 崔桂华, 等, 1989. 中臀拟鲿属. 云南鱼类志 (下册)[M]. 北京 : 科学出版社, 156-176.

但胜国, 张国华, 苗志国, 等, 1999. 长江上游三层流刺网渔业现状的调查 [J]. 水生生物学报, 23(6): 655-661.

邓其祥, 余志伟, 李操, 2000. 二滩库区及相邻江段的鱼类区系 [J]. 四川师范大学学报 (自然科学版), 21(2): 128-131.

丁瑞华, 1994. 四川鱼类志 [M]. 成都 : 四川科学技术出版社.

董艳珍, 邓思红, 2011. 齐口裂腹鱼的人工繁殖与苗种培育 [J]. 水产科学, 30(11): 638-640.

段彪, 刘鸿艳, 2010. 细鳞裂腹鱼同工酶组织特异性研究 [J]. 西南大学学报 : 自然科学版, 32(6): 27-30.

段辛斌, 陈大庆, 刘绍平, 等, 2002. 长江三峡库区鱼类资源现状的研究 [J]. 水生生物学报, 26(6): 605-611.

范家佑, 代应贵, 张晓杰, 2010. 四川裂腹鱼含肉率及肌肉矿质元素分析 [J]. 广东农业科学, 7(8): 13-15.

方树淼, 许涛清, 崔桂华, 1984. 鮡属 *Pareuchiloglanis* 鱼类一新种 [J]. 动物分类学报, 9(2): 209-211.

冯健, 杨丹, 覃志彪, 等, 2009. 青石爬鮡血浆生化指标、血细胞分类与发生 [J]. 水产学报, 33(4): 581-589.

甘维熊, 邓龙君, 曾如奎, 等, 2015. 短须裂腹鱼人工繁殖和早期仔鱼的培育 [J]. 江苏农业科学, 43(9): 259-260.

甘维熊, 邓龙君, 张宏伟, 等, 2015. 短须裂腹鱼的育苗及疾病防治技术 [J]. 科学养鱼, (12): 10-11.

甘维熊, 王红梅, 邓龙君, 等, 2016. 雅砻江短须裂腹鱼胚胎和卵黄囊仔鱼的形态发育 [J]. 动物学杂志, 51(2): 253-260.

高少波, 唐会元, 陈胜, 等, 2015. 金沙江一期工程对保护区圆口铜鱼早期资源补充的影响 [J]. 水生态学杂志, 36(3): 6-10.

高少波, 唐会元, 乔晔, 等, 2013. 金沙江下游干流鱼类资源现状研究 [J]. 水生态学杂志, 34(1): 44-49.

葛清秀, 王志坚, 张昊星, 2001. 长江铜鱼和圆口铜鱼肝胰腺的比较研究 [J]. 泉州师范学院学报 (自然科学), 19(6): 69-74.

郭宪光, 张耀光, 何舜平, 2004. 中国石爬鮡属鱼类的形态变异及物种有效性研究 [J]. 水生生物学报, 28(3): 260-268.

郭延蜀, 孙志宇, 何兴恒, 等, 2021. 四川鱼类原色图志 [M]. 北京 : 科学出版社.

韩京成, 曹婷婷, 刘国勇, 等, 2010. 温度和流水速度对齐口裂腹鱼幼鱼呼吸代谢的影响 [J]. 武汉大学学报, 56(1): 81-86.

何勇凤，吴兴兵，朱永久，等，2013．鲈鲤仔鱼的异速生长模式 [J]．动物学杂志，48(1): 8-15.

胡思玉，肖玲远，赵海涛，等，2009．四川裂腹鱼鱼苗耗氧率与窒息点的初步测定 [J]．毕节学院学报：综合版，27(8): 72-76.

黄寄夔，杜军，王春，等，2013．黄石爬鲵的繁殖生境、两性系统和繁殖行为研究 [J]．西南农业学报，16(4): 119-121.

黄琇，邓中粦，1990．宜昌葛洲坝下圆口铜鱼食性的研究 [J]．淡水渔业，(6): 11-14.

黄燕，2014．长江上游特有鱼类 DNA 条形码研究 [D]．重庆：西南大学．

贾砾，2013．长江宜宾段中华金沙鳅食性与生长研究 [D]．重庆：西南大学．

蒋红，谢嗣光，赵文谦，等，2007．二滩水电站水库形成后鱼类种类组成的演变 [J]．水生生物学报，31(4): 532-539.

蒋红霞，黄晓荣，李文华，2012．基于物理栖息地模拟的减水河段鱼类生态需水量研究 [J]．水力发电学报，31(5): 141-147.

蒋志刚，江建平，王跃招，等，2016．中国脊椎动物红色名录 [J]．生物多样性，24(5): 500-551.

孔焰，2010．长江上游两种铜鱼属于类种间特异性 ISSR 分子标记及遗传多样性研究 [D]．重庆：西南大学．

赖见生，杜军，何兴恒，等，2013．鲈鲤胚胎发育特征观察 [J]．西昌学院学报，27(4): 9-12.

乐佩琦，2000．中国动物志硬骨鱼纲鲤形目 (下卷)[M]．北京：科学出版社．

冷云，徐伟毅，刘跃天，等，2006．小裂腹鱼胚胎发育的观察 [J]．水利渔业，26(1): 32-33.

李操，陈自明，2003．西昌白鱼一新亚种描述及其亚种分化 (鲤形目，鲤科)[J]．动物分类学报，28(2): 362-366.

李光华，冷云，吴敬东，等，2014．短须裂腹鱼规模化人工繁育技术研究 [J]．现代农业科技，(10): 259-261, 270.

李杰，陈进，尹正杰，2014．金沙江下游梯级水库运行后水文情势变化分析——基于流量历时曲线的生态流量指标 [J]．水资源研究，3(5): 378-385.

李茜，2013．急性操作胁迫对养殖圆口铜鱼头肾免疫功能的影响 [D]．武汉：华中农业大学．

李茜，杨德国，朱永久，等，2013．人工养殖圆口铜鱼头肾组织学特征及操作胁迫对其影响 [J]．中国水产科学，20(3): 650-659.

李旭，2006．中国鲇形目鳅科鳎鲵群鱼类的系统发育及生物地理学分析 [D]．昆明：西南林业大学．

李忠利，胡思玉，陈永祥，等，2015．乌江上游四川裂腹鱼的年龄结构与生长特性 [J]．水生态学杂志，36(2): 12.

梁祥，2011．野生短须裂腹鱼幼鱼行为学研究 [J]．现代农业科技，(5): 321, 326.

廖小林，2006．长江流域几种重要鱼类的分子标记筛选开发及群体遗传分析 [D]．武汉：中国科学院研究生院.

刘飞，但胜国，王剑伟，等，2012. 长江上游圆口铜鱼的食性分析 [J]. 水生生物学报，36(6): 1081-1086.

刘飞，林鹏程，黎明政，等，2019. 长江流域鱼类资源现状与保护对策 [J]. 水生生物学报，43(501): 144-156.

刘国勇，韩京成，涂志英，等，2011. 流水速度对细鳞裂腹鱼血液学指标的影响研究 [J]. 安徽农业科学，39(12): 7298-7300.

刘军，2004. 长江上游特有鱼类受威胁及优先保护顺序的定量分析 [J]. 中国环境科学，24(4): 395-399.

刘淑伟，杨君兴，陈小勇，2013. 金沙江中上游中华金沙鳅 (*Jinshaia sinensis*) 产卵场的发现及意义 [J]. 动物学研究，34(6): 626-630.

刘阳，朱挺兵，吴兴兵，等，2015. 短须裂腹鱼胚胎及早期仔鱼发育观察 [J]. 水产科学，34(11): 683-689.

刘振华，何纪昌，1983. 云南白鱼属鱼类二新亚种的描述 [J]. 云南大学学报，11(3): 102-105.

鲁增辉，李伟，石萍，等，2011. 养殖鲈鲤肠道优势菌群组成及来源分析 [J]. 淡水渔业，41(3): 29-33.

罗泉笙，钟明超，1990. 青石爬鮡头骨形态的观察 [J]. 西南师范大学学报：自然科学版，15(2): 233-238.

马琴，林鹏程，刘焕章，等，2014. 长江宜昌江段三层流刺网对鱼类资源影响的分析 [J]. 四川动物，33(5): 761-767.

马秀慧，2015. 中国鮡科鱼类系统发育、生物地理及高原适应进化研究 [D]. 重庆：西南大学.

马秀慧，任爽，王志坚，2011. 鲈鲤幼鱼消化系统的组织学研究 [J]. 贵州农业科学，39(3): 172-175.

孟立霞，2006. 雅砻江5种 (亚种) 裂腹鱼类遗传关系的初步研究 [D]. 武汉：华中农业大学.

苗志国，1999. 中华间吸鳅食性及年龄生长的初步研究 [J]. 水生生物学报，23(6): 604-609.

潘艳云，冯健，杜卫萍，等，2009. 石爬鮡含肉率及肌肉营养成分分析 [J]. 水生生物学报，33(5): 980-985.

彭军，严晖，刘进海，等，2015. 嵩明白鱼人工繁殖初步研究 [J]. 水产科技情报，42(2): 69-71.

孙宝柱，黄浩，曹文宣，等，2010. 厚颌鲂和圆口铜鱼耗氧率与窒息点的测定 [J]. 水生生物学报，34(1): 88-93.

唐会元，杨志，高少波，等，2012. 金沙江中游圆口铜鱼早期资源现状 [J]. 四川动物，31(3): 416-421, 425.

唐会元，杨志，高少波，等，2014. 金沙江下游巧家江段鱼类生物多样性及群落结构的

年际动态 [J]. 水生态学杂志, 35(6): 7-15.

唐文家, 李柯懋, 陈燕琴, 等, 2011. 黄石爬鮡生物学特性及保护建议 [J]. 河北渔业, (6): 19-21.

唐锡良, 2010. 长江上游江津江段鱼类早期资源研究 [D]. 重庆: 西南大学.

陶江平, 龚昱田, 谭细畅, 等, 2012. 长江葛洲坝坝下江段鱼类群落变化的时空特征 [J]. 中国科学: 生命科学, 42(8): 677-688.

涂志英, 2012. 雅砻江流域典型鱼类游泳特性研究 [D]. 武汉: 武汉大学.

王宝森, 姚艳红, 王志坚, 2008. 短体副鳅的胚胎发育观察 [J]. 淡水渔业, (2): 70-73.

王伟, 周琼, 张沙龙, 等, 2015. 金沙江观音岩段圆口铜鱼的微卫星遗传多样性分析 [J]. 淡水渔业, 45(6): 22-26.

王文, 2012. 体重对圆口铜鱼代谢能力的影响 [D]. 重庆: 西南大学.

王永明, 曹敏, 谢碧文, 等, 2016. 大渡河流域黄石爬鮡的年龄与生长 [J]. 动物学杂志, (2): 228-240.

王永明, 申绍祎, 史晋绒, 等, 2015. 黄石爬鮡消化系统组织学观察 [J]. 重庆师范大学学报 (自然科学版), (6): 42-45.

温龙岚, 王志坚, 冯兴无, 等, 2007. 短体副鳅泌尿系统的组织学研究 [J]. 西南师范大学学报 (自然科学版), (5): 59-64.

吴金明, 王芊芊, 刘飞, 2010. 赤水河赤水段鱼类早期资源调查研究 [J]. 长江流域资源与环境, 19(11): 1270-1276.

向成权, 2013. 短须裂腹鱼的人工繁殖初探 [J]. 北京农业, (24): 140.

幸奠权, 李建勇, 2006. 三峡库区的渔业资源及保护 [J]. 生物学通报, 41(12): 20-22.

熊飞, 刘红艳, 段辛斌, 等, 2014. 长江上游江津和宜宾江段圆口铜鱼资源量估算 [J]. 动物学杂志, 49(6): 852-859.

熊美华, 邵科, 赵修江, 等, 2018. 长江中上游圆口铜鱼群体遗传结构研究 [J]. 长江流域资源与环境, 27(7): 1536-1543.

熊美华, 闫书祥, 邵科, 等, 2014. 向家坝水电站阻隔背景下圆口铜鱼种群遗传结构分析 [J]. 淡水渔业, 44(6): 72-80.

徐树英, 张燕, 汪登强, 等, 2007. 长江宜宾江段圆口铜鱼遗传多样性的微卫星分析 [J]. 淡水渔业, 37(3): 76-79.

徐薇, 杨志, 乔晔, 2013. 长江上游河流开发受威胁鱼类有限保护等级评估 [J]. 人民长江, 44(10): 109-112.

徐伟毅, 冷云, 刘跃天, 等, 2004. 小裂腹鱼全人工繁殖试验 [J]. 淡水渔业, 34(5): 39-41.

严晖, 薛晨江, 董文红, 等, 2012. 中臀拟鲿 (Pseudobagrus medianalis Regan) 生物学特性初步研究 [J]. 西南农业学报, 25(6): 2376-2379.

严太明, 唐仁军, 刘小帅, 等, 2014. 齐口裂腹鱼鳞片发生及覆盖过程研究 [J]. 水生生物学报, 38(2): 298-303.

颜文斌, 2016. 短须裂腹鱼繁殖行为生态学研究 [D]. 上海: 上海海洋大学.

杨成，晁燕，申志新，等，2010．石爬（鮡）属 2 种鱼线粒体 DNA 细胞色素 b 基因序列的比较研究 [J]．水产科学，29(1): 23-6.

杨君兴，褚新洛，1987．白鱼属鱼类的系统发育（鲤形目：鲤科)[J]．动物学研究，8(3): 261-276.

杨少荣，马宝珊，孔焰，等，2010．三峡库区木洞江段圆口铜鱼幼鱼的生长特征及资源保护 [J]．长江流域资源与环境，19(Z2): 52-57.

杨淞，符红梅，赵柳兰，等，2015．黄石爬鮡外周血液指标特征的观察 [J]．动物学杂志，50(6): 922-930.

杨旭光，朱志勋，束金祥，等，2014．向家坝蓄水期金沙江干流水质聚类主成分分析 [J]．人民长江，45(18): 15-19.

杨志，唐会元，乔晔，等，2015．长江上游攀枝花至江津干流江段圆口铜鱼产卵场监测调查报告 [R]．武汉：水利部中国科学院水工程生态研究所．

杨志，乔晔，张轶超，等，2009．长江中上游圆口铜鱼的种群死亡特征及其物种保护 [J]．水生态学杂志，2(2): 50-56.

杨志，唐会元，龚云，等，2017.向家坝和溪洛渡蓄水对圆口铜鱼不同年龄个体下行移动的影响 [J].四川动物，36(2): 161-167.

杨志，唐会元，朱迪，等，2014.金沙江干流攀枝花江段鱼类种类组成和群落结构研究 [J].水生态学杂志，35(5): 43-51.

杨志，万力，陶江平，等，2011.长江干流圆口铜鱼的年龄与生长研究 [J]．水生态学杂志，32(4): 46-52.

姚景龙，陈毅峰，李堃，等，2006．中华鮡与前臀鮡的形态差异和物种有效性．动物分类学报，31(1): 11-17.

姚治君，姜丽光，吴珊珊，等，2014．1956—2011 年金沙江下游梯级水电开发区降水变化特征分析 [J]．河海大学学报（自然科学版),42(4): 289-296.

于晓东，罗天宏，周红章，2005．长江流域鱼类物种多样性大尺度格局研究 [J]．生物多样性，13(6): 473-495.

虞功亮，许蕴玕，谭细畅，等，1999．葛洲坝水利枢纽下游宜昌江段渔业资源现状 [J].水生生物学报，23(6): 662-669.

袁希平，严莉，徐树英，等，2008．长江流域铜鱼和圆口铜鱼的遗传多样性 [J]．中国水产科学，15(3): 377-385.

袁喜，涂志英，韩京成，等，2012．流水速度对细鳞裂腹鱼游泳行为及能量消耗影响的研究 [J]．水生生物学报，36(2): 270-275.

岳兴建，史晋绒，王永明，等，2015．雅砻江鲈鲤种群遗传结构 [J]．淡水渔业，45(3): 14-18.

张春光，杨君兴，赵亚辉，等，2019．金沙江流域鱼类 [M]．北京：科学出版社．

张金平，刘远高，杨军，等，2015.齐口裂腹鱼人工育苗技术的初步研究 [J]．浙江海洋学院学报，34(4): 318-322.

张美红，张月星，李英文，2004．温度、pH 值对圆口铜鱼蛋白酶活性影响的初步研

究 [J]. 重庆水产, (4): 32-37.

张锐, 顾大钧, 2000. 金沙江下游水质现状调查及研究 [J]. 云南环境科学, 19(1): 31-32.

张沙龙, 2014. 长丝裂腹鱼和短须裂腹鱼的游泳能力和游泳行为研究 [D]. 武汉: 华中农业大学.

张沙龙, 侯轶群, 王龙涛, 等, 2014. 长丝裂腹鱼的游泳能力和游泳行为研究 [J]. 淡水渔业, 44(5): 32-37.

张贤芳, 张耀光, 甘光明, 等, 2005. 圆口铜鱼卵巢发育及卵子发生的初步研究 [J]. 西南农业大学学报 (自然科学版), 27(6): 892-901.

张贤芳, 张耀光, 甘光明, 等, 2006. 圆口铜鱼早期卵母细胞发生的超微结构 [J]. 西南师范大学学报 (自然科学版), 31(1): 119-124.

张晓杰, 代应贵, 2011. 四川裂腹鱼摄食习性与资源保护 [J]. 水生态学杂志, 32(2): 110-114.

张雄, 刘飞, 林鹏程, 等, 2014. 金沙江下游鱼类栖息地评估和保护优先级研究 [J]. 长江流域资源与环境, 23(4): 496-503.

赵刚, 陈先均, 周剑, 等, 2007. 圆口铜鱼活鱼运输技术 [J]. 科学养鱼, 12: 33.

赵海鹏, 王志坚, 张富生, 等, 2010. 铜鱼、圆口铜鱼和长鳍吻鮈外周血细胞显微观察 [J]. 安徽农业科学, 38(30): 16964-16966, 16990.

赵树海, 杨光清, 宝建红, 等, 2016. 长丝裂腹鱼全人工繁殖试验 [J]. 水生态学杂志, 37(4): 101-104.

郑璐, 亓东明, 阳伟, 等, 2012. 邛海湖土著鱼类的变迁及保护对策 [J]. 绵阳师范学院学报, 31(8): 63-67.

郑曙明, 1991. 铜鱼和圆口铜鱼的 DNA 含量 [J]. 四川动物, 10(3): 31-32.

郑曙明, 吴青, 1998. 铜鱼和圆口铜鱼耗氧率的研究 [J]. 四川畜牧兽医学院学报, 12(3-4): 6-8.

周灿, 2010. 长江上游圆口铜鱼生长及种群特征 [D]. 济南: 山东大学.

周礼敬, 詹会祥, 朱永久, 等, 2012. 内塘养殖四川裂腹鱼人工繁育试验报告 [J]. 河北渔业, (2): 37-39.

周兴华, 郑曙明, 吴青, 等, 2004. 齐口裂腹鱼肌肉营养成分的分析 [J]. 大连水产学院报, 20(1): 20-24.

朱迪, 杨志, 陈小娟, 等, 2017. 水利部公益性行业科研专项——长江流域重大水工程对典型鱼类的累积影响技术报告 [R]. 武汉: 水利部中国科学院水工程生态研究所.

朱玲, 刘必生, 李正友, 等, 2012. 鲈鲤肌肉脂肪酸组成分析 [J]. 贵州畜牧兽医, 35(2): 62-65.

朱松泉, 1995. 中国淡水鱼类检索 [M]. 江苏: 科学技术出版社.

朱永久, 姚志平, 吴兴兵, 等, 2014. 温度对鲈鲤幼鱼耗氧率和窒息点的影响 [J]. 淡水渔业, 44(4): 101-104.

左鹏翔, 李光华, 冷云, 等, 2015. 短须裂腹鱼胚胎与仔鱼早期发育特性研究 [J]. 水

生态学杂志 , 36(3): 77-82.

CHEN X Y, CUI G H, YANG J X, 2008. Threatened fishes of the world: *Pseudobagrus medianalis* (Regan) 1904 (Bagridae)[J]. Environ Biol Fish, 81: 253–254.

CHENG F, LI W, KLOPFER M, et al, 2015. Population genetic structure and its implication for conservation of Coreius guichenoti in the upper Yangtze River[J]. Environ Biol Fish, 7: 1999-2007.

GUO X G, ZHANGY G, HE S P, et al, 2004. Mitochondrial 16S rRNA sequence variations and phylogeny of the Chinese sisorid catfishes[J]. Chinese Science Bulletin, 49（15）: 1586-1595.

GUO X, HE S, ZHANG Y, 2005. Phylogeny and biogeography of Chinese sisorid catfishes re-examined using mitochondrial cytochrome b and 16S rRNA gene sequences[J]. Mol Phylogenet Evol, 35（2）: 344-362.

HORA S L, SILAS E G, 1951. Notes on fishes in Indian Museum, XL Ⅶ. Revision of the glyptosternoid fishes of the family Sisoridae, with de-scriptions of new genera and species[J]. Rec Indian Mus, 49: 25-29.

LI L, DU H, REN L, et al, 2015. Length–weight relationships for five endemic fish species in the upper Yangtze River basin, China[J]. Appl Ichthyol, 31（5）: 961-962.

LIANG H W, LI ZHONG, ZOU G W, et al, 2016. Complete mitochondrial DNA genome of Pseudobagrus medianalis (Siluriformes: Bagridae)[J]. Mitochondrial DNA Part A, 27（1）: 587–588.

LIAO X, YU X, CHANG J, et al, 2007. Polymorphic microsatellites in largemouth bronze gudgeon (Coreius guichenoti) developed from repeat-enriched libraries and cross-species amplifications[J]. Mol Ecol Notes, 7: 1104-1107.

PENG Z G, HE S P, ZHANG Y G, 2004. Phylogenetic relationships of glyptosternoid fishes (Siluriformes: Sisoridae) inferred from mitochondrial cytochromeb genesequences[J]. Mol Phylogenet Evol, 31（3）: 979-987.

PENG Z, HO S Y, ZHANG Y, et al, 2006. Uplift of the Tibetan plateau: evidence from divergence times of glyptosternoid catfishes[J]. Mol Phylogenet Evol, 39（2）: 568-572.

RUBER L, BRITZ R, KULLANDER S O, et al, 2004. Evolutionary and biogeographic patterns of the Badidae (Teleostei : Perciformes) inferred from mitochondrial and nuclear DNA sequence data[J]. Mol Phylogenet and Evol, 32（3）: 1010-1022.

TU Z, YUAN X, HAN J, et al, 2011. Aerobic swimming performance of juvenile Schizothorax chongi (Pisces, Cyprinidae) in the Yalong River, southwestern China[J]. Hydrobiologia, 675: 119-127.

XIONG M, YAN S, SHAO K, et al, 2014. Development of twenty-nine polymorphic microsatellite loci from largemouth bronze gudgeon (*Coreius guichenoti*)[J]. Indian Acad Sci, 93: e100-e103.

YANG L, WANG Y, ZHANG Z, et al, 2015. Comprehensive Transcriptome Analysis Reveals Accelerated Genic Evolution in a Tibet Fish, Gymnodiptychus pachycheilus[J]. Genome Biol Evol, 7（1）: 251-261.

YU N, ZHENG C L, ZHANG Y P, et al, 2000. Molecular systematics of pikas (genus Ochotona) inferred from mitochondrial DNA sequences[J]. Mol Phylogenet Evol, 16（1）: 85-95.

ZHANG F, TAN D, 2010. Genetic diversity in population of largemouth bronze gudgeon (*Coreius guichenoti* Sauvage *et* Dabry) from Yangtze River determined by microsatellite DNA analysis[J]. Genes Genet Syst, 85: 351-357.

ZHANG J B, CAO J F, YANG X F, et al, 2014. Length–weight relationships for three fish species from Yalong River in China[J]. J Appl Ichthyol, 30: 210-211.

ZHANG X, GAO X, WANG J W, et al, 2015. Extinction risk and conservation priority analyses for 64 endemic fishes in the upper Yangtze River, China[J]. Environ Biol Fish, 98: 261–272.

ZHOU W, CUI GH, 1992. Anabarilius brevianalis, a new species from the Jinshajiang River basin, China (Teleostei: Cyprinidae)[J]. Ichthyol Explor Fres, 3（1）: 49-54.

ZHOU W, LI X, THOMSON A W, 2011. Two new species of the Glyptosternine catfish genus Euchiloglanis (Teleostei:Sisoridae) from southwest China with redescriptions of *E. davidi* and *E. kishinouyei*[J]. Zootaxa, 2871: 1-18.

ZHOU W, CUI G H, 1992. Anabarilius brevianalis, a new species from the Jinshajiang River basin, China (Teleostei: Cyprinidae)[J]. Ichthyol Explor Fres, 3（1）: 49-54.